“十二五”高职高专计算机规划教材·基础与实训系列

中文 Excel 2003 操作教程

（第 2 版）

李杰红　王环　编

西北工业大学出版社

【内容简介】本书为“十二五”高职高专计算机规划教材。全书共分 10 章，主要内容包括初识 Excel 2003，Excel 2003 的基本操作，美化工作表，公式与函数，数据处理，数据分析，图表，屏幕显示与打印，综合应用实例以及上机实训。第 1 至第 8 章后附有本章小结及实训练习，读者在学习时更加得心应手，做到学以致用。

本书可作为高职高专院校及计算机培训班的计算机基础课程教材，同时也可供计算机爱好者自学参考。

图书在版编目（CIP）数据

中文 Excel 2003 操作教程/李杰红，王环编. —2 版. —西安：西北工业大学出版社，2012.10（2021.4 重印）

ISBN 978-7-5612-1918-8

Ⅰ. ①中…　Ⅱ. ①李…②王…　Ⅲ. ①电子表格系统，Excel 2003—高等学校：技术学校—教材　Ⅳ. ①TP391.13

中国版本图书馆 CIP 数据核字（2005）第 021651 号

出版发行：西北工业大学出版社
通信地址：西安市友谊西路 127 号　　邮编：710072
电　　话：（029）88493844　88491757
网　　址：www.nwpup.com
电子邮箱：computer@nwpup.com
印 刷 者：陕西奇彩印务有限责任
开　　本：787 mm×1 092 mm　1/16
印　　张：14
字　　数：366 千字
版　　次：2012 年 10 月第 2 版　　2021 年 4 月第 2 次印刷
定　　价：28.00 元

出版者的话

高等职业教育是我国高等教育的重要组成部分，担负着为国家培养并输送生产、建设、管理、服务第一线高素质、技术应用型人才的重任。因此，我国近年来十分重视高等职业教育。

高等职业教育要做到面向地区经济建设和社会发展，适应就业市场的实际需要，真正办出特色，就必须按照自身规律构建教学体系。为了满足高等职业教育的实际需求，我们组织高等职业院校有丰富教学经验的教师，编写了"'十二五'高职高专计算机规划教材·基础与实训系列"教材。

本系列教材充分考虑了高等职业教育的培养目标、教学现状和发展方向，在编写中突出实用性，重点讲述在信息技术行业实践中不可缺少的基础知识，并结合实训加以介绍，大量具体操作步骤、众多实践应用技巧与切实可行的实训材料真正体现了高等职业教育自身的特点。

主要特色

中文版本、易教易学

本系列教材选取市场上最普遍、最易掌握的应用软件的中文版本，突出"易教学、易操作"，结构合理、内容丰富、讲解清晰。

内容全面、结构合理

本系列教材合理安排基础与实训的比例。基础知识以"必需，够用"为度，以培养学生的职业技能为主线来设计体例结构、内容和形式，符合高等职业学生的学习特点和认知规律；对实训操作过程的论述清晰简洁、通俗易懂、便于理解，通过相关软件的实际运用引导学生学以致用。

图文并茂、实例典型

本系列教材图文并茂，便于读者学习和掌握所学内容，以行业应用实例带动知识点，诠释实际项目的设计理念，实例典型，切合实际应用。

体现教与学的互动性

本系列教材从"教"与"学"的角度出发，重点体现教师和学生的互动交流。将精练的理论和实用的行业范例相结合，学生在课堂上就能掌握行业技术应用，做到理论和实践并重。

突出职业应用，快速培养人才

本系列教材以培养计算机技能型人才为出发点，采用“基础知识+应用实例+综合应用实例+上机实训”的编写模式，内容生动，由浅入深，将知识点与实例紧密结合，便于读者学习掌握。

具备前瞻性，与职业资格培训紧密结合

本系列教材的教学内容紧随技术和经济的发展而更新，及时将新知识、新技术、新工艺和新实训引入教材，同时注重吸收最新的教学理念，根据行业需求，使教材与相关的职业资格培训紧密结合。

读者定位明确，与就业市场紧密结合

针对明确的读者定位，本系列教材涵盖了计算机基础知识及目前常用软件的操作方法和操作技巧，读者在学习后能够切实掌握实用的技能，做到放下书本就能上岗，真正具备就业本领。

读者对象

本系列教材是高等职业院校、高等技术院校、高等专科院校的计算机教材，适用于信息技术的相关专业，如计算机应用、计算机网络、信息管理、电子商务、计算机科学技术、会计电算化等，也可供优秀职高学校选作教材。对于那些要提高自己应用技能或参加一些证书考试的读者，本系列教材也不失为一套较好的参考书。

结束语

希望广大师生在使用教材的过程中提出宝贵意见，以便我们在今后的工作中不断地改进和完善，使本系列教材成为高等职业教育的精品教材。

前　言

中文 Excel 2003 是美国微软公司继中文 Excel 2002 发布后的新一代电子表格制作智能化办公软件，是中文 Office 2003 软件家族的一个核心成员。它不仅具有强大的数据组织、计算、分析和统计功能，还可以通过图表、图形等多种形式对处理结果加以形象的显示，更能够方便地与 Office 2003 其他组件相互调用数据，实现资源共享。

本书以“基础知识+应用实例+综合应用实例+上机实训”为主线，对 Excel 2003 软件进行循序渐进的讲解，使读者能快速直观地了解和掌握 Excel 2003 的基本使用方法、操作技巧和行业实际应用，为步入职业生涯打下良好的基础。

本书内容

全书共分 10 章。其中，第 1 章主要介绍了 Excel 2003 的基础知识，即 Excel 2003 的新增功能、启动与退出、工作界面等；第 2 章介绍了中文 Excel 2003 的基本操作，即创建工作簿、输入数据、编辑工作表等；第 3 章介绍了对工作表进行美化；第 4 章介绍了应用公式和函数来管理数据；第 5 章介绍了数据处理，通过对数据排序、筛选及分类汇总处理数据；第 6 章介绍了数据分析；第 7 章介绍了怎样创建和编辑图表；第 8 章介绍了页面设置与打印输出；第 9 章是综合应用实例，列举了几个有代表性的综合实例；第 10 章是上机实训，通过理论联系实际，帮助读者举一反三、学以致用，进一步巩固所学的知识。

读者定位

本书结构合理，内容系统全面，讲解由浅入深，实例丰富实用，可作为各高职高专院校及计算机培训班的计算机基础课程教材，同时也可供计算机爱好者自学参考。

本书力求严谨细致，但由于水平有限，书中难免出现疏漏与不妥之处，敬请广大读者批评指正。

编　者

目　录

第 1 章　初识 Excel 2003

与 Excel 2000，Excel 2002 等早期的版本相比，Excel 2003 是一个功能更为强大的版本，它具有先进的表格功能、强大的数据运算和处理功能、丰富的图表和图形工具以及强大的网络功能，用户可以利用 Excel 2003 强大的工具将数据转变为信息，以分析、交流和共享得到的结果。

知识要点

- Excel 2003 的新增功能
- Excel 2003 的启动与退出
- Excel 2003 界面介绍

1.1　Excel 2003 的新增功能

随着计算机的不断发展，办公软件已被广泛应用于各行各业。利用 Excel 制作电子报表可为人们提供一种高效的数据通信组织、管理和分析工具，因而备受关注，Excel 2003 更是办公自动化不可缺少的软件。

随着 Excel 版本的不断升级，其处理能力也越来越强大，早已不再是只能进行一些比较简单的数据运算的表格处理软件了。

当今 Excel 系列中最出色的就是 Excel 2003。它是 Office 2003 系列办公软件中的一个重要组件，准确地说，它是一个电子表格软件，用来制作电子表格，完成复杂的数据运算，具有制图表功能，可以进行数据的分析和预测。

Excel 2003 不但具有强大的功能，而且使用起来十分方便，可以很直观地完成各种功能的简单操作。例如，只需要给出公式，不需要具备太多的专业知识，Excel 2003 就可以自动完成大量数据的统计工作。要利用 Excel 2003 对个人的家务、家庭收入甚至一个公司进行简单快捷的管理，只要掌握了其主要功能，便可以灵活应用。

与 Excel 2000，Excel 2002 等早期的版本相比，Excel 2003 主要有以下几方面的新增功能。

1.1.1　列表功能

在 Microsoft Office Excel 2003 中，用户可以在工作表中创建列表，对相关的数据进行分组和操作，还可以在空白区域中或现有数据中建立列表。如将某一区域指定为列表后，用户就可以对列表数据进行方便的管理和分析，不必理会列表之外的其他数据。此外，也可以与其他人员共享列表中的数据信息。建立列表具体操作步骤如下：

（1）在工作表中选中要创建列表的区域。

（2）单击鼠标右键，在弹出的快捷菜单中选择 创建列表(C)... 命令，如图 1.1.1 所示，弹出 **创建列表** 对话框，如图 1.1.2 所示。

（3）在 **创建列表** 对话框中设置数据的位置。

（4）单击 确定 按钮，即可创建一个列表，如图 1.1.3 所示。

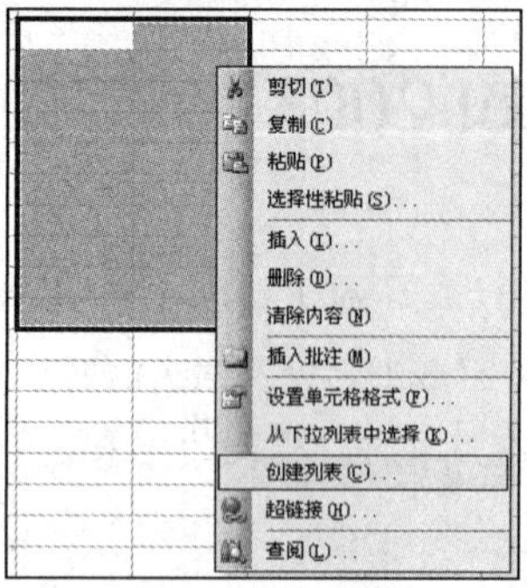

图 1.1.1　创建列表

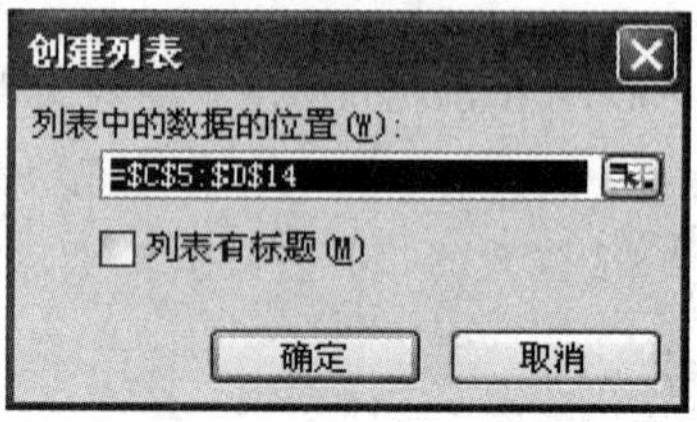

图 1.1.2 “创建列表”对话框

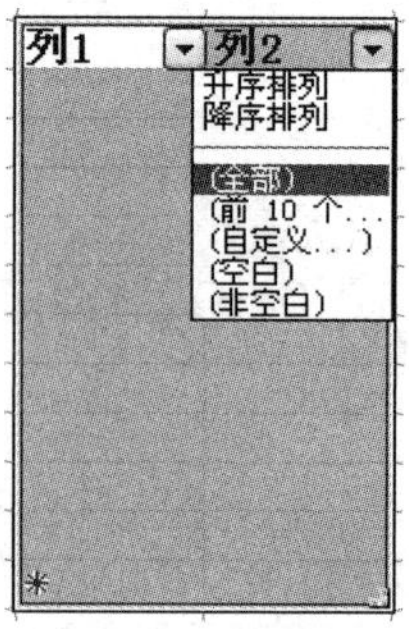

图 1.1.3　一个创建好的列表

1.1.2　并排比较工作簿

Excel 2003 版本增加了并排比较工作簿的功能，为使用一张工作簿查看多名用户所做的更改提供了方便。用户要想更方便地查看两个工作簿之间的差异，可以使用并排比较工作簿功能，而不需要将两个工作簿更改合并到一张工作簿中，通过在两个工作簿之间同时滚动来查看其差异。并排比较工作簿的具体操作步骤如下：

（1）打开要并排比较的工作簿。

（2）选择 窗口(W) → 与 book 2 并排比较(B) 命令，效果如图 1.1.4 所示。

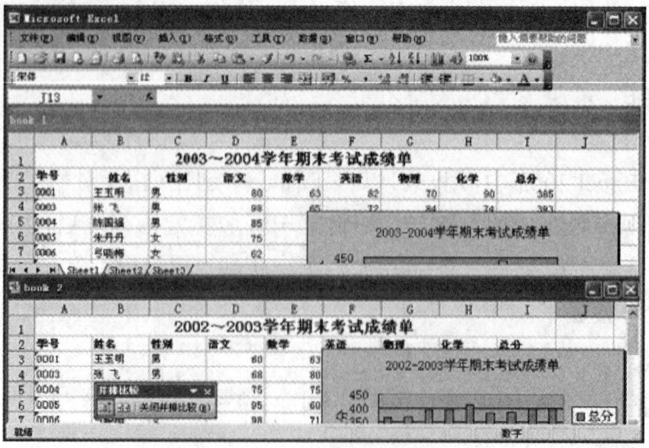

图 1.1.4　并排比较

（3）打开并排比较工具栏，如图 1.1.5 所示，进行工作簿之间的查看。

图 1.1.5　“并排比较”工具栏

1.1.3　智能文档

智能文档是一种可编程文档，主要应用于过程中的工作簿，它可以通过动态响应操作上下文来扩展工作簿的功能。有一些类型的工作簿（如模板和表单）的功能类似于智能文档。比如，某家单位可能存在一个填写年度员工工资表的过程，并且该单位已经使用了 Microsoft Office Excel 2003 模板。若要将该模板转换为智能文档，则可以连接到一个数据库，该数据库可以自动填写某些所需数据信息，如员工姓名、编号、经理姓名等。填写完报表后，智能文档将显示一个按钮，可以用该按钮将此报表发送到过程的下一步。因为智能文档能够识别谁是合法用户，可以自动地将文档发送给此人。并且，无论是谁正在处理此文档，它都可以确定审阅过程中的位置以及下一步所要进行的操作。

智能文档可以帮助用户重复使用现有内容，如会计可在创建账单结算表时使用现有的样板文件。

智能文档可使共享信息更加容易。可以和多种数据库进行交互，进行跟踪工作流程。如用户可以使用智能文档通过 Microsoft Outlook 发送电子邮件，而无需离开工作簿或直接启动 Outlook。

1.1.4　统计函数

在 Excel 2003 中，对 BINOMDIST，CRITMINOM，CHIINV，DVAR，DSTDEVP，DSTDEV，DVARP，LINEST，STDEVP，TINV 等共 41 个统计函数的特性（主要是取整和精度）进行了改进，这些函数的计算结果可能与 Microsoft Office Excel 以前版本中的计算结果不同。

1.1.5　信息权限管理

如果要控制敏感性信息，只能通过限制对存储这些信息的网络或计算机的访问。可是，只要用户已获得访问权限，就无法控制他们对内容进行的操作与修改或将这些信息转发给他人。这种信息分发方式很容易使敏感性信息到达不希望接收它的人那里，所以 Microsoft Office 2003 增加了一种名为信息权限管理（IRM）的新功能，可以防止意外或因粗心将敏感性信息发给不该收到它的人。

通过 Excel 2003 提供的信息权限管理功能，可以创建具有受限权限的文档、工作簿或演示文稿。如创建的文档具有特定人员读取的权力，但不能对其进行更改；或者只可以在 5 天内更改及保存某一文档，但不能对其进行打印等。

如果要创建受限权限的文档、工作簿或演示文稿，可以选择 文件(F) → 权限(M) ▸ → 不能分发... 命令，或单击“常用”工具栏上的“权限”按钮，在弹出的“权限”对话框中进行设置。

如果要删除已经创建受限权限的文档、工作簿或演示文稿，则可以选择 文件(F) → 权限(M) ▸ → 无限制的访问 命令，或者再次单击“常用”工具栏上的“权限”按钮。

提示： 在打开具有受限权限的文档、工作簿或演示文稿时，可能需要连接到 Internet 来验证用户的证书并确认用户是否有权读取该内容。

1.2 Excel 2003 的启动与退出

Excel 2003 是一种应用非常广泛的电子表格软件，不仅可以处理个人事务，而且可以用于财务、统计和分析领域。尤其在办公自动化应用日益广泛的今天，前景更为广阔，所以要学好 Excel 2003 首先必须学会如何启动和退出 Excel 2003，下面将具体介绍。

1.2.1 启动 Excel 2003

如果用户计算机上已经安装了 Excel 2003，那就可以直接启动。在 Windows XP 系统下，启动 Excel 2003 的方法有以下几种：

1. 利用“开始”按钮启动

通过“开始”按钮启动 Excel 2003 是一种最基本的方法。选择 开始 → 所有程序(P) → Microsoft Office → Microsoft Office Excel 2003 命令即可，如图 1.2.1 所示。

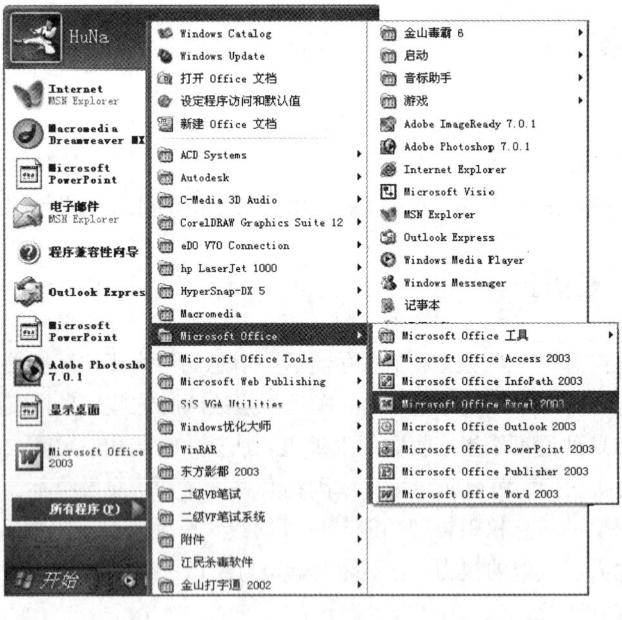

图 1.2.1 利用“开始”按钮启动 Excel 2003

2. 通过桌面快捷图标启动

通过建立快捷图标启动 Excel 2003 的方法，具体步骤如下：

（1）在桌面空白区域单击鼠标右键，在弹出的快捷菜单中，选择 新建(W) → 快捷方式(S) 命令，弹出 创建快捷方式 对话框，如图 1.2.2 所示。

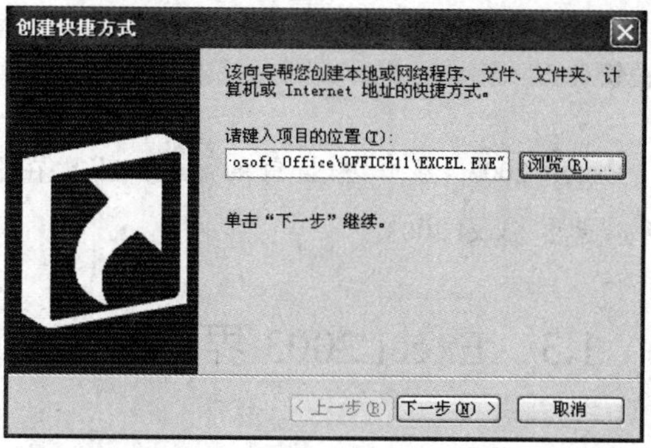

图 1.2.2　“创建快捷方式”对话框

（2）单击浏览(R)...按钮，选择 Excel 所在的目录（“E:\Program Files\Microsoft Office\OFFICE11\EXCEL.EXE”）。

（3）单击下一步(N) >按钮，弹出如图 1.2.3 所示的对话框，输入该快捷方式的名称。

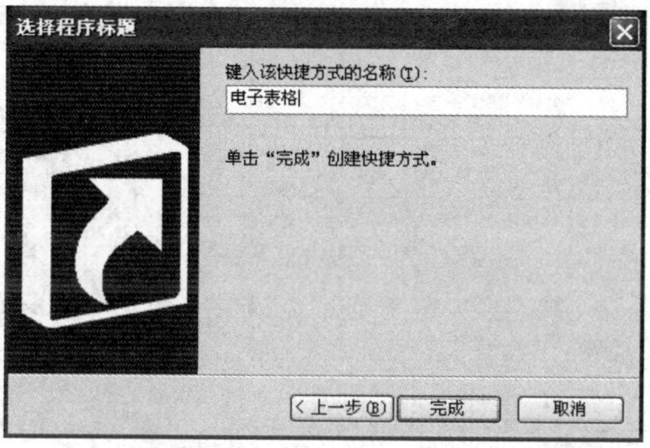

图 1.2.3　“选择程序标题”对话框

（4）单击完成按钮即可完成快捷菜单的建立。

这样，桌面上就会出现 Excel 的快捷图标电子表格，双击快捷图标即可启动 Excel 2003 应用程序。

3．通过打开 Excel 2003 文件启动

如果用户熟悉所使用的 Excel 2003 文件所在的路径，也可以直接双击 Excel 文件来启动 Excel 2003 应用程序。

4．通过其他方式启动

除了以上几种方法外，也可以通过开始菜单中的运行(R)...命令启动，由于这种方法并不实用，在这里就不做具体介绍。

1.2.2　退出 Excel 2003

退出 Excel 2003 的方法很多，一般常用的有以下几种：

（1）单击 Excel 2003 窗口右上角的“关闭”按钮。

（2）选择文件(F)→退出(X)命令。

（3）双击 Excel 2003 窗口左上角的 Excel 图标。

（4）按“Alt+F4”快捷键。

提示： 单击 Excel 2003 窗口左上角的按钮，在弹出的快捷菜单中选择 × 关闭(C) Ctrl+F4 命令，可以退出 Excel 2003。

1.3 Excel 2003 界面介绍

用户启动 Excel 2003 后，就可以直接进入 Excel 2003 的工作界面，如图 1.3.1 所示。Excel 2003 工作界面主要由标题栏、菜单栏、工具栏、名称框和编辑栏、工作表区和状态栏等部分组成。

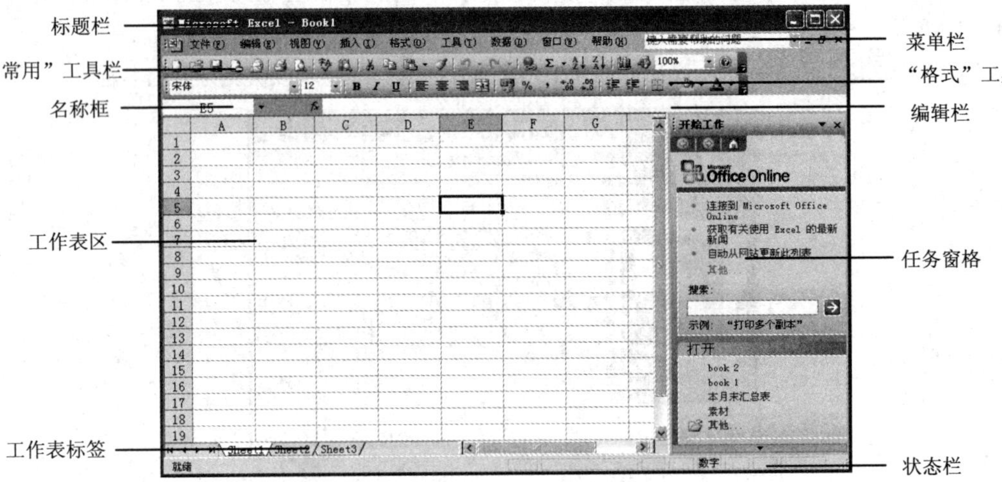

图 1.3.1 “Excel 2003”工作界面

1.3.1 标题栏

Excel 2003 窗口的最上方是标题栏。如果用户想实现对窗口的各种基本操作（最小化、还原、最大化、移动和关闭窗口），可以单击其最左边的 Excel 2003 图标。

Excel 2003 图标的旁边是工作簿的名称，提示用户现在所使用的 Microsoft Excel 程序以及打开的文件。

在标题栏的右面是对 Excel 2003 窗口操作的 3 个按钮，分别为“最小化”按钮、“还原”按钮/“最大化”按钮和“关闭窗口”按钮。

1.3.2 菜单栏

菜单栏位于标题栏的下方，可以通过菜单栏找到、选中和执行几乎所有 Excel 2003 中的命令，它是 Excel 2003 中最为丰富的命令集合。

菜单栏由文件、编辑、视图、插入、格式、工具、数据、窗口、帮助菜单项和一个即时问答文本框（输入需要帮助的问题）组成。

即时问答文本框的作用是提供即时、方便的问题解答，只要输入问题的关键词即可。如在问答文本框中输入关键词“工作簿”，单击右侧的“搜索”按钮→，程序就会在任务窗格中给出相应的解答，如图 1.3.2 所示。

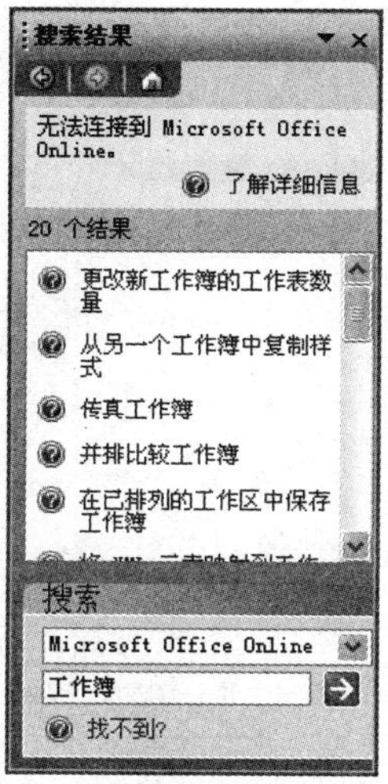

图 1.3.2 “搜索结果”任务窗格

1.3.3 工具栏

在 Excel 2003 操作中，由最常用的命令快捷工具按钮构成了工具栏，每个按钮都对应一种操作，可以代替菜单中的一系列相应的操作。

选择 视图(V) → 工具栏(T) 命令，弹出其子菜单，如图 1.3.3 所示。用户可以根据自己的需要来制定和隐藏工具项。

如果用户想要自定义工具栏，其具体操作步骤如下：

（1）在工具栏子菜单中选择 自定义(C)... 命令，弹出自定义对话框，单击 命令(C) 标签，打开 命令(C) 选项卡，如图 1.3.4 所示。

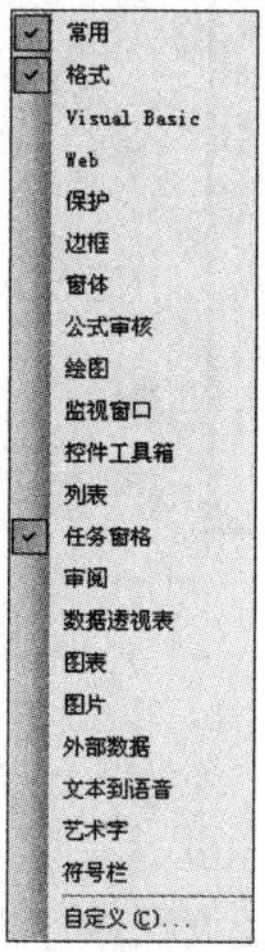

图 1.3.3 “工具栏”子菜单

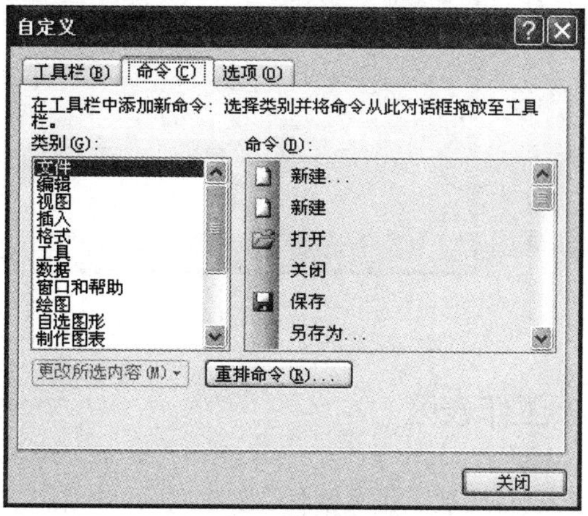

图 1.3.4 “命令”选项卡

（2）用户可以根据需要，将“命令”列表框中的各种命令直接拖入显示的工具栏中。

如果需要显示或隐藏各种工具项，可以单击 工具栏(B) 标签，打开 工具栏(B) 选项卡，如图 1.3.5 所示。

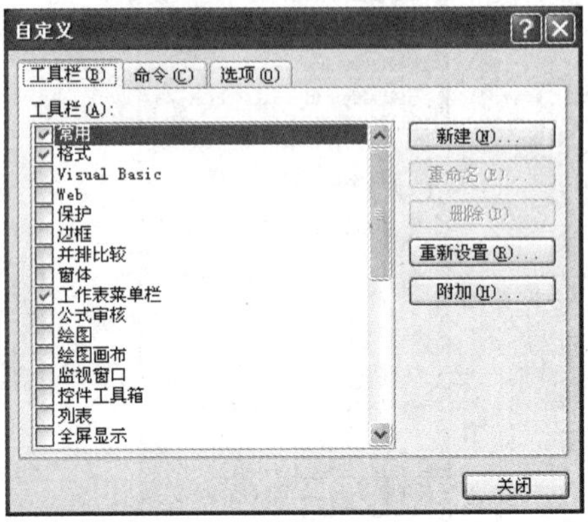

图 1.3.5 “工具栏”选项卡

在 工具栏(B) 选项卡中，用户可以利用 删除(D)、附加(H)...、新建(N)...、重新设置(R)... 和 重命名(E)... 按钮，根据自己所需自定义工具栏，也可以进行改名、删除等操作。

1.3.4 名称框和编辑栏

名称框和编辑栏位于工具栏的下方，显示所选单元格或单元格区域的名称。如果单元格还未命名，在名称框中显示的为该单元格的坐标，编辑栏则显示当前单元格中的信息（包括数据或公式），如图 1.3.6 所示。

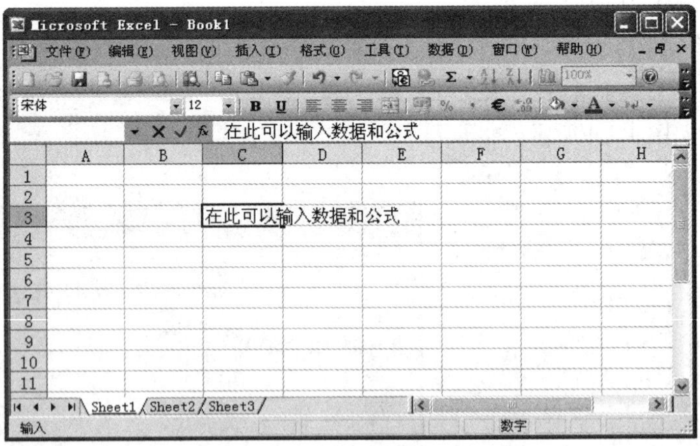

图 1.3.6 Excel 2003 名称框和编辑栏

1.3.5 工作表区

Excel 2003 的主要工作区域就是工作表区，如图 1.3.7 所示，它占据屏幕最大区域，用于记录数据，存放所有信息。工作表区的左下角是工作表标签，如图 1.3.8 所示，用于显示工作表的名称，通过其上的按钮可以进行工作表的切换。

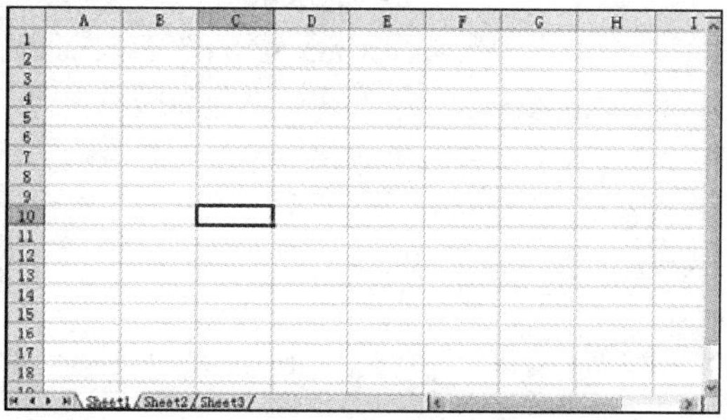

图 1.3.7　工作表区

图 1.3.8　工作表标签

1.3.6　状态栏

状态栏位于工作表区的下方，用于显示各种与当前命令或操作有关的信息，如图 1.3.9 所示。

图 1.3.9　状态栏

1.4　应用实例——显示字体外观

本例利用 Excel 2003 提供的菜单命令，设置“格式”工具栏中的“字体”下拉列表框，使其在显示字体名称时显示出字体的实际外观。具体操作步骤如下：

（1）选择 工具(T) → 自定义(C)... 命令，弹出 自定义 对话框，单击 选项(O) 标签，打开 选项(O) 选项卡，如图 1.4.1 所示。

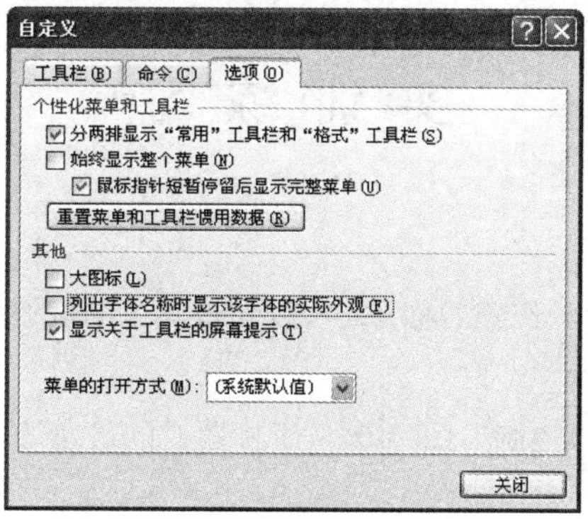

图 1.4.1　“选项”选项卡

（2）选中“其他”选区中的 列出字体名称时显示该字体的实际外观(F) 复选框，单击 关闭 按钮。

（3）单击“格式”工具栏中的“字体”文本框右侧的“下三角”按钮，弹出其下拉列表，如图 1.4.2 所示。此时即可看出，在列表框中显示字体名称的同时显示出了各字体的实际外观。

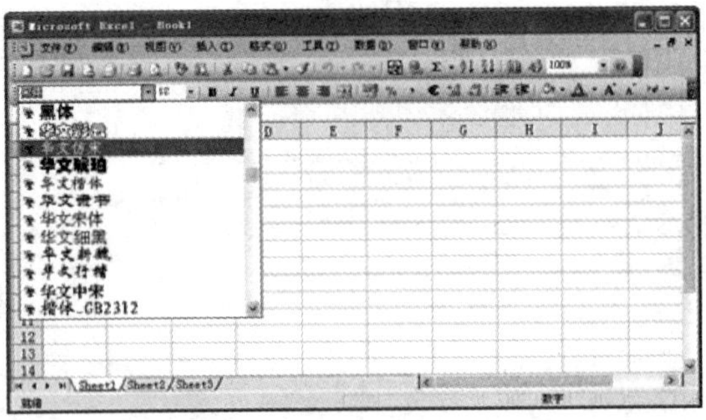

图 1.4.2　查看“字体”下拉列表框

（4）如果要取消显示字体的实际外观，可以重复操作步骤（1）打开自定义对话框，在对话框中取消选中□列出字体名称时显示该字体的实际外观(F)复选框，此时“字体”下拉列表框如图 1.4.3 所示。

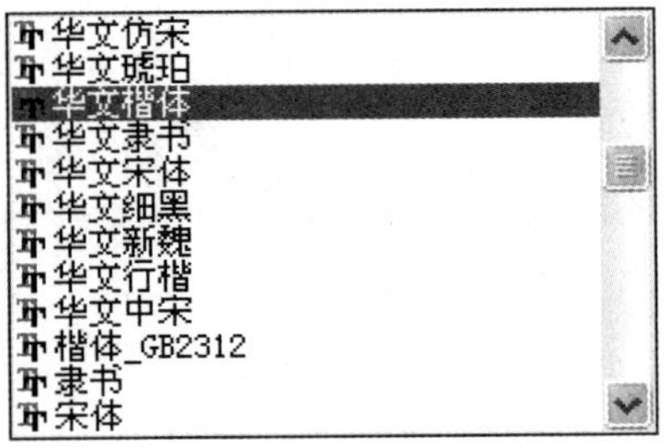

图 1.4.3　取消显示字体外观

本 章 小 结

本章主要讲解了 Excel 2003 的新增功能、启动与退出以及工作界面等内容。通过本章的学习，读者应熟悉 Excel 2003 的工作界面，对其新增功能应有基本的了解，为后面的学习打下基础。

实 训 练 习

一、填空题

1. ________不仅可以显示工作表名称，还可以通过其上的按钮进行工作表之间的切换，并且单击该按钮能够激活相应的工作表。

2. 在 Excel 2003 中，“窗口控制”图标位于标题栏的最左边，单击该图标可以实现对窗口的________、________、________、________、________和________的基本操作。

3. 退出 Excel 2003 有________种常用方法。

4. Excel 2003 应用软件的工作界面主要由________、________、________、________、________、________、________、________和________几个部分组成。

5. 在 Excel 2003 的菜单栏中有 9 个菜单项，它们分别为________、________、________、________、________、________、________、________和________。

二、简答题

1．如何启动和退出 Excel 2003 应用程序？

2．Excel 2003 比 Excel 2002 等以前的版本都增加了哪些新功能？

3．Excel 2003 的工作界面主要由哪些部分组成，都具有什么样的功能？

4．编辑栏上有哪 3 个按钮，各具有什么功能？

5．如何创建列表？

三、上机操作题

1．启动 Excel 2003，新建一个工作簿。选择 帮助(H) → Microsoft Excel 帮助(H) F1 命令，将弹出 Excel 帮助 任务窗格，在任务窗格中的“搜索”文本框中输入“新增功能”，并单击“开始搜索”按钮→，从搜索到的结果中单击 Microsoft Office 2003 中的新增功能 超链接，查看 Excel 2003 的新增功能。

2．试着使用 Excel 2003 提供的各种方法，启动与退出 Excel 2003 应用程序。

3．认识并了解 Excel 2003 工作界面中各组成部分的功能及作用。

第 2 章　Excel 2003 的基本操作

Excel 2003 是一个电子表格制作应用软件，已被广泛应用于办公自动化领域。用户对其界面有了一定的认识之后，接着就要了解如单元格、工作表和工作簿等一些基本概念，然后再具体学习该应用软件的基本操作。

知识要点

- Excel 2003 的基本概念
- 管理工作簿
- 数据输入
- 编辑工作表
- 拆分和冻结工作表
- 保护工作表和工作簿
- 应用模板

2.1　基 本 概 念

在学习 Excel 2003 之前，首先来介绍一些关于它的基本概念，如工作簿、工作表和单元格以及它们之间的区别。

2.1.1　工作簿

工作簿是 Excel 2003 计算和存储数据的文件，每一个工作簿都由多张工作表组成，所以用户可以在单个文件中管理各种不同类型的信息。如图 2.1.1 所示的工作簿就具有 3 张工作表，分别为 Sheet1，Sheet2 和 Sheet3，当前的工作表是 Sheet2。

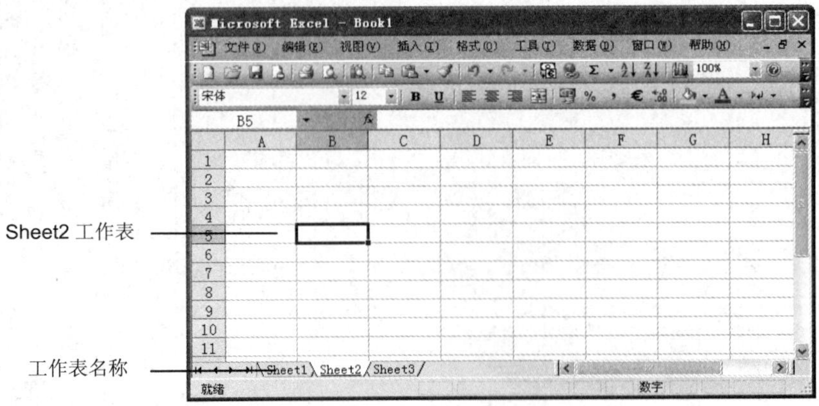

图 2.1.1　工作簿

在工作簿中，只要用鼠标单击工作表标签，就可以进行工作表之间的切换，相应的工作表就成为当前工作表，其他工作表将被隐藏起来。

用户可以根据需要对工作簿中工作表的数量进行设置，具体操作步骤如下：

（1）选择工具(T)→选项(O)...命令，弹出选项对话框，如图 2.1.2 所示。

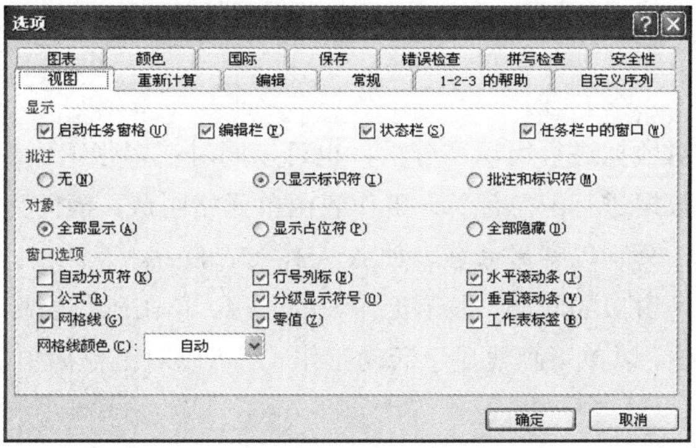

图 2.1.2　“选项”对话框

（2）单击常规标签，打开常规选项卡。

（3）修改“新工作簿内的工作表数”右边输入框中的数字，如修改为“5”，如图 2.1.3 所示。

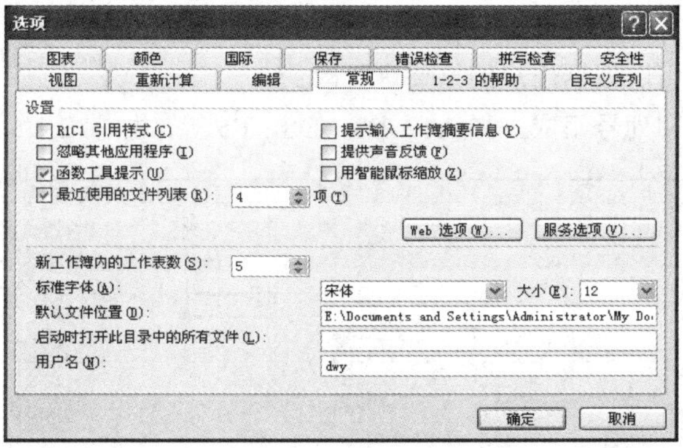

图 2.1.3　“常规”选项卡

（4）单击确定按钮即可，效果如图 2.1.4 所示。

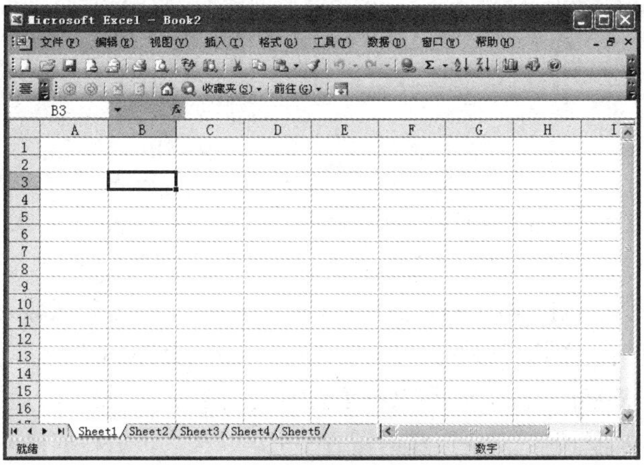

图 2.1.4　“修改工作表数量”效果

注意：如果用户设置了工作簿内的工作表数量，那么以后新建的工作簿就将采用设置后的工作表数目，当前的工作簿所含的工作表的数量不变，所以说一个工作簿中的工作表的数量可以由用户任意地增加或删减。

2.1.2 工作表

用户利用工作表可以对数据进行组织和分析，也可以同时在多张工作表中输入数据或编辑数据，还可以对不同工作表中的数据进行汇总计算。工作表由单元格组成，横向为行，分别以数字命名，如1，2，3，4…；纵向为列，分别以字母命名，如 A，B，C，D…。

工作表标签位于工作簿窗口的底部，显示工作表的名称。单击工作表标签，可以从一个工作表切换到另一个工作表进行编辑，以单下画线显示活动工作表，可以对工作簿中的工作表进行改名、添加、移动、删除或复制等操作。

2.1.3 单元格

Excel 2003 工作簿的最基本的核心就是单元格，它也是 Excel 工作簿组成的最小单位。单元格可以记录简单的字符或数据，从 Excel 2000 版本起，就可以记录多达 32 000 个字符的信息。一个单元格记录数据信息的长短，可以根据用户的需要进行改变。

单元格的标识由行号和列号组成，如 A1，B3，D8，F5 等，如图 2.1.5 所示。

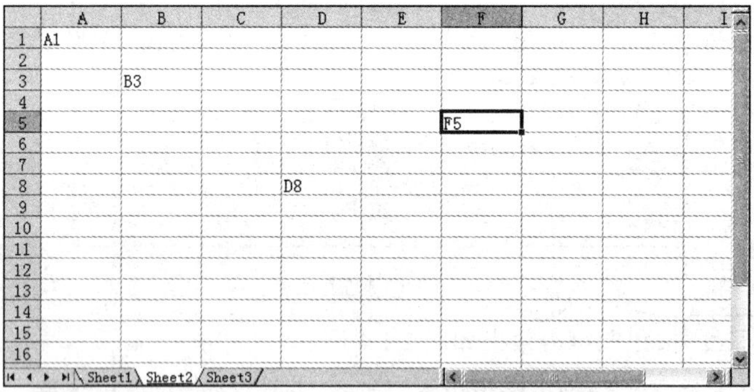

图 2.1.5 标识单元格

2.1.4 工作范围

Excel 2003 中工作范围指的是一组选定的单元格，它们可以是独立、连续或离散的。工作范围使单元格的操作简单化，选中工作范围具体分为以下几种情况，如图 2.1.6 所示。

（1）选中一行或一列。直接单击该行的行号或该列的列号，则该行或该列即被选中为工作范围。

（2）选中整张工作表。单击行号和列号的交界处，即左上角的单元格即可选中整张工作表。

（3）选中工作表中连续的区域。先用鼠标单击区域一角的单元格，然后拖动鼠标，此时屏幕上出现一片灰色区域，移动鼠标到要选中区域的最后一个单元格，最后释放鼠标。

（4）选中不连续的单元格或单元格区域。选中一个单元格或单元格区域，然后按住“Ctrl”键，再继续选择另外的单元格或单元格区域，全部选完后松开“Ctrl”键即可。

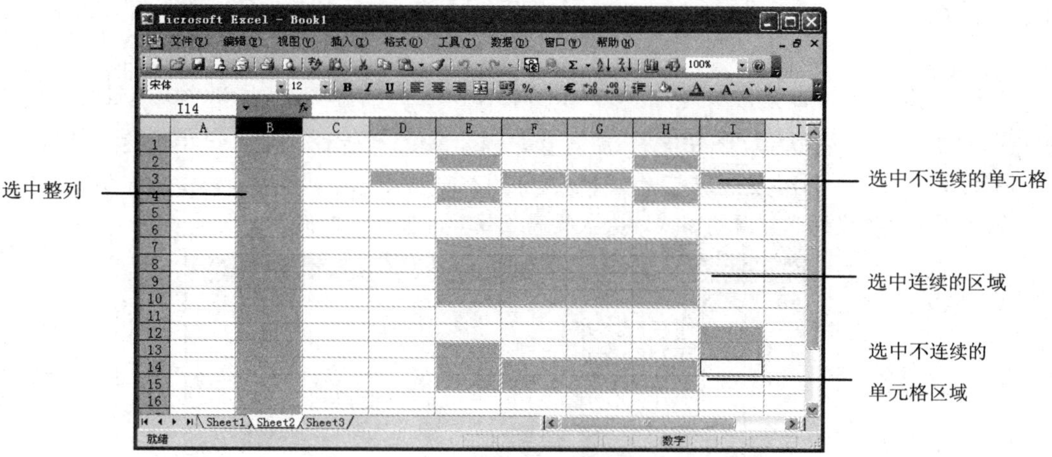

图 2.1.6　工作范围的选定

2.2　管理工作簿

在 Excel 2003 中，工作簿就是用来保存并处理数据的文件。每个工作簿都是由一张或多张工作表组成的，在 Excel 2003 中，工作簿中的工作表数量最多不得超过 255 个。管理工作簿主要介绍如何新建、保存、关闭和打开工作簿，这些都是对工作簿的最基本的操作。

2.2.1　新建工作簿

当用户启动 Excel 2003 后，系统会自动产生一个新的工作簿，名称为 book1。在默认状态下，Excel 2003 为每个工作簿创建 3 张工作表，分别为 Sheet1，Sheet2 和 Sheet3。

要创建一个基于默认工作簿模板的工作簿，直接单击“常用”工具栏上的“新建”按钮。用户也可以利用命令新建工作簿，具体操作步骤如下：

（1）选择 文件(F) → 新建(N)... Ctrl+N 命令，打开 新建工作簿 任务窗格，如图 2.2.1 所示。

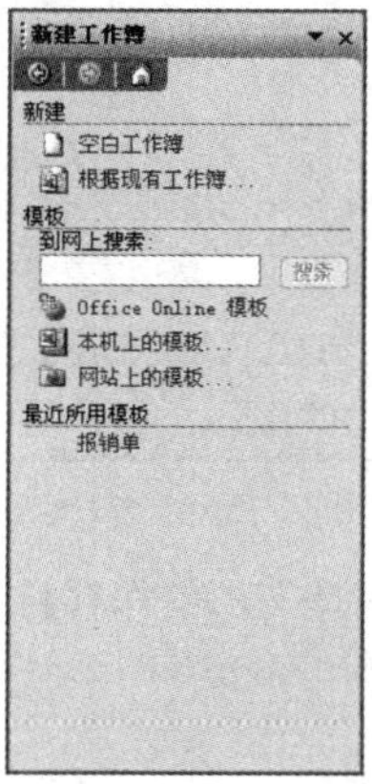

图 2.2.1　“新建工作簿”任务窗格

（2）在新建工作簿任务窗格中，单击空白工作簿超链接，用户可以新建一个空白工作簿。

提示：单击Office Online 模板、本机上的模板...或网站上的模板...超链接，可以通过模板创建工作簿。单击本机上的模板...超链接，弹出模板对话框，单击电子方案表格标签，打开电子方案表格选项卡，如图 2.2.2 所示。在此选项卡中，专业人员可以快速地新建具有专业水平的工作簿，同时不必每次设计工作簿的格式，大大提高了效率，节约了时间。

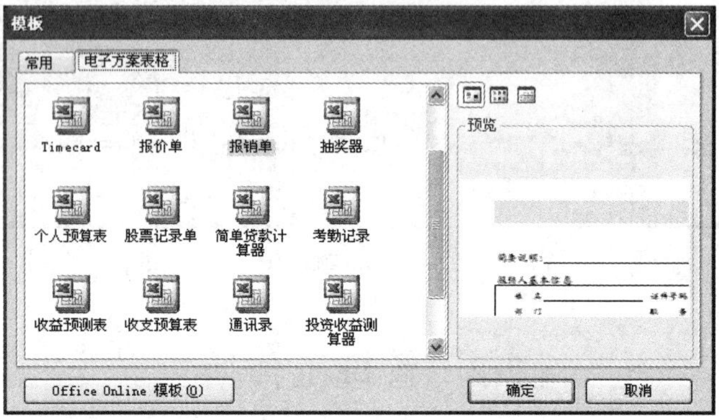

图 2.2.2 “电子方案表格”选项卡

2.2.2 保存工作簿

新建一个工作簿并对其进行输入和编辑，为日后的修改或调用，同时也为防止因意外断电而丢失数据，用户就需要及时地保存工作簿。

1. 直接保存

（1）选择文件(F)→保存(S) Ctrl+S命令，或单击“常用”工具栏上的“保存”按钮。

（2）如果是第一次保存，将会弹出如图 2.2.3 所示的另存为对话框。

图 2.2.3 “另存为”对话框

（3）在“保存位置”下拉列表框中选择文档的保存目录；在“文件名”输入框中输入工作簿的名称。

（4）单击保存(S)按钮即可。

提示：如果在保存之前，该工作簿已经存在，Excel 2003 将以新的工作簿内容替代原有的工作簿内容，保存完毕之后就不再显示。

2．另存文件

如果想将该工作簿另存为别的文件，具体操作步骤如下：

（1）选择 文件(F) → 另存为(A)... 命令，弹出 另存为 对话框，如图 2.2.4 所示。

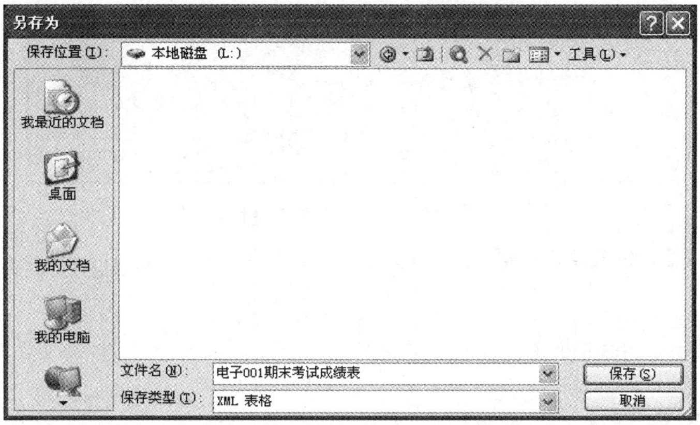

图 2.2.4 “另存为”对话框

（2）在“保存位置”下拉列表框中，选择文档的保存目录，如选择 “本地磁盘（L:）”。

（3）在“文件名”输入框中，输入要保存的工作簿的名称，如“电子 001 期末考试成绩表”。

（4）在“保存类型”下拉列表框中，选择要保存的文件类型，如“XML 表格”。

（5）单击 保存(S) 按钮即可。

注意：文件名中不能含有下列字符：斜杠（/）、反斜杠（\）、大于号（>）、小于号（<）、星号（*）、问号（？）、双引号（“”）、冒号（：）和分号（；）。

3．自动保存

Excel 2003 具有自动保存功能，设置自动保存操作步骤如下：

（1）选择 工具(T) → 选项(O)... 命令，弹出 选项 对话框，如图 2.2.5 所示。

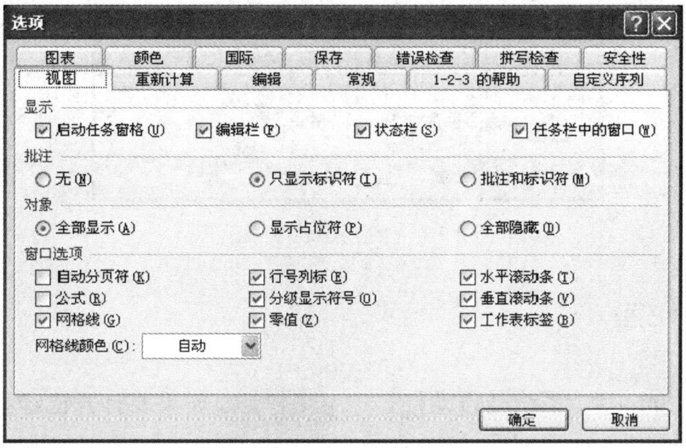

图 2.2.5 “选项”对话框

（2）单击保存标签，打开保存选项卡，如图 2.2.6 所示。

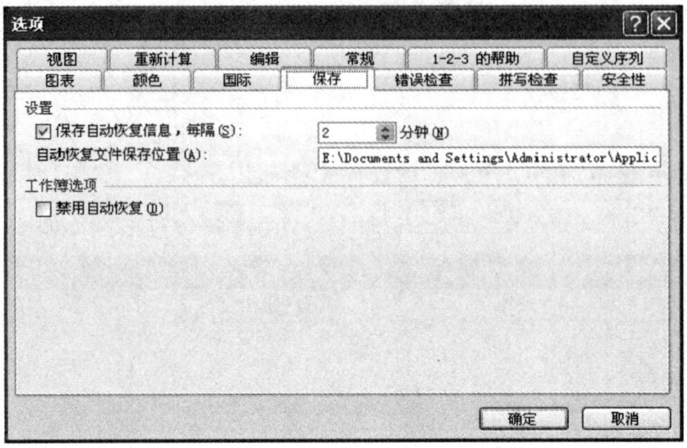

图 2.2.6 “保存”选项卡

（3）选中☑保存自动恢复信息，每隔(S):复选框，设置对工作簿进行自动保存和恢复的时间间隔，如设定为“2 分钟”。

（4）单击确定按钮即可。

2.2.3 关闭工作簿

对工作簿完成了编辑之后就要关闭文档。有以下几种方法：

（1）选择文件(F)→关闭(C)命令。

（2）单击文档右上角的“关闭”按钮。

（3）双击菜单栏左上角的按钮。

（4）双击标题栏左上角的按钮。

（5）按“Ctrl+F4”快捷键。

（6）按“Ctrl+W”快捷键。

注意：如果修改完工作簿后，没有进行保存，则 Excel 2003 会自动弹出如图 2.2.7 所示的对话框，提示用户是否需要对修改过的工作簿进行保存。保存该工作簿，则单击是(Y)按钮；不保存，单击否(N)按钮；不关闭该工作簿，继续进行编辑，则单击取消按钮。

图 2.2.7 “提示保存”对话框

2.2.4 打开工作簿

当用户启动 Excel 2003 后，系统会自动打开一个工作簿。如果要打开已经存在的工作簿，具体操作步骤如下：

（1）选择 文件(F) → 打开(O)... Ctrl+O 命令，或单击“常用”工具栏中的“打开”按钮，弹出 打开 对话框，如图 2.2.8 所示。

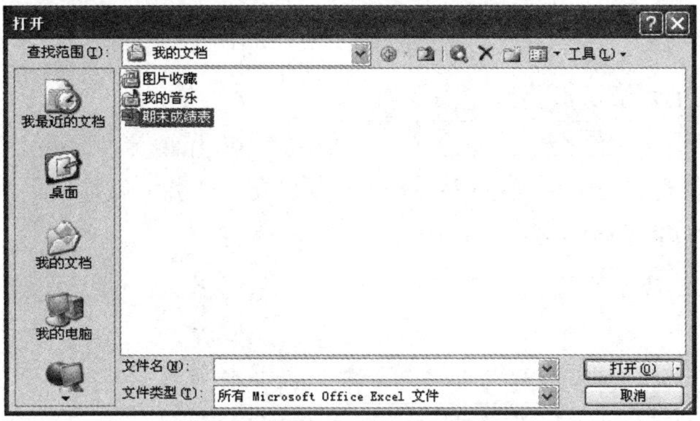

图 2.2.8　“打开”对话框

（2）在“查找范围”下拉列表框中，选择要打开文档所在的目录，在显示文件名窗口中选中需要打开的工作簿（或在“文件名”列表框中输入工作簿名称）。

（3）单击 打开(O) 按钮（或双击需要打开的工作簿）。

注意：如果用户想要打开 Excel 所支持的其他格式文件，首先应在“文件类型”下拉列表中选择“所有文件”，然后选中所需打开的文件，再单击 打开(O) 按钮。

提示：单击 打开(O) 按钮右侧的按钮，弹出“打开方式”菜单，如图 2.2.9 所示，用户可以从中选择不同的打开方式。

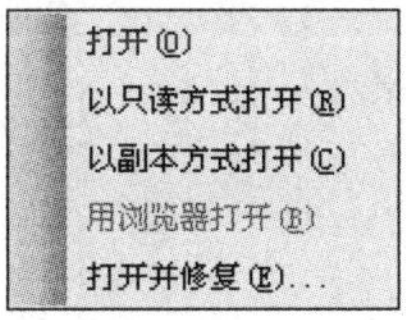

图 2.2.9　“打开方式”菜单

2.3　数据输入

在 Excel 2003 的单元格中可以输入两种类型的数据：常量和公式。

常量就是不会自动改变的数据，即输入之后，如果用户不对其进行修改，则一直保留在工作表中。如文本字符、数字、日期和时间等都属于常量。

公式就是对输入值进行操作的一个操作系列，随着公式计算条件的改变，单元格内相应的计算结果会自动改变。

2.3.1　定位单元格

在 Excel 2003 中记录数据的单元是单元格，要想输入数据，首先就需要选定单元格。选定单元格的方法很多，如果是小型工作表，可以直接用鼠标选定相应的单元格；对于大型的工作表，就需要用到 Excel 2003 中为用户提供的快速定位单元格的名称框、定位命令或键盘等来定位单元格。

1．利用定位命令

利用定位命令定位单元格，具体操作步骤如下：

（1）选择 编辑(E) → 定位(G)... Ctrl+G 命令，弹出 定位 对话框，如图 2.3.1 所示。

（2）在名称列表中选定一个单元格或单元格区域，或在“引用位置”文本框中输入单元格序号，如选定＄A＄5：＄B＄6 单元格区域。

（3）单击 确定 按钮即可。

提示： 如果用户要为定位单元格设定条件，选择带有特殊要求或特征的对象、备注或单元格，就可以单击 定位 对话框中的 定位条件(S)... 按钮，弹出 定位条件 对话框，选中 ⊙最后一个单元格(S) 单选按钮，如图 2.3.2 所示，最后单击 确定 按钮。

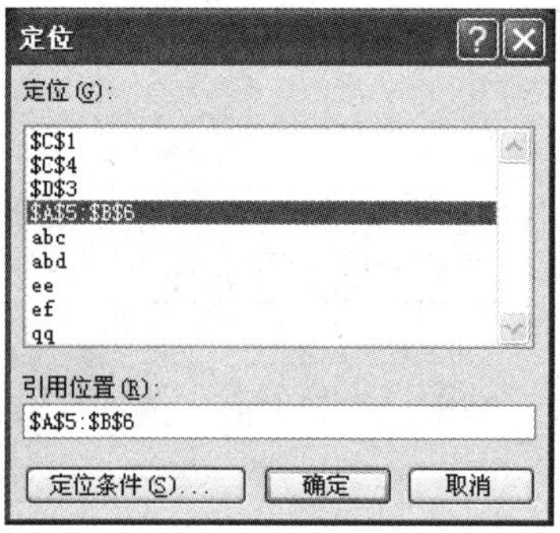

图 2.3.1 “定位”对话框

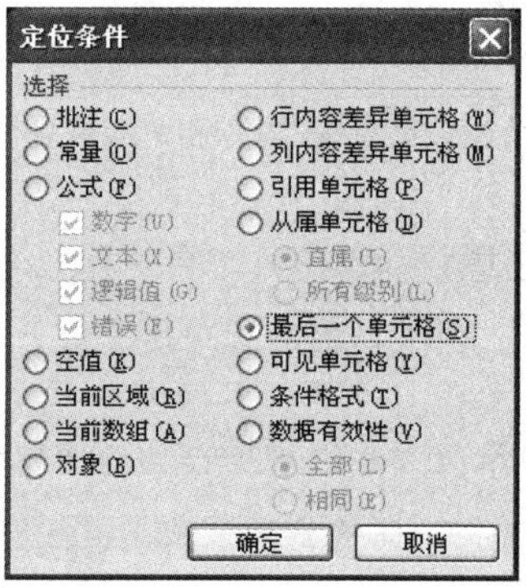

图 2.3.2 “定位条件”对话框

2．利用名称框

利用名称框定位单元格有以下两种方法：

（1）单击名称框，利用键盘输入要定位的单元格标识（即单元格的序号），然后按“Enter”键，如图 2.3.3 所示。

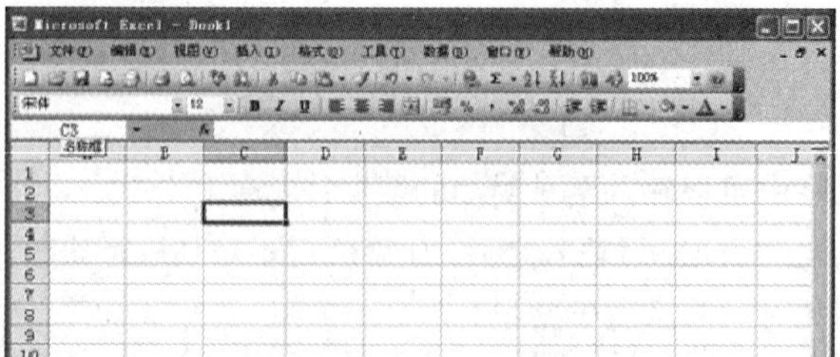

图 2.3.3 利用名称框定位单元格

（2）如果要定位的单元格已被命名，则可以从名称框右侧的下拉列表框中选定该单元格的名称，如图 2.3.4 所示（定位到 C4 单元格中，C4 单元格的名称为 ee）。

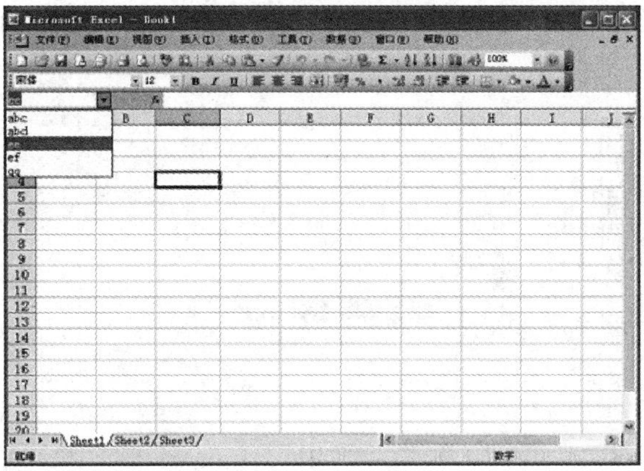

图 2.3.4　利用命名单元格下拉列表定位单元格

3．利用键盘

用户也可以利用如表 2.1 所示的键盘按键来定位单元格。

表 2.1　键盘定位单元格的按键功能表

按 键	功 能
↑	上移一格
↓	下移一格
←	左移一格
→	右移一格
Shift+Enter	上移一个单元格
Enter	下移一个单元格
Page Up	上移一幕内容
Page Down	下移一幕内容
Ctrl+Home	移至当前工作簿的 A1 单元格

2.3.2　输入字符

Windows XP 任务栏的右侧是输入法指示器，显示了当前的输入法状态，单击该指示器按钮，弹出如图 2.3.5 所示的菜单。为用户提供了多种输入法，在该菜单中选择所需要的选项，就可以选中需要的输入法。

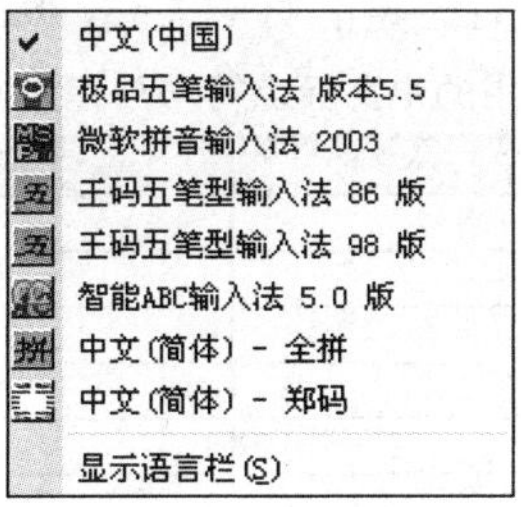

图 2.3.5　输入法菜单

在单元格中输入中文字符的具体操作步骤如下：

（1）选中要输入中文字符的单元格。

（2）按“Shift+Ctrl”快捷键，将输入法切换为微软拼音输入法。

（3）输入拼音“zhongguo”，出现中文“中国”两个字。

（4）按“Enter”键，字符以左对齐的方式显示在单元格中，如图 2.3.6 所示。

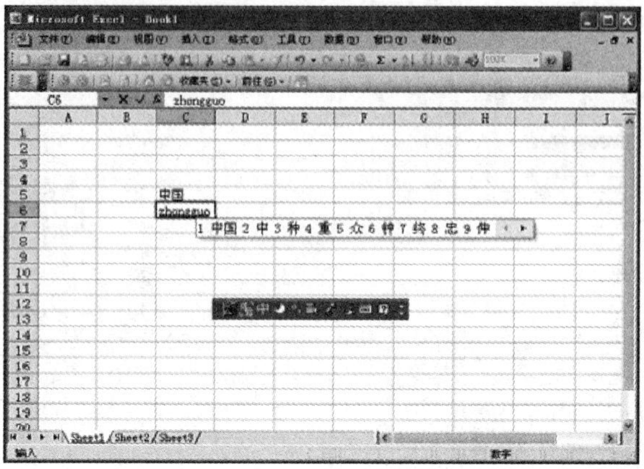

图 2.3.6　中文输入法实例

（5）用方向键或“Tab”键在其他的单元格中输入字符。

1．中英文切换

要进行中英文切换，一般常用以下几种方法：

（1）用输入法状态栏中的“中英文切换”按钮来切换，如中、中、中按钮。

（2）按“Ctrl+Space”快捷键。

（3）在弹出的输入法菜单中，选择中文或英文输入法。

2．全角和半角的切换

在中文输入过程中，如果需要进行全角或半角切换时，可以采用以下两种方法：

（1）用鼠标单击输入法状态栏中的“全角或半角”按钮。

（2）按“Shift+Space”快捷键。

3．中英文标点符号的切换

中英文标点符号的切换，一般有以下两种方法：

（1）单击输入法状态栏中的“中英文标点”按钮中。

（2）按“Ctrl+.（小数点）”快捷键。

常用的中文标点符号与键盘按键具有一定的对应关系，如表 2.2 所示。

表 2.2　常用的中文标点符号与相应的键盘按键

常用的中文标点符号	对应的键盘按键
……（省略号）	^
——（破折号）	_
、（顿号）	\
—（连接号）	@
·（间隔号）	&
￥（人民币符号）	$

2.3.3　输入特殊字符

输入特殊字符的具体操作步骤如下：

（1）选定要输入特殊字符的单元格。

（2）选择 插入(I) → 符号(S)... 命令，弹出 符号 对话框，单击 特殊字符(P) 标签，打开 特殊字符(P) 选项卡，如图 2.3.7 所示。

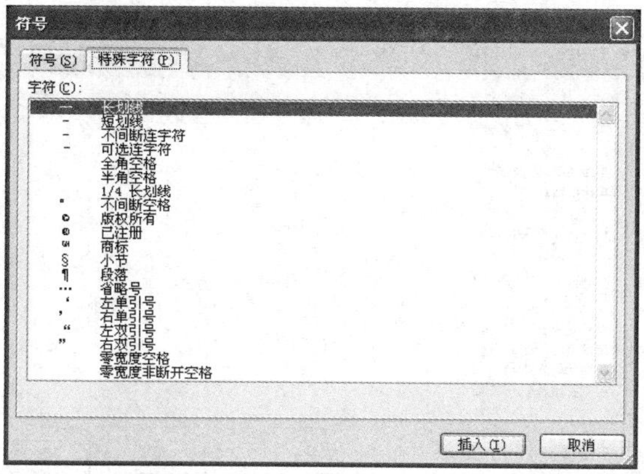

图 2.3.7　“特殊字符”选项卡

（3）在“字符”列表框中选择所需的特殊符号。

（4）单击 插入(I) 按钮即可插入该字符。

注意：在插入符号后， 取消 按钮会自动变为 关闭 按钮，单击 关闭 按钮即可关闭 符号 对话框。

2.3.4　记忆式输入

Excel 2003 应用程序具有记忆式输入功能，在工作中需要输入大量重复数据时，Excel 2003 的这一功能能够帮助用户提高输入效率，缩短输入数据的时间以及减少输入的错误。

如果在多个单元格中要输入相同的字符，此时就可以利用 Excel 2003 记忆式输入自动填充功能，记忆式输入提供的录入项是完全采用已有的录入项的大小格式。

在录入时，按“Alt+↓”键，可显示已有录入项列表，如图 2.3.8 所示，或在相应的单元格上单击鼠标右键，在弹出的快捷菜单中选择 从下拉列表中选择(K)... 命令。

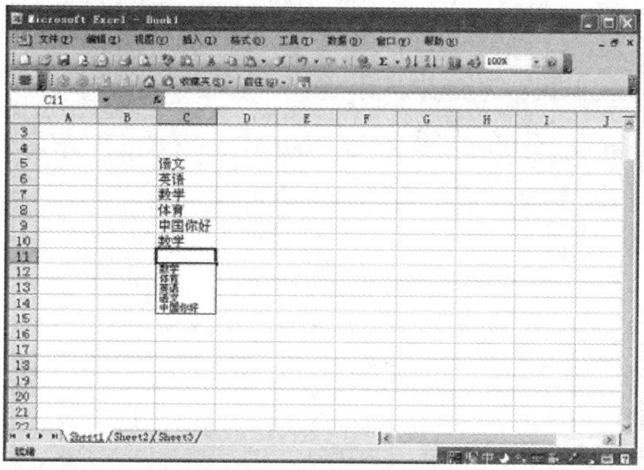

图 2.3.8　显示已有录入项列表

如果要取消记忆式输入功能设置，具体操作步骤如下：

（1）选定需要取消记忆式输入功能的单元格。

（2）选择 工具(T) → 选项(O)... 命令，弹出 选项 对话框，单击 编辑 标签，打开 编辑 选项卡，如图 2.3.9 所示。

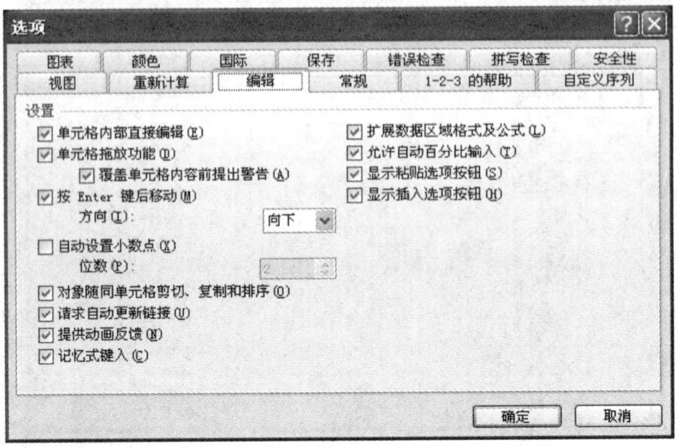

图 2.3.9 “编辑”选项卡

（3）取消选中 □记忆式键入(C) 复选框即可。

注意：记忆式输入功能只适应于文本的输入，并且能够发生效用的单元格只能是已输入文本下方相邻的单元格。

2.3.5 输入公式

在单元格中输入公式时，首先单击目标单元格，然后输入一个等号“=”，再输入公式内容。在 Excel 2003 工作表单元格中输入公式有以下两种方法。

1. 利用编辑栏

（1）单击需要输入公式的单元格。

（2）在“编辑栏”中单击“输入公式”按钮 ✓，如输入“=A3+B3+C3+D3”。

（3）按“Enter”键，此时计算结果将显示在所指定的单元格中，如结果放在 F3 中，如图 2.3.10 所示。

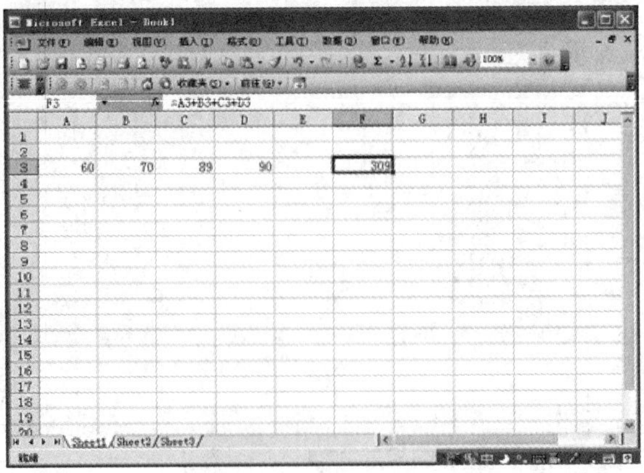

图 2.3.10 输入公式

2．直接输入

（1）单击需要输入公式的单元格。

（2）输入等号“=”，然后输入公式内容。

（3）按“Enter”键，单元格中将显示计算结果，编辑栏中将显示输入的公式。

2.3.6　输入日期和时间

工作表中的时间或日期的显示方式取决于所在单元格的日期格式。在默认情况下，日期和时间是以右对齐方式在单元格中显示。在 Excel 中输入日期和时间必须严格遵守 Excel 的规则。

1．输入日期

在输入日期时，可以采用以下几种形式输入，Excel 2003 都将其识别为有效日期。

（1）dd/yy/ff，如 99/12/20，即 1999 年 12 月 20 日。

（2）dd-yy-ff，如 99-12-20，即 1999 年 12 月 20 日。

注意：当输入两位数字的年份时，系统的默认解释如下：

（1）00 ~ 29 解释为 2000 年 ~ 2029 年。

（2）30 ~ 99 解释为 1930 年 ~ 1999 年。

2．输入时间

不论采用下列哪种形式输入时间，Excel 都识别为有效时间。

（1）输入上午的时间形式为：hh：mm：ss 或 hh：mm：ss AM，如 8：46：30 或 8：46：30 AM。

（2）输入下午的时间形式为：hh：mm：ss 或 hh：mm：ss PM，如 20：46：30 或 8：46：30 PM。

也可以根据需要设置输入日期和时间的格式，具体操作步骤如下：

（1）选择 格式(O) → 单元格(E)... Ctrl+1 命令，弹出 单元格格式 对话框，默认打开的是 数字 选项卡，如图 2.3.11 所示。

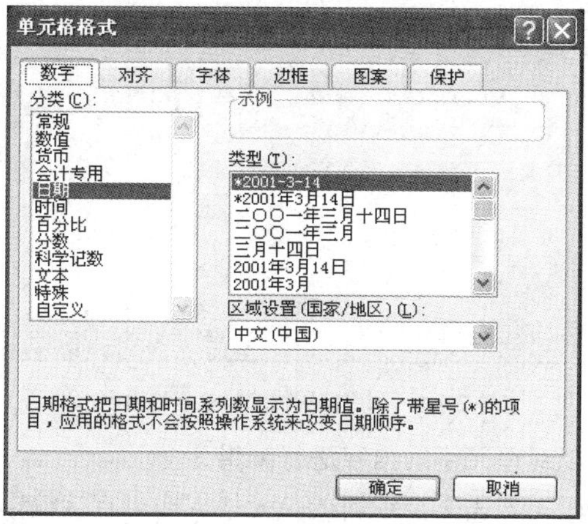

图 2.3.11　“单元格格式”对话框

（2）在“分类”列表框中选中“日期”选项，在右侧的“类型”列表框中根据需要选择任意一种日期和时间的形式。

（3）单击 确定 按钮即可。

提示：如果要输入当天的日期，单击要输入日期的单元格，按“Ctrl+;”快捷键；如果要输入当前的时间，按“Ctrl+Shift+:”快捷键。

2.4 编辑工作表

工作表建立完成后，用户需要对工作表中的数据进行各种操作、处理，使其符合实际的需要。Excel 2003 为用户提供了强大的编辑功能，如对单元格的编辑、命名单元格、撤消和恢复操作、移动和复制单元格、插入与删除以及查找和替换等。

2.4.1 编辑单元格

在 Excel 2003 中最基本的操作就是编辑单元格，包括编辑单元格内容、清除单元格内容以及移动和复制单元格数据等。

1. 编辑单元格内容

编辑单元格中的内容有两种方法：

（1）利用编辑栏进行编辑。

1）单击需要编辑的单元格，此时，单元格中的数据将在编辑栏中显示，如图 2.4.1 所示。

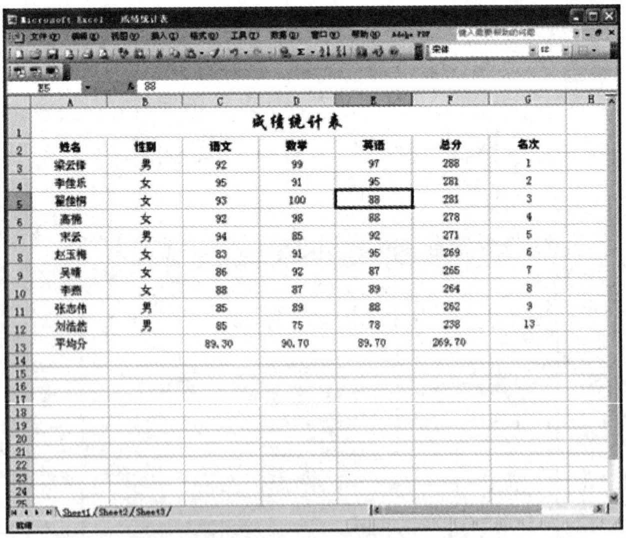

图 2.4.1 利用编辑栏编辑单元格内容

2）单击编辑栏，就可以对单元格的内容进行编辑。

（2）在单元格中直接编辑。双击需要编辑的单元格，即可直接编辑单元格中的内容，但是要在单元格中直接编辑单元格中的内容，首先必须设置“单元格内部直接编辑”，其操作步骤如下：

1）选择 工具(T) → 选项(O)... 命令，弹出 选项 对话框，单击 编辑 标签，打开 编辑 选项卡。

2）选中 ☑ 单元格内部直接编辑(E) 复选框，如图 2.4.2 所示。

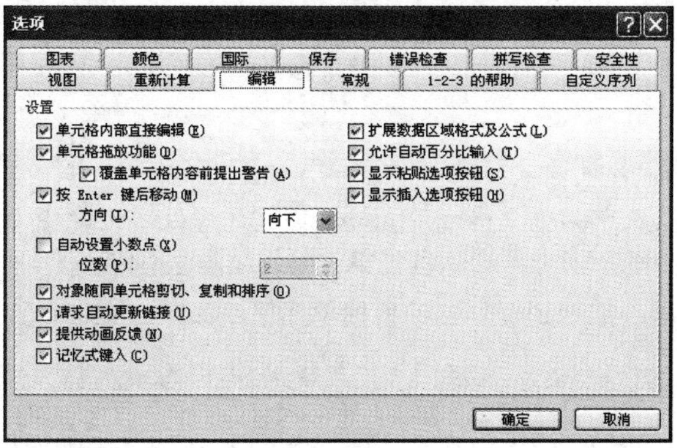

图 2.4.2　“编辑”选项卡

3）单击 确定 按钮即可。

2. 清除单元格内容

如果要清除单元格中的错误内容，具体操作步骤如下：

（1）选定要清除的单元格或单元格区域。

（2）选择 编辑(E) → 清除(A) 命令，弹出其子菜单，如图 2.4.3 所示。

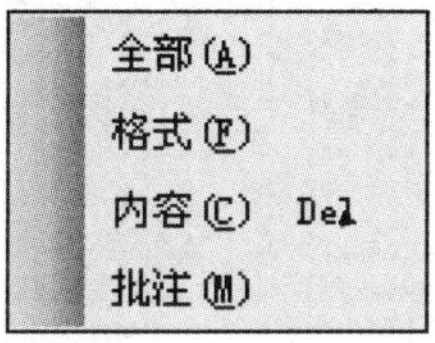

图 2.4.3　“清除”子菜单

（3）从 4 种命令中根据需要选择一种。

“清除”子菜单中命令的作用如下：

全部(A) 命令：清除工作区域中所有单元格的内容和格式，包括超级链接和批注。

格式(F) 命令：只清除选定工作区域的单元格格式，单元格内容和批注均不改变。

内容(C)　Del 命令：删除选定工作区域单元格中的内容（包括公式和数据），单元格格式和批注均不改变。

批注(M) 命令：只删除选定工作区域单元格批注，单元格内容和格式均不改变。

注意：清除单元格不同于删除单元格。清除单元格指的是清除单元格中的内容（数据和公式）、格式和批注，单元格仍然保留在工作表中；而删除单元格指的是将该单元格移出工作表，并调整周围的单元格填补删除后的空缺。

如果选定单元格后，按“Delete”键或“→”键，Excel 只清除单元格中的内容，而保留其中的批注和单元格格式。如果执行了清除命令，Excel 将清除单元格中的内容、格式、批注等全部信息。

3. 移动和复制单元格内容

移动和复制单元格内容，一般常用以下 3 种方法。

（1）使用快捷键。

1）选定要进行复制和移动的单元格或单元格区域。

2）按“Ctrl+C”或“Ctrl+X”快捷键。

3）选定要粘贴的目标单元格或单元格区域左上角的单元格。

4）按“Ctrl+V”快捷键。

（2）使用鼠标。

1）选定要移动或复制的单元格。

2）将鼠标移动到所选定的单元格或单元格区域的边缘处，指针变为“✥”形状。

3）按住鼠标左键并拖动到要移动的目标单元格，如图 2.4.4 所示，然后释放按键。或按住鼠标左键，同时按下“Ctrl”键，拖动到要复制的目标单元格，如图 2.4.5 所示，然后释放按键。

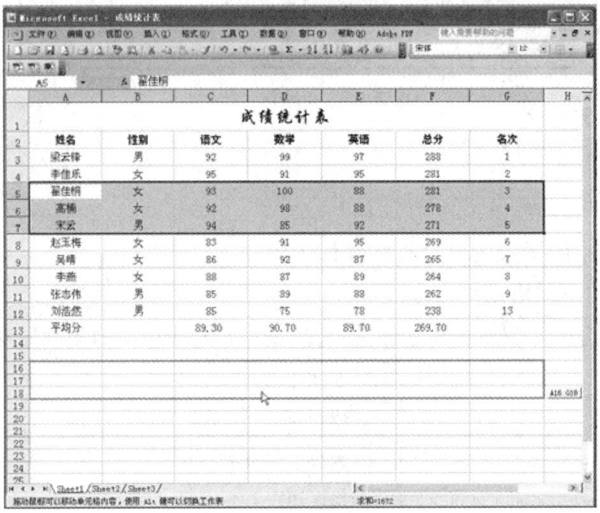

图 2.4.4 使用鼠标移动单元格内容

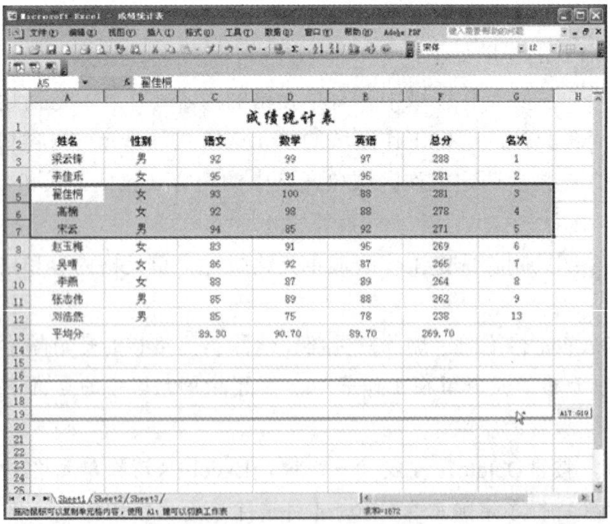

图 2.4.5 使用鼠标复制单元格内容

（3）使用菜单。

1）选定要移动或复制的单元格或单元格区域。

2）单击 编辑(E) 菜单，在弹出的子菜单中选择 剪切(T) Ctrl+X 或复制(C) Ctrl+C 命令，或单击“常用”工具栏上的“剪切”按钮或“复制”按钮。

3）选定要粘贴的目标单元格或目标单元格区域的左上方的单元格。

4）选择 编辑(E) → 粘贴(P) Ctrl+V 命令，或单击“常用”工具栏上的“粘贴”按钮即可。

提示：也可以在要移动或复制的单元格或单元格区域内单击鼠标右键，在弹出的快捷菜单中选择 剪切(T)、复制(C) 和 粘贴(P) 命令。

4．撤消和恢复操作

Excel 2003 中为用户提供了撤消和恢复操作。如果要撤消最近一次的操作，单击“常用”工具栏中的“撤消”按钮即可；要恢复最近一次的“撤消”操作，单击“常用”工具栏上的“恢复”按钮即可。

提示：如果要撤消或恢复前面的操作，可单击按钮右侧的下拉箭头，从列表中选择需要撤消的操作，或通过多次单击撤消按钮来依次撤消先前的操作。

5．插入与删除单元格

在 Excel 2003 中编辑工作表时，为了避免覆盖原有的单元格中的数据，常常需要在工作表中插入单元格对其进行补充，有时也为了去掉一些不必要的数据，需要删除一些单元格。

（1）插入单元格。

1）在插入位置选定一个单元格。

2）选择 插入(I) → 单元格(E)... 命令，或在选定的单元格上单击鼠标右键，在弹出的快捷菜单中选择 插入(I)... 命令，弹出 插入 对话框，如图 2.4.6 所示。

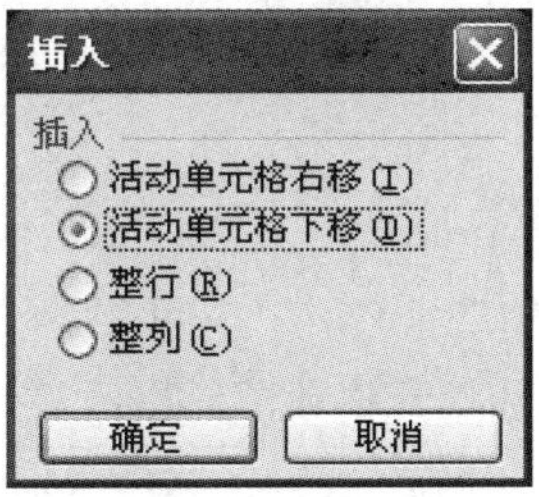

图 2.4.6　“插入”对话框

3）在 插入 对话框中选择一种插入方式。

选中 活动单元格右移(I) 单选按钮，插入的单元格将处于原来所选的位置，原来的单元格将向右移动。

选中 活动单元格下移(D) 单选按钮，插入的单元格将处于原来所选的位置，原来的单元格将向下移动。

选中 整行(R) 单选按钮，插入的行数与选定的单元格的行数相同。

选中 整列(C) 单选按钮，插入的列数与选定的单元格的列数相同。

4）单击 确定 按钮即可。

（2）删除单元格。

1）选定要删除的单元格，也可以选中整行或整列。

2）选择 编辑(E) → 删除(D)... 命令，或在选定的单元格中单击鼠标右键，在弹出的快捷菜单中选择 删除(D)... 命令，弹出 删除 对话框，如图 2.4.7 所示。

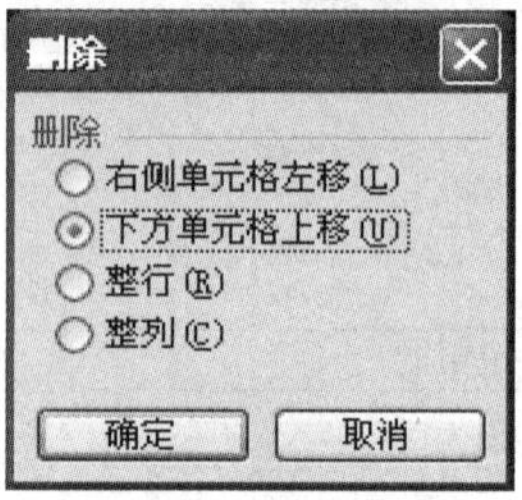

图 2.4.7 “删除”对话框

3）在 删除 对话框中根据具体情况选择一种删除方式。

选中 右侧单元格左移(L) 单选按钮，右侧的单元格向左移动。

选中 下方单元格上移(U) 单选按钮，下方的单元格向上移动。

选中 整行(R) 单选按钮，删除选定的行。

选中 整列(C) 单选按钮，删除选定的列。

4）单击 确定 按钮即可。

2.4.2 命名单元格

对一个单元格或一个单元格区域命名，能使单元格更容易记忆，而且可以快速定位操作，命名单元格有以下几条规则。

（1）名称中不能包含空格。

（2）名称中必须以字母开头，不能使用数字。

（3）名称只能由字母、数字、下画线和句号构成。

（4）名称不能超过 255 个字符。

命名单元格一般常用以下几种方法。

1．使用菜单命令

（1）在工作表中选定要进行命名的单元格或单元格区域。

（2）选择 插入(I) → 名称(N) → 定义(D)... 命令，或按“Ctrl+F3”快捷键，弹出 定义名称 对话框，如图 2.4.8 所示。

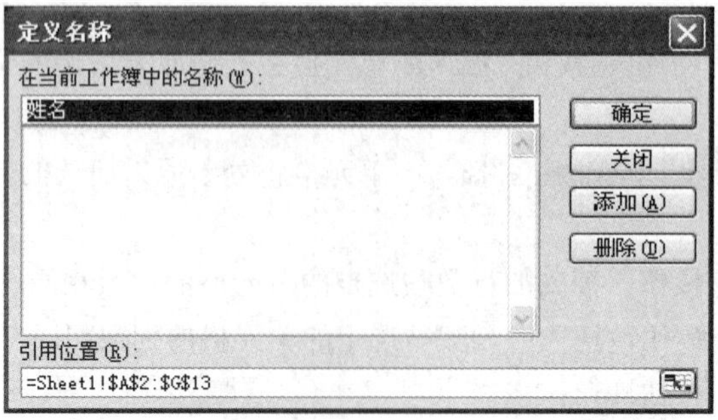

图 2.4.8 “定义名称”对话框

（3）在“在当前工作簿中的名称”文本框中输入名称。

（4）单击 确定 按钮即可。如将名称“姓名”改为“aa”，当选中该区域时，名称框中将显示“aa”，如图 2.4.9 所示。

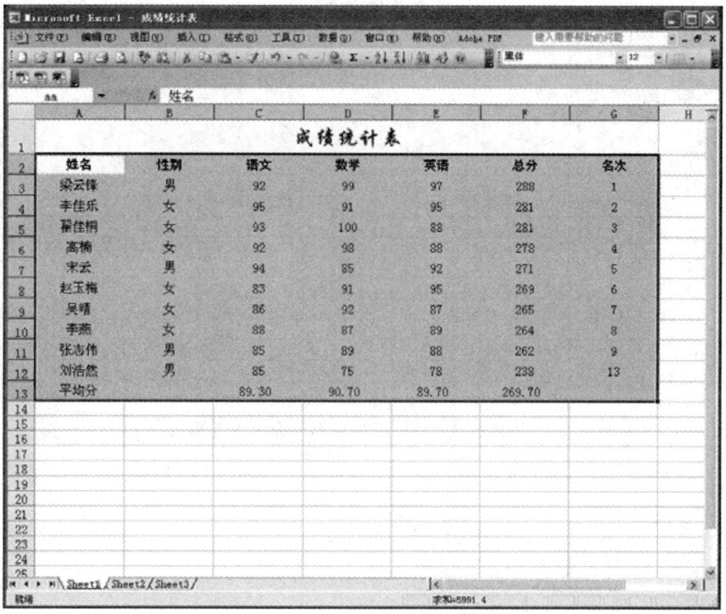

成绩统计表						
姓名	性别	语文	数学	英语	总分	名次
梁云锋	男	92	99	97	288	1
李佳乐	女	95	91	95	281	2
翟佳桐	女	93	100	88	281	3
高楠	女	92	98	88	278	4
宋云	男	94	85	92	271	5
赵玉梅	女	83	91	95	269	6
吴晴	女	86	92	87	265	7
李燕	女	88	87	89	264	8
张志伟	男	85	89	88	262	9
刘浩然	男	85	75	78	238	13
平均分		89.30	90.70	89.70	269.70	

图 2.4.9 命名单元格区域

提示：如果要继续命名其他的单元格或单元格区域，具体操作步骤如下：

（1）在 定义名称 对话框中，单击 添加(A) 按钮。

（2）单击“引用位置”文本框右侧的“拾取”按钮，弹出 定义名称 - 引用位置: 对话框，如图 2.4.10 所示。

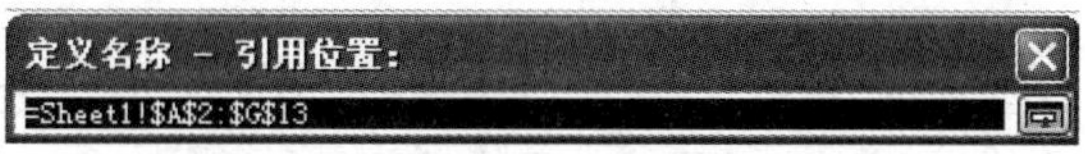

图 2.4.10 “定义名称-引用位置”对话框

（3）在工作表中选择需要命名的单元格或单元格区域，然后单击右侧的“拾取”按钮，回到 定义名称 对话框，所选的单元格或单元格区域将显示在“引用位置”文本框中。

（4）在“在当前工作簿中的名称”编辑框中输入命名的名称。

（5）单击 确定 按钮即可。

2. 使用名称框

（1）在工作表中选定要命名的单元格或单元格区域。

（2）单击名称框，输入要命名的名称。

（3）按“Enter”键即可，如将 C15 单元格命名为“bb”，如图 2.4.11 所示。

注意：在“名称框”中输入名称后，必须按“Fnter”键命名才能生效，按其他按键，则命名无效。

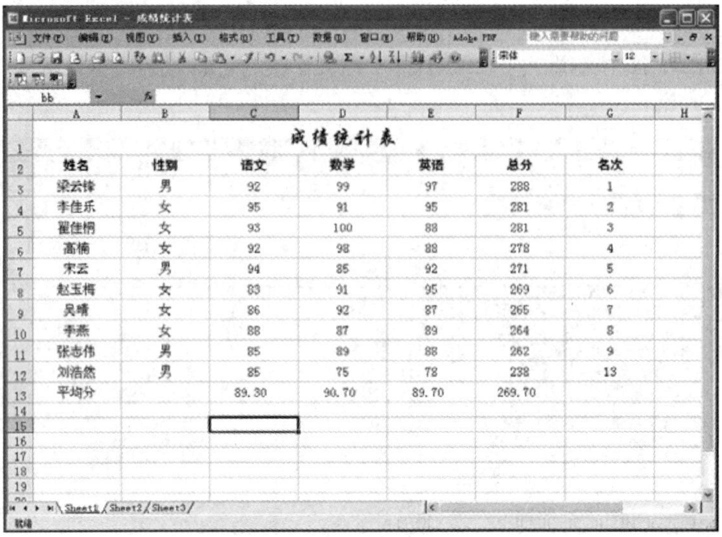

图 2.4.11　使用“名称框”命名单元格

3．自动命名

（1）选择包括文本、单元格和相邻单元格的区域。

（2）选择 插入(I) → 名称(N) → 指定(C)... 命令，或按“Ctrl+Shift+F3”快捷键，弹出**指定名称**对话框，如图 2.4.12 所示。

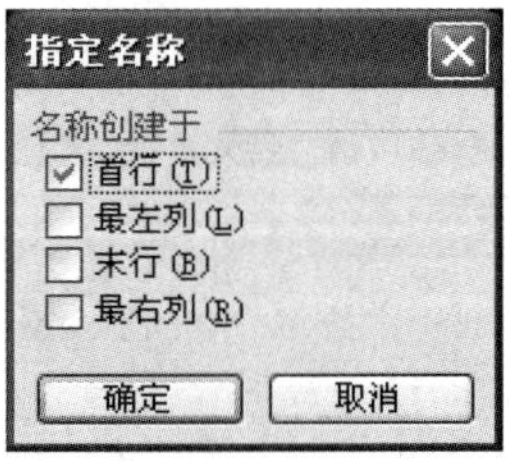

图 2.4.12　“指定名称”对话框

（3）在**指定名称**对话框中选择文本单元格在选定范围内的位置。

（4）单击 确定 按钮即可。

注意：使用工作表中的文本作为其他单元格的名称，文本单元格与需要命名的单元格或单元格区域必须是相邻的。

2.4.3　查找和替换

查找命令的功能就是在一个指定范围内查找特定的文字或数据等，可以单独使用，也可以与替换命令结合起来使用。替换命令是在查找到目标文字或数据时自动替换查找到的内容，必须和查找命令结合起来使用。

1．查找

查找命令的具体操作步骤如下：

（1）选定需要查找的单元格区域。

（2）选择编辑(E)→查找(F)... Ctrl+F命令，或按“Ctrl+F”快捷键，弹出查找和替换对话框，单击查找(D)标签，打开查找(D)选项卡，如图 2.4.13 所示。

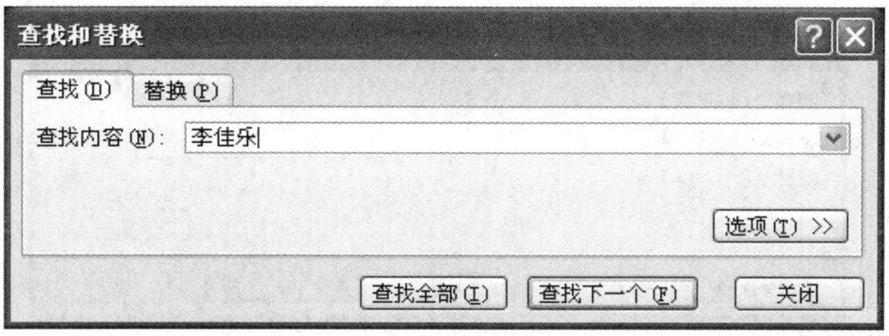

图 2.4.13 “查找和替换”对话框

（3）在“查找内容”文本框中输入要查找的文字或数据，如输入“李佳乐”。

（4）单击查找下一个(F)或查找全部(I)按钮即可，如图 2.4.14 所示。

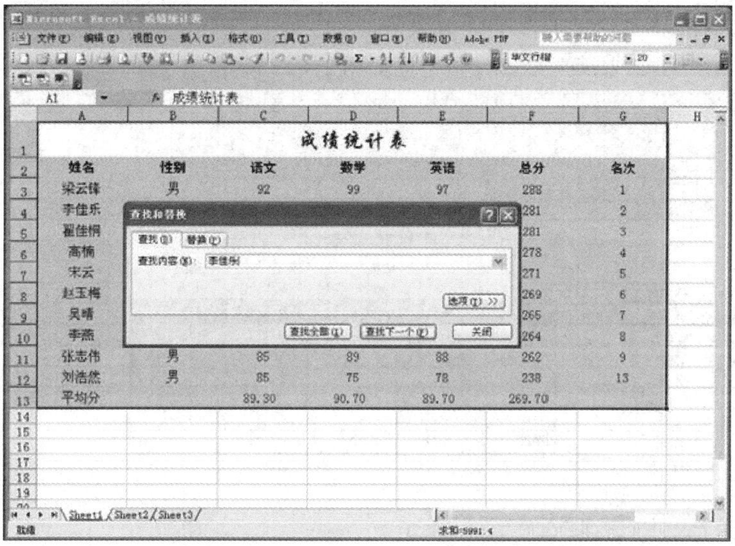

图 2.4.14 查找实例

提示：单击选项(T) >>按钮，打开“查找”扩展选项卡，如图 2.4.15 所示，可设置查找范围和查找方式，再次单击选项(T) >>按钮，将隐藏扩展选项卡。

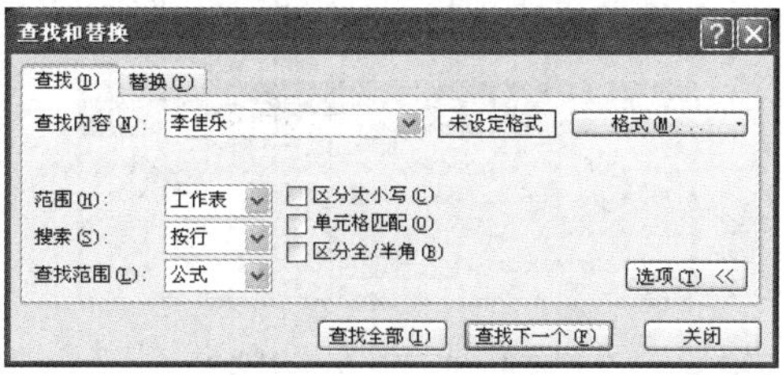

图 2.4.15 “查找”扩展选项卡

2．替换

替换命令与查找命令的使用方法相似，但必须和查找命令配合使用，具体操作步骤如下：

（1）选择要查找的单元格区域。

（2）选择编辑(E)→查找(F)... Ctrl+F命令，或按“Ctrl+F”快捷键，弹出查找和替换对话框，单击替换(P)标签，打开替换(P)选项卡，如图 2.4.16 所示。

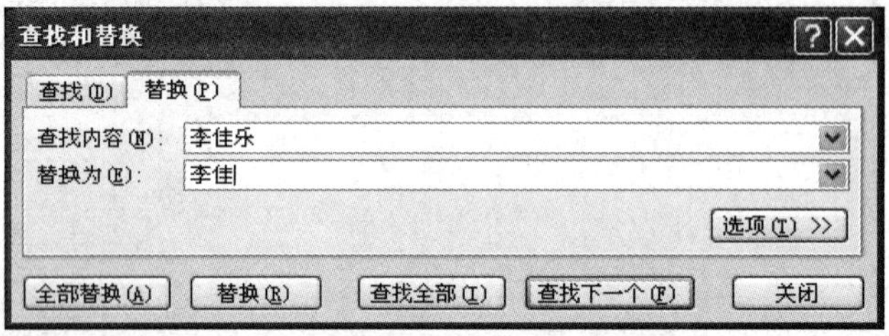

图 2.4.16 “替换”选项卡

（3）在“查找内容”编辑框中输入查找内容，如“李佳乐”，在“替换为”编辑框中输入替换内容，如“李佳”。

（4）单击查找下一个(F)或查找全部(I)按钮。

（5）单击替换(R)或全部替换(A)按钮，如图 2.4.17 所示。

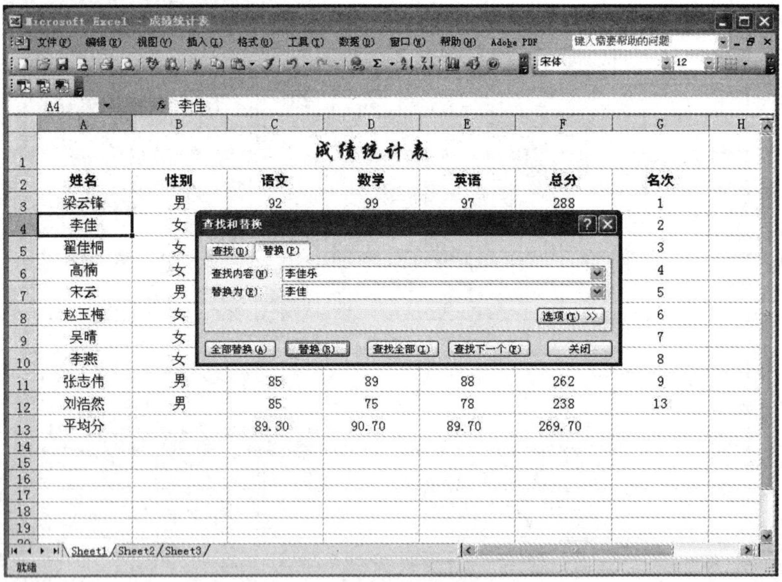

图 2.4.17 替换实例

（6）完成替换后，Excel 程序会自动出现提示消息框，如图 2.4.18 所示。

图 2.4.18 替换提示消息框

（7）单击确定按钮即可。

（8）单击关闭按钮，关闭查找和替换对话框。

2.5　拆分和冻结工作表

Excel 2003 为用户提供了拆分和冻结工作表窗口的功能，有了这些功能可以更加合理地利用屏幕空间。

2.5.1　拆分工作表

拆分工作表就是将工作表当前的活动窗口拆分成窗格，在每个被拆分的窗格中都可以通过滚动条来显示或查看工作表的各个部分。

1. 拆分工作表窗口

（1）选定要拆分分隔处的单元格，该单元格的左上角就是拆分的分隔点。

（2）选择 窗口(W) → 拆分(S) 命令即可，如图 2.5.1 所示。

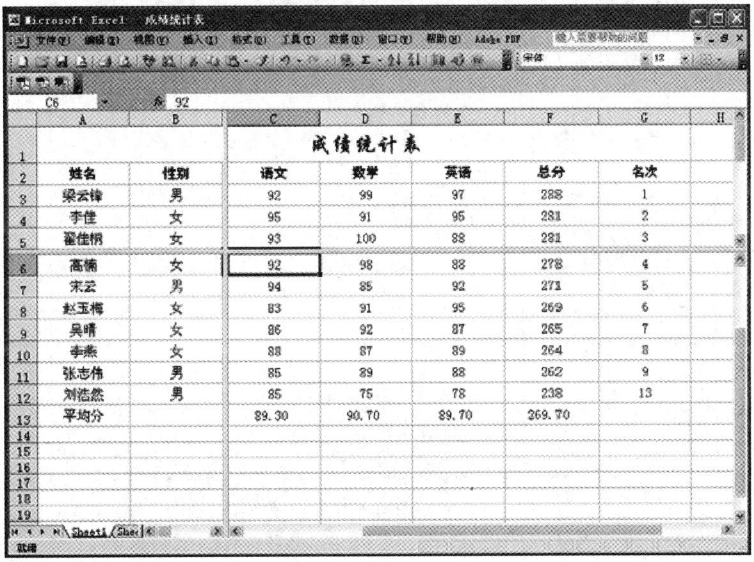

图 2.5.1　拆分工作表窗口

技巧： 如果要对已经拆分好的窗口进行更改，具体操作步骤如下：

（1）将鼠标移动到垂直拆分框或水平拆分框上。

（2）按下鼠标左键，拖动鼠标指针到工作表要进行拆分的单元格，释放鼠标按钮。

2. 取消拆分

取消拆分有以下两种方法：

（1）选择 窗口(W) → 取消拆分(S) 命令。

（2）在分割条的交点处双击鼠标左键，可取消拆分。如果要删除一条分割条，则在该分割条上方双击即可。

2.5.2 冻结工作表

冻结工作表也是将当前的工作表活动窗口拆分成窗格，与拆分工作表窗口所不同的就是，在执行了 冻结窗格(F) 命令后，活动工作表以上和左边的窗格将被冻结，也就是说当垂直滚动时，冻结点以上的全部单元格不参与滚动；当水平滚动时，冻结点左边的全部单元格不参与滚动。

1. 冻结工作表窗口

（1）选定一个单元格作为冻结点，即冻结点以上和左边的所有单元格都将被冻结，并保留在屏幕上。

（2）选择 窗口(W) → 冻结窗格(F) 命令即可，如图 2.5.2 所示。

技巧： 在被冻结的工作表中，按“Ctrl+Home”快捷键，活动单元格指针将返回到冻结点所在的单元格。

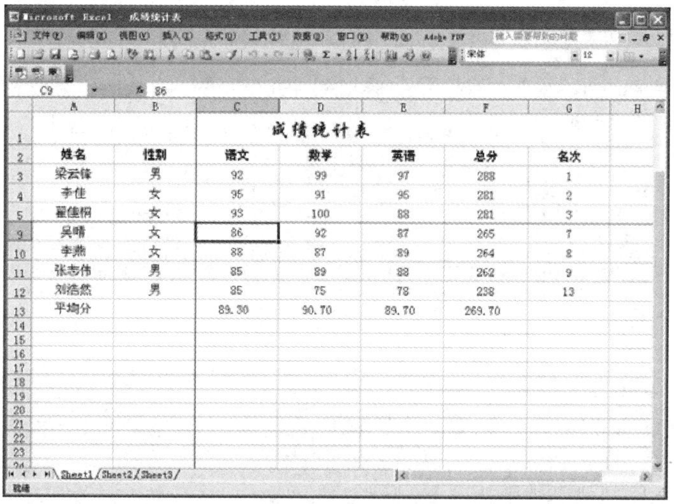

图 2.5.2 冻结工作表窗口

2. 撤消冻结

选择 窗口(W) → 取消冻结窗格(F) 命令即可。

2.6 保 护 方 式

用户在使用 Excel 2003 时，为了防止因为误操作而造成对工作表数据的丢失或破坏，可以对工作表和工作簿建立保护。

2.6.1 保护工作表

保护工作表可以防止他人对工作表中的单元格、图表项、对话框编辑项、Excel 宏表、图形对象等进行修改，具体操作步骤如下：

（1）激活需要保护的工作表。

（2）选择 工具(T) → 保护(P) → 保护工作表(P)... 命令，弹出 保护工作表 对话框，如图 2.6.1 所示。

（3）选中 ☑保护工作表及锁定的单元格内容(C) 复选框，在“取消工作表保护时使用的密码”输入框中输入密码，如输入“123”，密码的长度不能超过 255 个字符。

（4）单击 确定 按钮，弹出 确认密码 对话框，如图 2.6.2 所示。

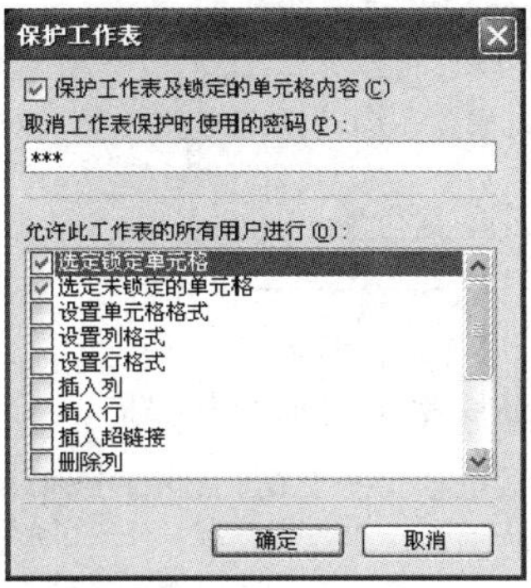

图 2.6.1　“保护工作表”对话框

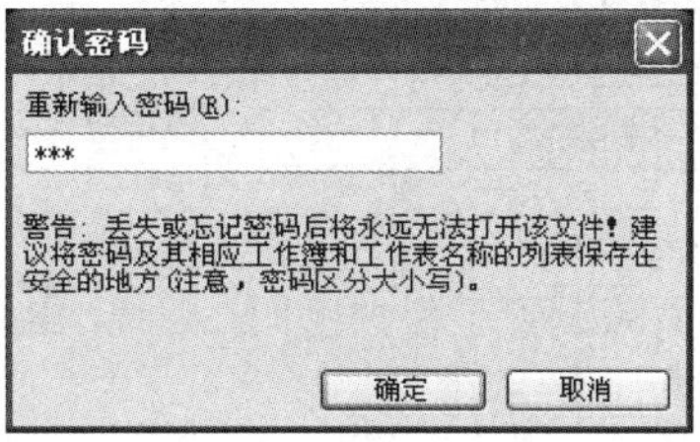

图 2.6.2　“确认密码”对话框

（5）在“重新输入密码”输入框中输入密码。

（6）单击 确定 按钮即可。

提示： 如果要修改受保护的工作表，此时会弹出如图 2.6.3 所示的提示框。

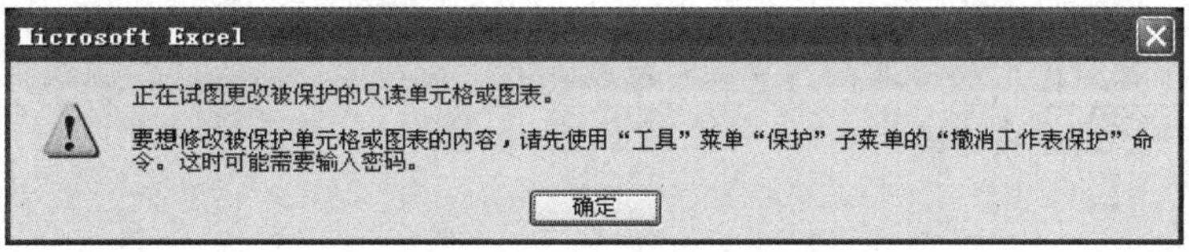

图 2.6.3　受保护工作表提示框

2.6.2　保护工作簿

保护工作簿可以防止他人对工作簿进行插入、移动、删除、隐藏以及重命名工作表等操作，还可以保护工作簿的结构和窗口。保护工作簿的具体操作步骤如下：

（1）激活需要保护的工作簿。

（2）选择 工具(T) → 保护(P) → 保护工作簿(W)... 命令，弹出 保护工作簿 对话框，如图 2.6.4 所示。

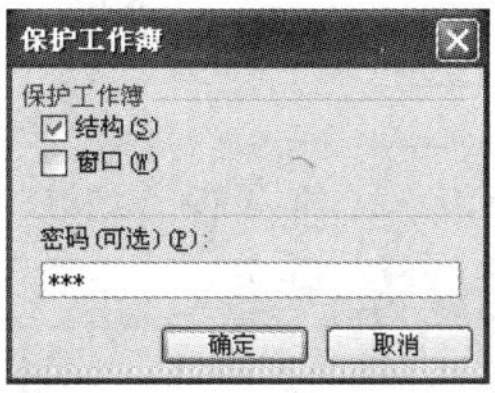

图 2.6.4　“保护工作簿”对话框

（3）选择要保护的选项，如选中☑结构(S)复选框。

（4）在“密码”输入框中输入密码，如输入“456”。

（5）单击确定按钮，弹出确认密码对话框（见图 2.6.2）。

（6）在“重新输入密码”输入框中输入密码。

（7）单击确定按钮即可。

2.6.3 取消保护

如果要取消对工作表或工作簿的保护，具体操作步骤如下：

（1）打开被保护的工作表或工作簿。

（2）选择工具(T)菜单，在弹出的菜单中选择保护(P)命令，在弹出的子菜单中选择撤消工作表保护(P)...或撤消工作簿保护(W)...命令。

（3）如果原来没有设置保护密码，选择相应的撤消保护命令即可撤消其保护。

（4）如果原来设置了保护密码，则弹出撤消工作表保护对话框，如图 2.6.5 所示，或弹出撤消工作簿保护对话框，如图 2.6.6 所示。

图 2.6.5 “撤消工作表保护”对话框

图 2.6.6 “撤消工作簿保护”对话框

（5）输入工作表保护密码，如输入“123”，或输入工作簿保护密码，如输入“456”。

（6）单击确定按钮即可。

2.7 应 用 模 板

模板实际上是一种特殊的工作表，用户可以将任意一个工作表创建成一个模板，将常用的工作表以模板的形式保存，当再次使用该格式时，只要调用该模板即可。

2.7.1 创建模板

创建模板的具体操作步骤如下：

（1）在工作表中建立空的表格。

（2）输入常量、公式、图表、宏以及定义的各种格式。

（3）选择文件(F)→另存为(A)...命令，弹出另存为对话框，如图 2.7.1 所示。

（4）在“文件名”文本框中输入模板名，在“保存类型”下拉列表框中选择“模板”选项，在“保存位置”下拉列表框中选择 Excel 默认文件夹。

（5）单击保存(S)按钮即可。

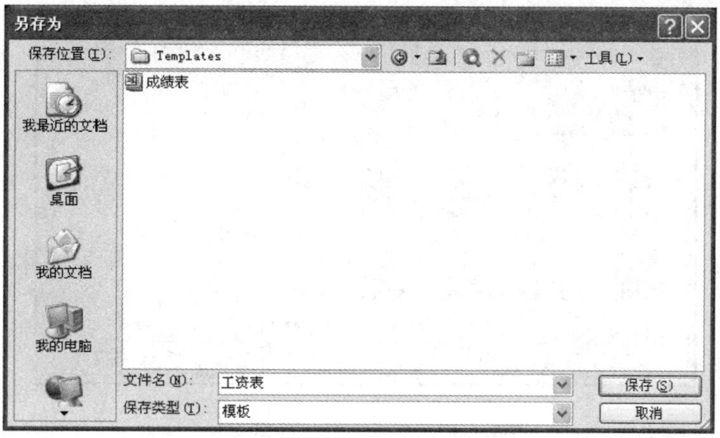

图 2.7.1　“另存为”对话框

注意：在保存模板时，如果把模板保存在 Excel 默认的文件夹中（Excel 默认文件夹一般是“系统盘符\Documents and Setting\用户名\Application Data\Microsoft\Templates”），选择 文件(F) → 新建(N)... Ctrl+N 命令，弹出 新建工作簿 任务窗格，单击 本机上的模板... 按钮，弹出 模板 对话框，单击 常用 标签，打开 常用 选项卡，该模板将会在其中显示，如图 2.7.2 所示。

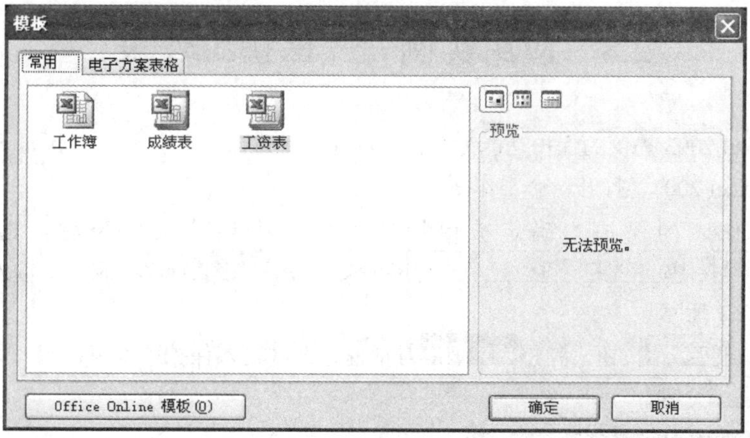

图 2.7.2　创建模板实例

2.7.2　使用模板

如果要使用已创建的模板或 Excel 内部提供的多种模板，具体操作步骤如下：

（1）选择 文件(F) → 新建(N)... Ctrl+N 命令，打开 新建工作簿 任务窗格。

（2）单击 本机上的模板... 按钮，弹出 模板 对话框。

（3）单击 常用 标签，打开 常用 选项卡，为新建的工作簿选择适当的模板；或单击 电子方案表格 标签，打开 电子方案表格 选项卡，如图 2.7.3 所示，为新建的工作簿选择适当的模板。

（4）单击 确定 按钮即可。

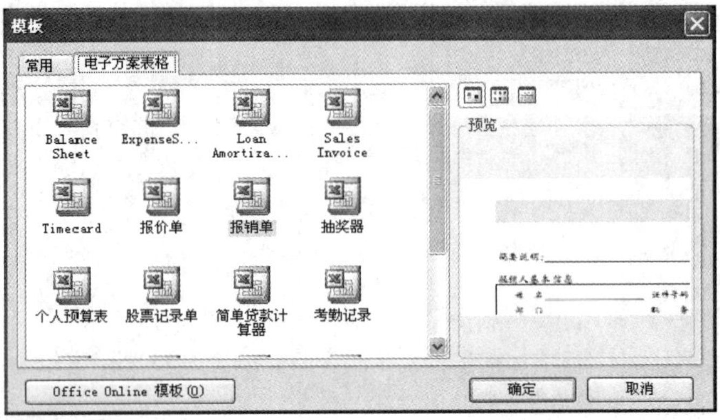

图 2.7.3 “电子方案表格”选项卡

2.7.3 修改模板

如果要对已经存在的模板进行修改，只要打开该模板文件，按照对工作簿编辑的方法修改即可，修改完成后，重新存盘，则该模板即被修改。

提示：模板的扩展名为.xlt。

2.8 应用实例——保护工作表

本例利用 Excel 2003 提供的保护功能为工作表创建保护效果。具体操作步骤如下：

（1）启动 Excel 2003，打开一个工作簿。

（2）对工作表的保护。确定被保护的工作表为当前工作表后，选择 工具(T) → 保护(P) → 保护工作表(P)... 命令，弹出 保护工作表 对话框，输入密码（如输入“357”），如图 2.8.1 所示。

（3）单击 确定 按钮，弹出 确认密码 对话框，再次输入保护工作表密码，如图 2.8.2 所示，然后单击 确定 按钮。

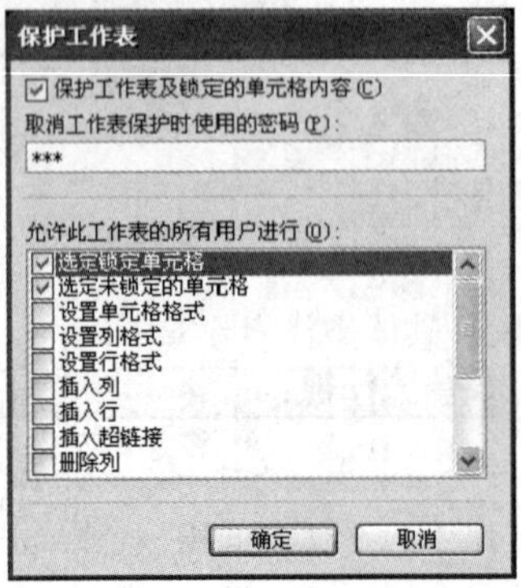

图 2.8.1 “保护工作表”对话框

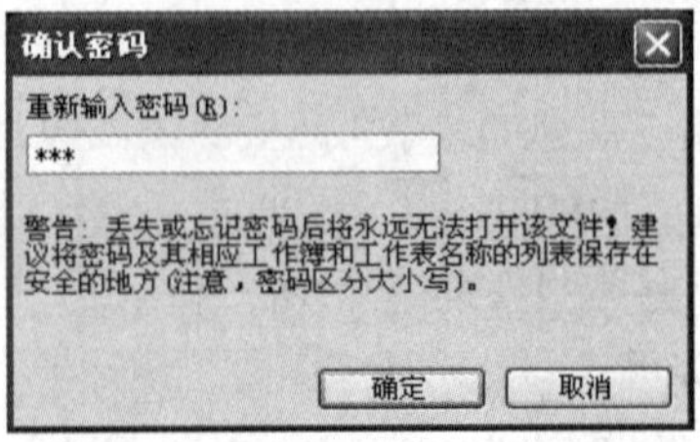

图 2.8.2 “确认密码”对话框

（4）对工作簿的保护。选择 工具(T) → 保护(P) → 保护工作簿(W)... 命令，弹出 保护工作簿 对话框，选择对工作簿的保护内容（结构或窗口），如选中 ☑结构(S) 复选框，输入保护密码（输入 123），如图 2.8.3 所示。

（5）单击 确定 按钮，弹出 确认密码 对话框，再次输入保护工作簿密码，如图 2.8.4 所示，然后单击 确定 按钮。

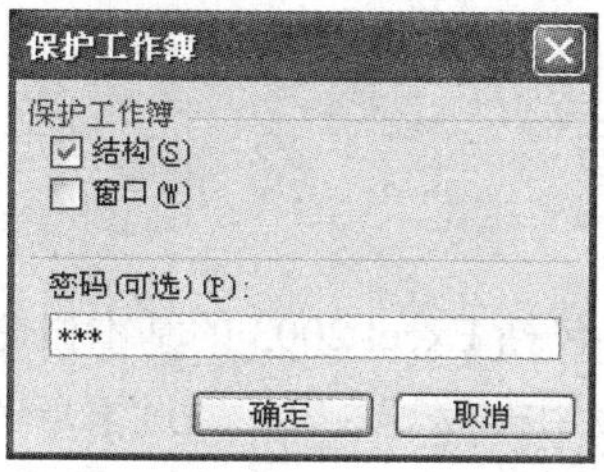

图 2.8.3 “保护工作簿”对话框

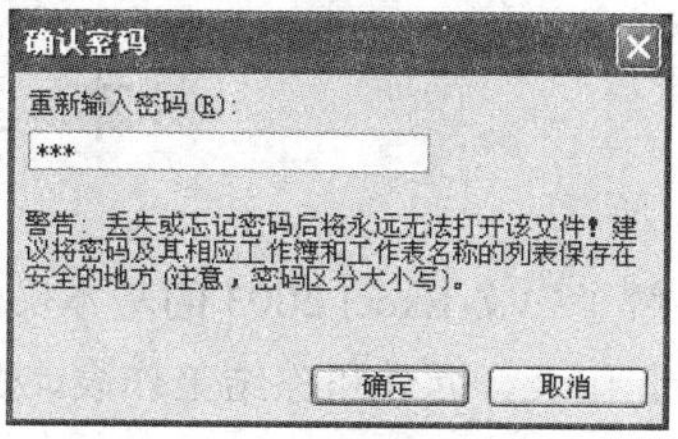

图 2.8.4 “确认密码”对话框

（6）对工作簿文件和共享工作簿进行保护，并设置为只读方式。选择 工具(T) → 选项(O)... 命令，弹出 选项 对话框，单击 安全性 标签，打开 安全性 选项卡，在“打开权限密码”和“修改权限密码”输入框中输入密码（如都输入“123”），并选中 ☑建议只读(E) 复选框，如图 2.8.5 所示。

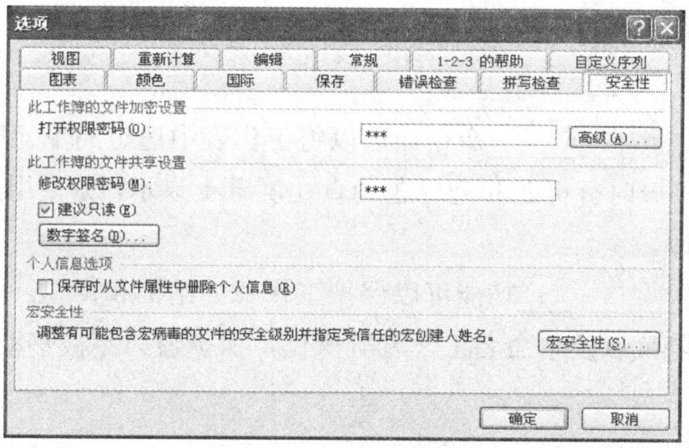

图 2.8.5 “安全性”选项卡

（7）单击 确定 按钮，弹出 确认密码 对话框，重新输入密码（如输入“123”），如图 2.8.6 所示。

（8）单击 确定 按钮，弹出 确认密码 对话框，再次输入修改权限密码（如输入“123”），如图 2.8.7 所示，然后单击 确定 按钮即可。

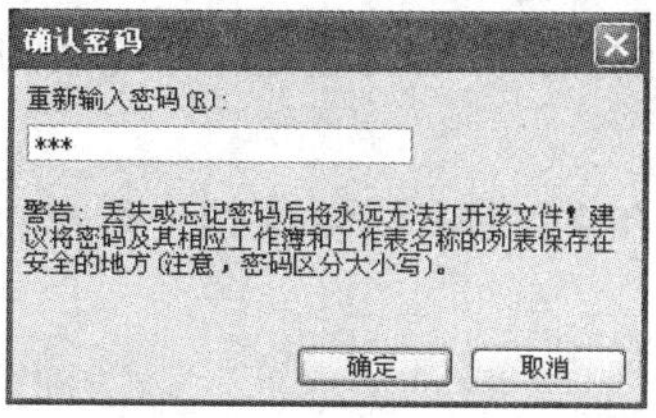

图 2.8.6 “确认密码”对话框

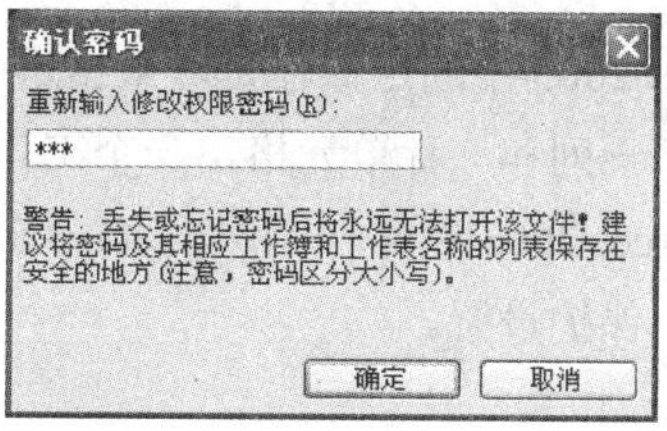

图 2.8.7 “确认密码”对话框

（9）关闭该工作簿，当再次打开此工作簿时，将出现 密码 对话框，如图 2.8.8 所示，提示该工作簿已被保护，请输入保护密码。

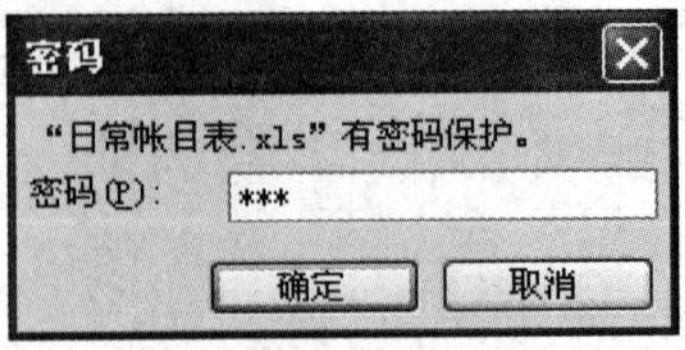

图 2.8.8 “密码”对话框

本 章 小 结

本章主要讲解了中文 Excel 2003 的基本操作，其中主要包括 Excel 2003 的基本概念、创建工作簿、数据输入、编辑工作表、拆分和冻结工作表、保护方式和应用模板等内容。通过本章的学习，用户应能创建简单的工作表，并掌握工作表的相关操作。

实 训 练 习

一、填空题

1．如果要将工作表隐藏起来，首先选择要隐藏的工作表，然后选择__________命令，就可以把该工作表隐藏起来。

2．在 Excel 2003 中执行__________命令，可以将工作表中选定的单元格的上窗格和左窗格冻结在屏幕上，使得在滚动工作表时行标题和列标题一直在屏幕上显示，方便用户进行查看，而且使用冻结工作表窗口并不影响打印。

3．Excel 2003 提供的__________功能可以保护工作簿的结构和窗口，防止对工作簿进行插入、删除、移动、隐藏、取消隐藏以及重命名工作表等操作，保护窗口不被移动或改变大小。

二、简答题

1．如何创建一个工作簿？如何将工作簿保存为其他文件？

2．如何移动和复制数据区域？

3．如何创建、修改和使用模板？

4．如何对工作表或工作簿进行保护设置？

三、上机操作

1．在 Excel 2003 中选定操作是对数据进行的最基本的操作，练习选定几个连续的单元格，几个分散的单元格，一列和一行单元格，一个工作表。

2．启动 Excel 2003 制作一个课程表，练习输入数据和字符操作，并冻结工作表的列标题行，同时对工作表进行保护设置。

第 3 章　美化工作表

工作表编辑完成后，用户可以利用 Excel 2003 提供的各种格式工具栏和排版命令美化工作表。本章将通过对表格外观参数的设置来美化工作表，从而更加有效地显示数据内容。

知识要点

- 格式化单元格
- 设置行高和列宽
- 设置工作表背景与标签颜色
- 自动套用格式
- 样式的使用
- 条件格式

3.1　格式化单元格

在 Excel 2003 中，用户可以对工作表中的单元格进行各种格式化设置，如设置单元格中数字的类型、文本的对齐方式、字体、单元格的边框和底纹等。不仅单个单元格可以进行格式化设置，单元格区域也可以进行格式化设置。

3.1.1　设置数字类型

Excel 2003 为用户提供多种数字类型，如常规格式、数值格式、货币格式、特殊格式和自定义格式等。设置数字类型的具体操作步骤如下：

（1）选中要进行格式化设置的单元格或单元格区域。

（2）选择 格式(O) → 单元格(E)... Ctrl+1 命令，弹出 单元格格式 对话框，默认打开的是 数字 选项卡，如图 3.1.1 所示。

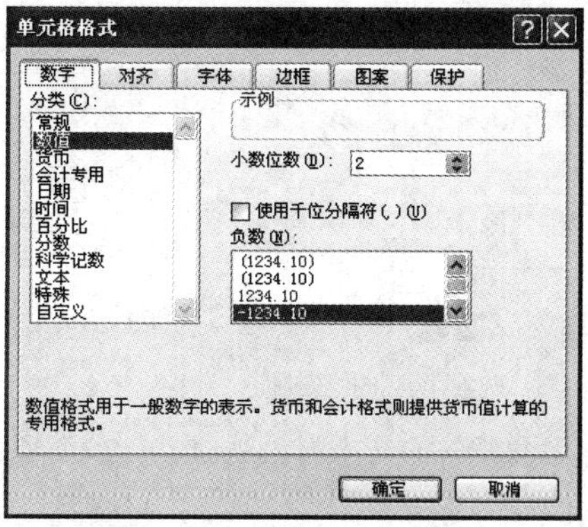

图 3.1.1　“单元格格式”对话框

（3）在“分类”列表框中选择所需的数字类型，然后根据所选的选项重新修改格式。

（4）单击确定按钮即可。

提示：利用“格式”工具栏中的“货币样式”按钮、“百分比样式”%按钮、“千位分隔样式”,按钮、“增加小数位数”按钮和“减少小数位数”按钮（如图 3.1.2 所示），也可以快速地设置数字的类型。Excel 2003 默认的单元格格式为“常规”类型。

图 3.1.2　“格式”工具栏中的数字类型按钮

3.1.2　设置对齐方式

在 Excel 2003 中，默认情况下单元格中的文本是左对齐，数字是右对齐，用户也可以根据自己的需要对单元格中内容的对齐方式进行修改，以满足其特殊要求。设置单元格中数据的对齐方式，具体操作步骤如下：

（1）选中要设置对齐方式的单元格或单元格区域。

（2）选择格式(O)→单元格(E)... Ctrl+1命令，弹出单元格格式对话框，单击对齐标签，打开对齐选项卡，如图 3.1.3 所示。

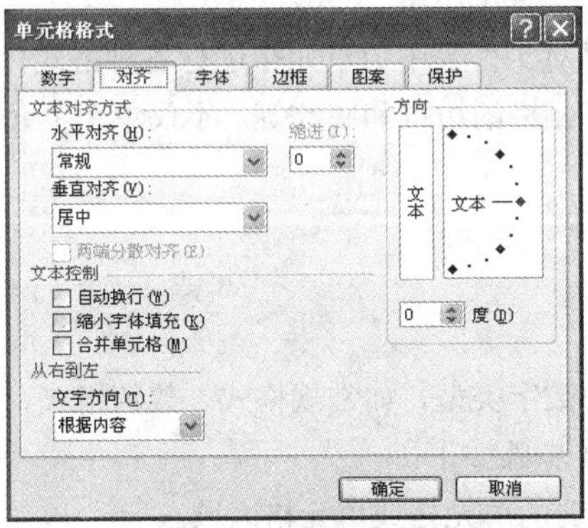

图 3.1.3　“对齐”选项卡

（3）在“水平对齐”下拉列表中，选择一种水平对齐方式，如图 3.1.4 所示。

（4）在“垂直对齐”下拉列表中，选择一种垂直对齐方式，如图 3.1.5 所示。

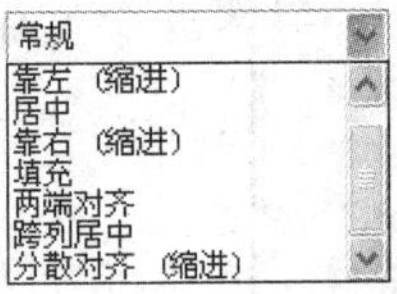

图 3.1.4　“水平对齐”下拉列表

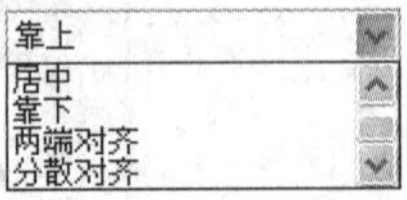

图 3.1.5　“垂直对齐”下拉列表

（5）在“文本控制”选区中，选择所需的选项。

选中自动换行(W)复选框：单元格中的文本自动换行，行数的多少与文本的长度和单元格的宽度有关。

选中缩小字体填充(K)复选框：Excel 会根据列宽自动缩小单元格中的字符大小。

选中☑合并单元格(M)复选框：所选的单元格将合并成一个单元格，如果所选的单元格都有数据，单击【确定】按钮后，Excel 将弹出一个提示框，如图 3.1.6 所示。

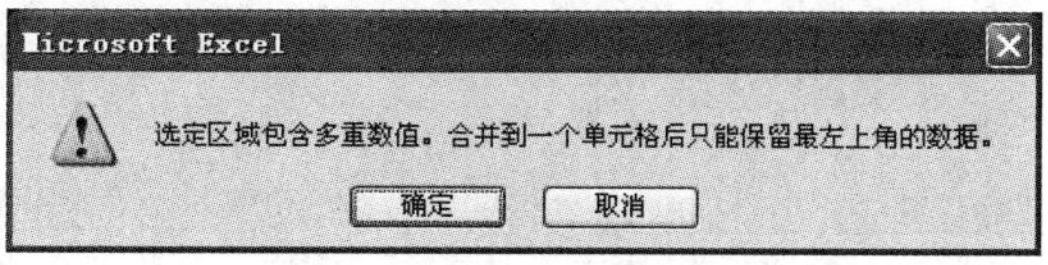

图 3.1.6　合并多重数据提示框

（6）在“度”微调框中输入文本旋转的度数，旋转度数的数值介于-90～90 之间。

（7）单击【确定】按钮即可完成设置。

提示：如果要提高工作效率，可以利用“格式”工具栏中的文本对齐方式快捷按钮，如图 3.1.7 所示。

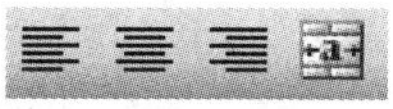

图 3.1.7　“格式”工具栏中的文本对齐方式按钮

3.1.3　设置字体

要设置单元格中的字体，具体操作步骤如下：

（1）选中要设置字体的单元格或单元格区域。

（2）选择【格式(O)】→【单元格(E)... Ctrl+1】命令，弹出【单元格格式】对话框，单击【字体】标签，打开【字体】选项卡，如图 3.1.8 所示。

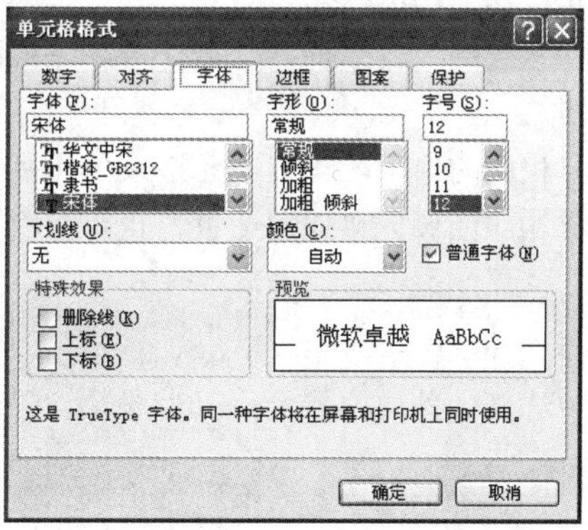

图 3.1.8　“字体”选项卡

（3）设置字体、字形和字号。分别在“字体”“字形”“字号”列表框中选择一种字体、字形和字号。

（4）设置下画线和颜色。在“下画线”下拉列表中，选择一种下画线类型，如图 3.1.9 所示；在“颜色”下拉列表中，选择所需的颜色，如图 3.1.10 所示。

（5）设置特殊效果，包括删除线、上标和下标。

选中☑删除线(K)复选框：将产生一条贯穿字符中间的直线。

选中☑上标(E)复选框：将选定的文本或数字设定为上标。

选中☑下标(B)复选框：将选定的文字或数字设定为下标。

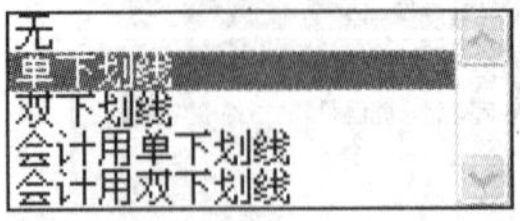

图 3.1.9 “下画线”下拉列表

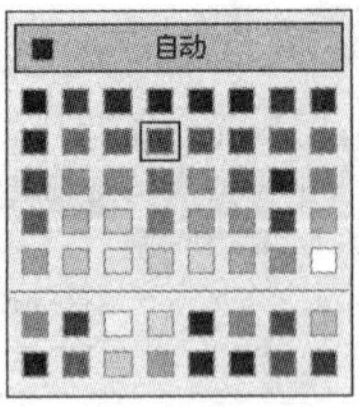

图 3.1.10 “颜色”下拉列表

（6）单击确定按钮即可。

注意：如果选中☑普通字体(N)复选框，则字体选项卡中的各项设置都将重置为默认值。

提示：利用“格式”工具栏中的单元格字体格式快捷按钮，如图 3.1.11 所示，也可以方便快捷地进行字体的设置。

图 3.1.11 “格式”工具栏中的字体格式按钮

3.1.4 添加边框和底纹

如果要突出显示工作表中的数据，使工作表更加清晰明了，可以在工作表中给单元格添加边框和底纹。

1. 添加边框

（1）选中要添加边框的单元格或单元格区域。

（2）选择格式(O)→单元格(E)... Ctrl+1命令，弹出单元格格式对话框，单击边框标签，打开边框选项卡，如图 3.1.12 所示。

（3）在“预置”选区中选择相应的选项，设置单元格或单元格区域的内边框和外边框。

（4）在“边框”选区中选择相应的单元格应用边框，也可以在“边框”选区的预览框内需要添加边框处单击鼠标。

（5）在“线条”选区中选择一种线型。

（6）在“颜色”下拉列表中选择一种边框颜色，以上参数设置如图 3.1.13 所示。

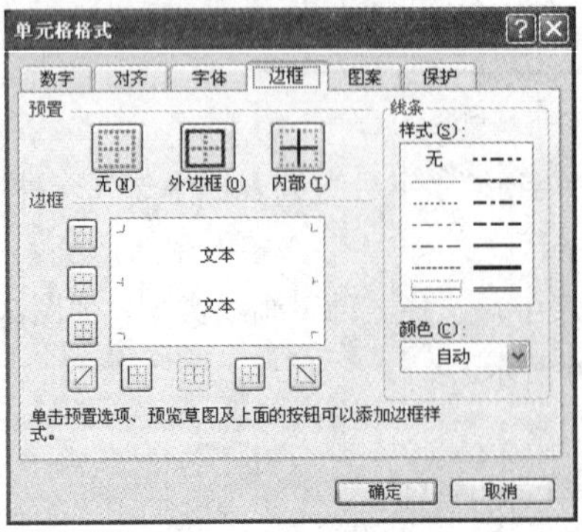

图 3.1.12 “边框”选项卡

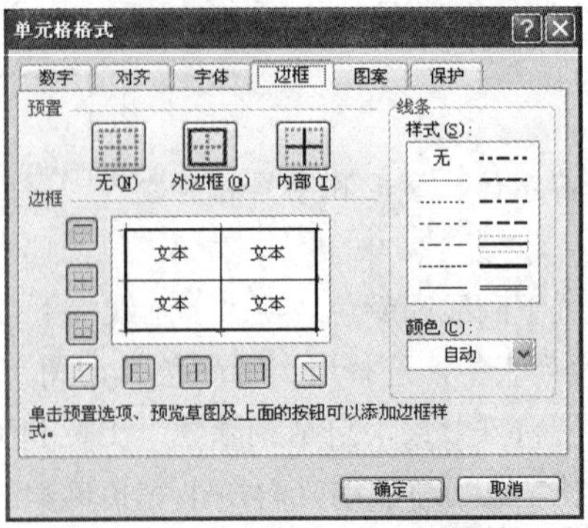

图 3.1.13 设置边框参数

（7）单击 确定 按钮，效果如图 3.1.14 所示。

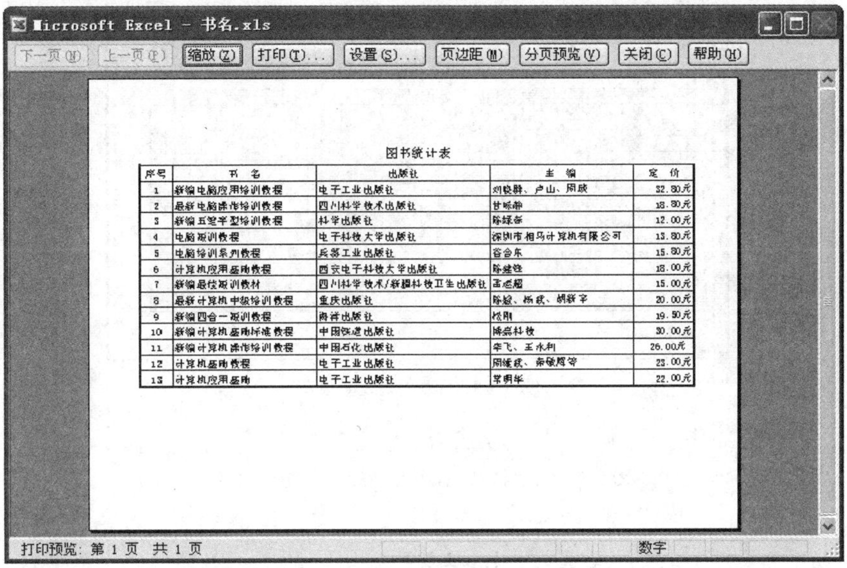

图书统计表

序号	书　名	出版社	主　编	定　价
1	新编电脑应用培训教程	电子工业出版社	刘晓静、卢山、周政	32.80元
2	最新电脑操作培训教程	四川科学技术出版社	甘晓静	18.80元
3	新编五笔字型培训教程	科学出版社	陈绿燕	12.00元
4	电脑短训教程	电子科技大学出版社	深圳市相马计算机有限公司	13.80元
5	电脑培训系列教程	兵器工业出版社	容会东	15.80元
6	计算机应用基础教程	西安电子科技大学出版社	陈建铨	18.00元
7	新编最佳短训教材	四川科学技术/新疆科技卫生出版社	苗志超	15.00元
8	最新计算机中级培训教程	重庆出版社	陈锐、杨成、胡新宇	20.00元
9	新编四合一短训教程	海洋出版社	杨刚	19.50元
10	新编计算机基础标准教程	中国铁道出版社	博嘉科技	30.00元
11	新编计算机操作培训教程	中国石化出版社	李飞、王水利	26.00元
12	计算机基础教程	电子工业出版社	周绪成、俞敏辉等	23.00元
13	计算机应用基础	电子工业出版社	常明华	22.00元

图 3.1.14　添加边框效果图

2. 添加底纹

给工作表的单元格添加底纹，可以改善工作表的视觉效果，添加底纹的具体操作步骤如下：

（1）选定要添加底纹的单元格或单元格区域。

（2）选择 格式(O) → 单元格(E)... Ctrl+1 命令，弹出 单元格格式 对话框，单击 图案 标签，打开 图案 选项卡，如图 3.1.15 所示。

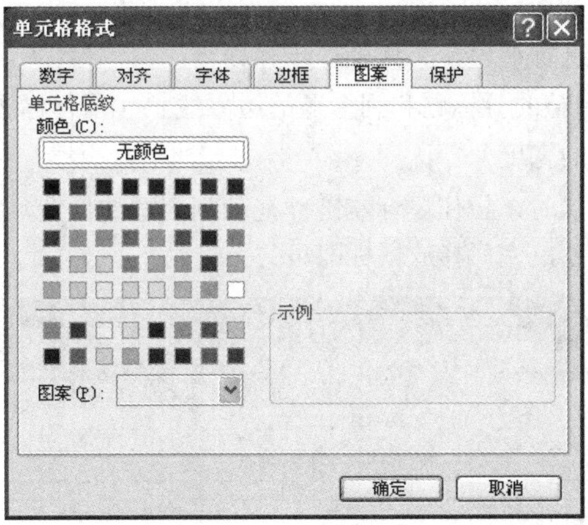

图 3.1.15　“图案”选项卡

（3）在“颜色”列表中选择一种颜色，在“图案”下拉列表中选择底纹图案。

（4）单击 确定 按钮，效果如图 3.1.16 所示。

提示：利用“格式”工具栏中的“边框”按钮、“填充颜色”按钮和“字体颜色”按钮也可以给工作表单元格设置边框和底纹，如图 3.1.17 所示。

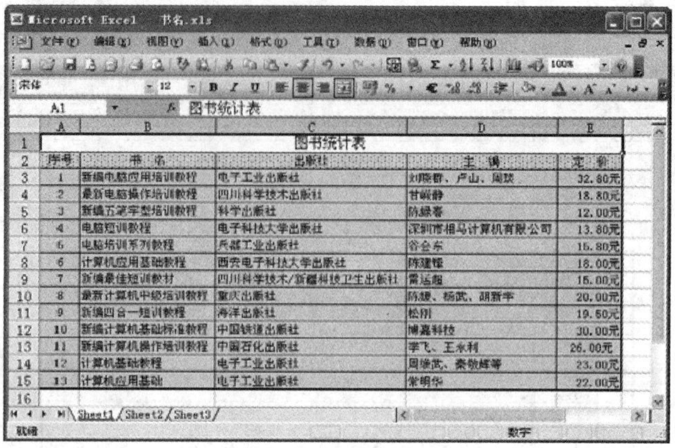

图 3.1.16 添加底纹效果图

图 3.1.17 “格式”工具栏中的边框和底纹按钮

3.2 设置行高和列宽

在 Excel 2003 中，工作表的默认行高是 14.25，列宽是 8.38，根据需要可适当地调整列宽和行高，以便充分利用工作表的空间。用户可以使用鼠标直接在工作表中调整，也可以利用菜单命令对行高和列宽做精确的调整。

3.2.1 调整行高和列宽

使用鼠标对行高和列宽进行调整，具体操作步骤如下：

（1）将鼠标移动到要调整的行标题和列标题的边界线上（用行标题的下边界调整该行的高度，用列标题的右边界调整该列的宽度）。

（2）当光标变为 ✛ 形状时，按住鼠标左键并拖动到合适的位置，如图 3.2.1 所示。在拖动的过程中，显示当前列或行的尺寸，完后释放鼠标即可。

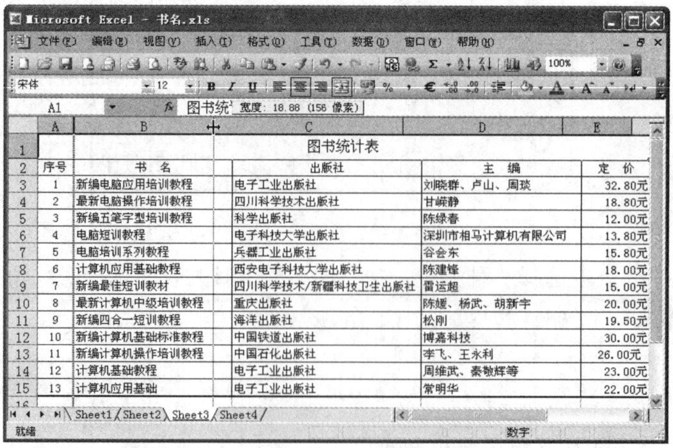

图 3.2.1 使用鼠标调整列宽

技巧：如果要快速地根据单元格中的内容自动调整行高和列宽，可以直接双击列标题的右边界线或行标题的下边界线。

3.2.2 使用菜单命令和对话框

使用鼠标拖动只能粗略地调整行高和列宽，如果要精确地对行高和列宽进行调整，需要使用菜单命令和对话框，具体操作步骤如下：

（1）选择要调整的行或列。如果要调整单一的行或列，只需要选中该行或该列中任意一个单元格即可。

（2）单击 格式(O) 按钮，弹出其下拉菜单，如图 3.2.2 所示。

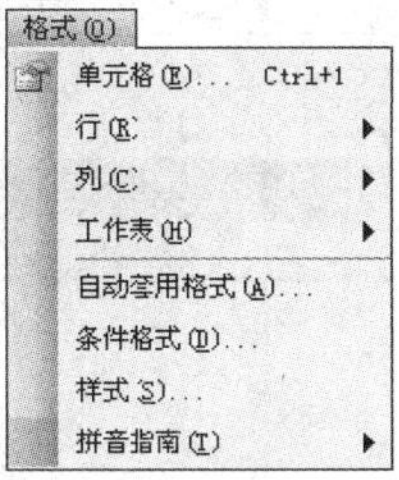

图 3.2.2 “格式”下拉菜单

（3）在其下拉菜单中，如果要调整单元格的行高，则选择 行(R) → 行高(E)... 命令；如果要调整单元格的列宽，则选择 列(C) → 列宽(W)... 命令，将分别弹出如图 3.2.3 和 3.2.4 所示的对话框。

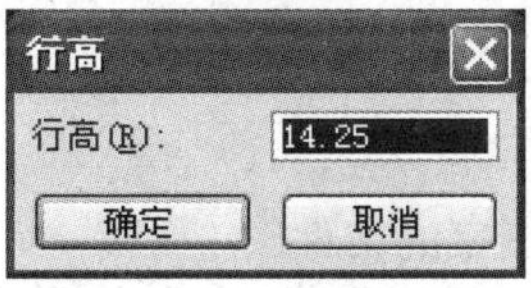

图 3.2.3 “行高”对话框

图 3.2.4 “列宽”对话框

（4）分别在“行高”或“列宽”文本框中输入所需的行高值或列宽值。

（5）单击 确定 按钮即可。

提示：调整单元格的列宽，也可以在“格式”菜单中选择 行(R) → 最适合的行高(A) 或 列(C) → 最适合的列宽(A) 命令，Excel 会自动调整行高或列宽，使之与单元格中的内容相适应；也可选择 格式(O) → 列(C) → 标准列宽(S)... 命令，在弹出的 标准列宽 对话框中（见图 3.2.5）输入所需的列宽值。

图 3.2.5 “标准列宽”对话框

3.3 设置工作表背景与标签颜色

用户可以给工作表设置背景图案，让工作表具有像 Windows 墙纸一样的效果，虽然这样增加了工作表在屏幕上的显示效果，但背景图案却不能随工作表打印出来。同时也可以根据自己的爱好，给工作表标签设置不同的颜色。

3.3.1 设置工作表背景

给工作簿中的工作表设置背景图案，具体操作步骤如下：

（1）选中要添加背景图案的工作表。

（2）选择 格式(O) → 工作表(H) → 背景(B)... 命令，弹出 工作表背景 对话框，如图 3.3.1 所示。

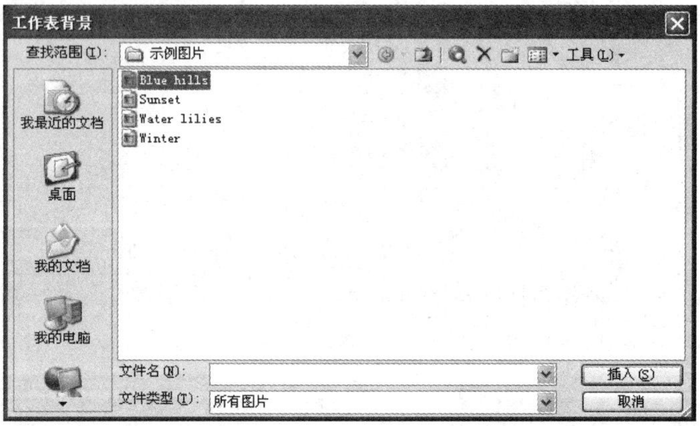

图 3.3.1 “工作表背景”对话框

（3）在“查找范围”下拉列表中选择作为工作表背景图案的文件。

（4）单击 插入(S) 按钮即可，效果如图 3.3.2 所示。

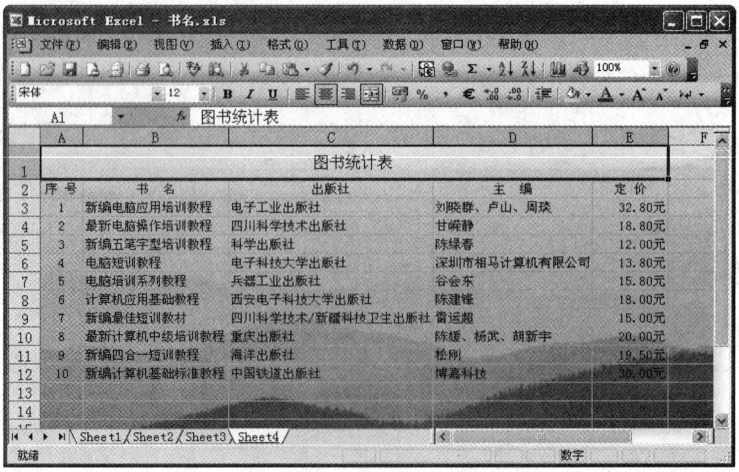

图 3.3.2 背景效果图

技巧：工作表设置背景图案后，如果要使工作表中的数据能够更清楚地显示，以区分工作表背景，此时，就可以为所包含数据的单元格区域设置其他颜色的底纹。

提示：工作表设置背景图案之后，如果要将其背景图案删除，则可以选择 格式(O) → 工作表(H) → 删除背景(B) 命令，这样工作表的背景图案就被删除了。

3.3.2　设置工作表标签颜色

给工作表标签设置不同的颜色，具体操作步骤如下：

（1）选中要设置标签颜色的工作表。

（2）选择 格式(O) → 工作表(H) → 工作表标签颜色(T)... 命令，弹出 设置工作表标签颜色 对话框，如图 3.3.3 所示。

（3）在“工作表标签颜色”选区中选择一种颜色。

（4）单击 确定 按钮，效果如图 3.3.4 所示。

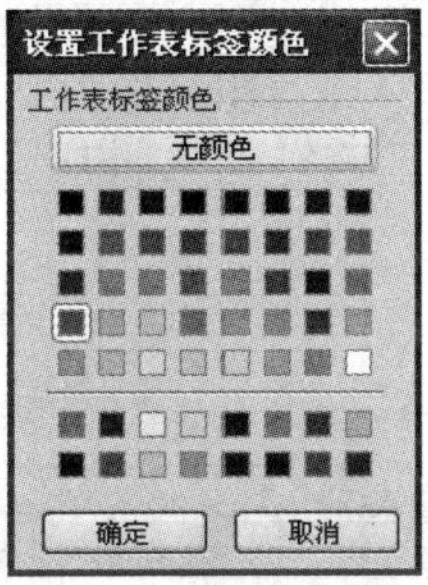

图 3.3.3　“设置工作表标签颜色”对话框

图 3.3.4　标签颜色效果

提示：可以在要设置颜色的工作表标签上单击鼠标右键，在弹出的快捷菜单中，选择 工作表标签颜色(T)... 命令，如图 3.3.5 所示。在弹出的 设置工作表标签颜色 对话框中选择一种颜色，然后单击 确定 按钮。

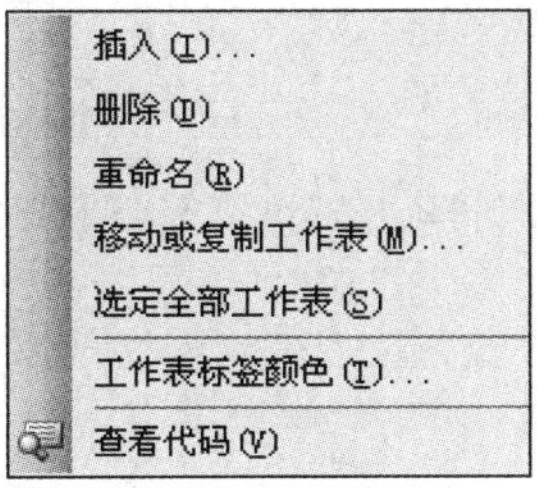

图 3.3.5　快捷菜单

3.4　自动套用格式

Excel 2003 内部设置了许多种工作表格式，用户可以根据自己的需要套用预设的格式，来美化工作表和提高工作效率。

3.4.1 完全套用格式

完全套用格式就是套用 Excel 2003 预设自动套用格式中的全部预设的表格格式，如字体、边框、数字、图案和对齐方式等。具体操作步骤如下：

（1）选中要自动套用格式的单元格区域。

（2）选择 格式(O) → 自动套用格式(A)... 命令，弹出 自动套用格式 对话框，如图 3.4.1 所示。

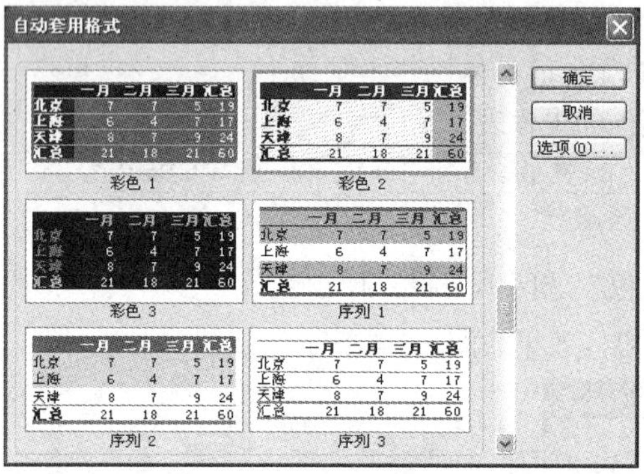

图 3.4.1 “自动套用格式”对话框

（3）在格式列表框中选择要套用的格式，如选择“彩色 2”。

（4）单击 确定 按钮，效果如图 3.4.2 所示。

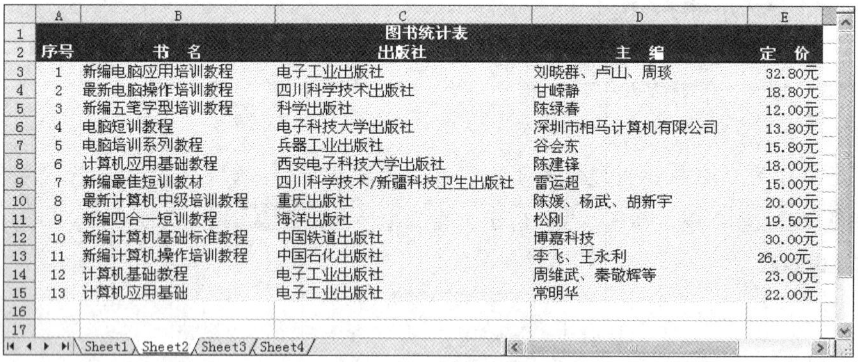

	A	B	C	D	E
1			图书统计表		
2	序号	书 名	出版社	主 编	定 价
3	1	新编电脑应用培训教程	电子工业出版社	刘晓群、卢山、周琰	32.80元
4	2	最新电脑操作培训教程	四川科学技术出版社	甘嵘静	18.80元
5	3	新编五笔字型培训教程	科学出版社	陈绿春	12.00元
6	4	电脑短训教程	电子科技大学出版社	深圳市相马计算机有限公司	13.80元
7	5	电脑培训系列教程	兵器工业出版社	谷会东	15.80元
8	6	计算机应用基础教程	西安电子科技大学出版社	陈建铎	18.00元
9	7	新编最佳短训教材	四川科学技术/新疆科技卫生出版社	雷运超	15.00元
10	8	最新计算机中级培训教程	重庆出版社	陈媛、杨武、胡新宇	20.00元
11	9	新编四合一短训教程	海洋出版社	松刚	19.50元
12	10	新编计算机基础标准教程	中国铁道出版社	博嘉科技	30.00元
13	11	新编计算机操作培训教程	中国石化出版社	李飞、王永利	26.00元
14	12	计算机基础教程	电子工业出版社	周维武、秦敬辉等	23.00元
15	13	计算机应用基础	电子工业出版社	常明华	22.00元
16					
17					

Sheet1 Sheet2 Sheet3 Sheet4

图 3.4.2 完全套用格式效果图

3.4.2 部分套用格式

如果用户要自动套用格式中的部分信息格式，具体操作步骤如下：

（1）选中要套用格式的单元格区域。

（2）选择 格式(O) → 自动套用格式(A)... 命令，弹出 自动套用格式 对话框。

（3）在格式列表框中选择要套用的格式，如选中“彩色 2”。

（4）单击 选项(O)... 按钮，自动套用格式 对话框底部将增加一组“要应用的格式”选项，根据需要选中要应用格式的复选框，如图 3.4.3 所示。

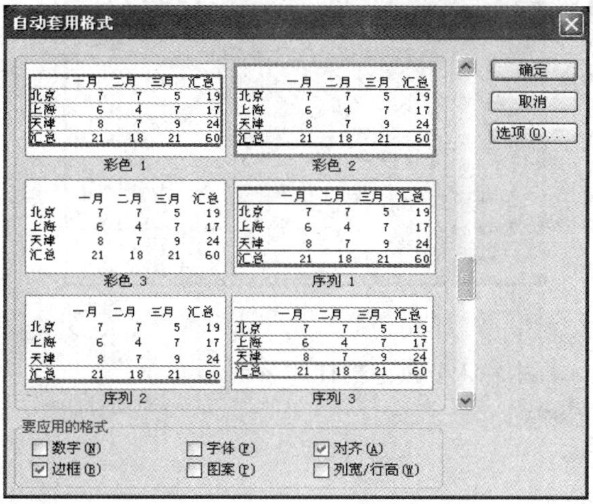

图 3.4.3　“自动套用格式”对话框

（5）单击 确定 按钮，效果如图 3.4.4 所示。

	A	B	C	D	E
1	图书统计表				
2	序号	书　名	出版社	主　编	定　价
3	1	新编电脑应用培训教程	电子工业出版社	刘晓群、卢山、周琰	32.80元
4	2	最新电脑操作培训教程	四川科学技术出版社	甘嵘静	18.80元
5	3	新编五笔字型培训教程	科学出版社	陈绿春	12.00元
6	4	电脑短训教程	电子科技大学出版社	深圳市相马计算机有限公司	13.80元
7	5	电脑培训系列教程	兵器工业出版社	谷会东	15.80元
8	6	计算机应用基础教程	西安电子科技大学出版社	陈建锋	18.00元
9	7	新编最佳短训教材	四川科学技术/新疆科技卫生出版社	雷运超	15.00元
10	8	最新计算机中级培训教程	重庆出版社	陈媛、杨武、胡新宇	20.00元
11	9	新编四合一短训教程	海洋出版社	松刚	19.50元
12	10	新编计算机基础标准教程	中国铁道出版社	博嘉科技	30.00元
13	11	新编计算机操作培训教程	中国石化出版社	李飞、王永利	26.00元
14	12	计算机基础教程	电子工业出版社	周雒武、秦敬辉等	23.00元
15	13	计算机应用基础	电子工业出版社	常明华	22.00元
16					

Sheet1 / Sheet2 / Sheet3 / Sheet4

图 3.4.4　部分套用格式

3.5　样式的使用

样式就是 Excel 中一组可以定义并保存的格式集合，如字体、字号、颜色、边框、底纹、数字格式和对齐方式等。对单元格在进行编辑时，如果要保持对应的单元格格式一致，就可以使用样式，用户不仅可以使用 Excel 的内部样式，如常规、百分比、超链接、货币和千位分隔等，也可以自己创建样式并对样式进行修改。

3.5.1　创建样式

创建样式的具体操作步骤如下：

（1）选定要创建为样式的单元格或单元格区域。

（2）选择 格式(O) → 样式(S)... 命令，弹出 样式 对话框，如图 3.5.1 所示。

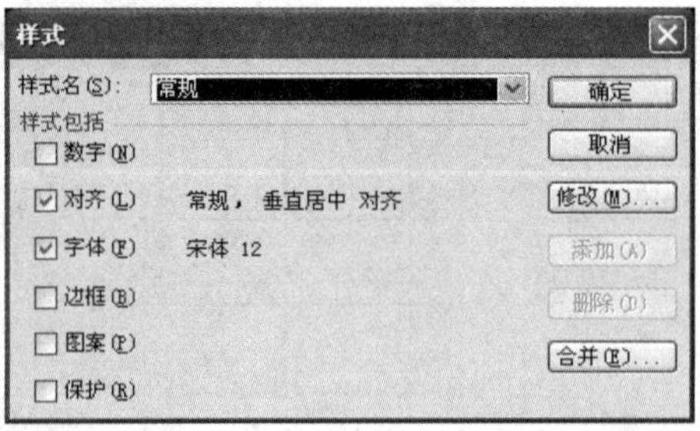

图 3.5.1 “样式”对话框

（3）在“样式名”文本框中输入要创建的样式名。

（4）单击 添加(A) 按钮即可。

3.5.2 修改样式

样式创建完成后，若再次使用，由于具体要求不同，就需要对原有的样式进行修改，具体操作步骤如下：

（1）选中要修改样式的单元格或单元格区域。

（2）选择 格式(O) → 样式(S)... 命令，弹出 样式 对话框。

（3）在“样式名”下拉列表中选中需要修改格式的样式。

（4）单击 修改(M)... 按钮，弹出 单元格格式 对话框，如图 3.5.2 所示。

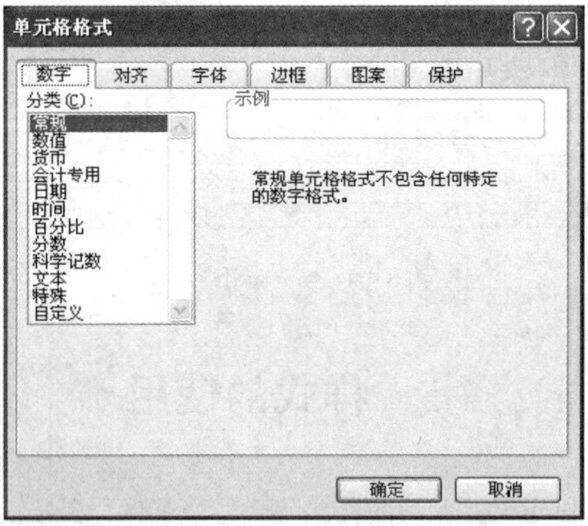

图 3.5.2 “单元格格式”对话框

（5）对数字格式、对齐方式、字体、边框和底纹以及图案等进行设置。

（6）单击 确定 按钮，返回到 样式 对话框。

（7）单击 确定 按钮即可，创建的样式将应用于所选单元格中。

3.5.3 应用样式

样式创建完成后，就要应用样式，具体操作步骤如下：

（1）选中要应用样式的单元格或单元格区域。

（2）选择[格式(O)]→[样式(S)...]命令，弹出[样式]对话框。

（3）在“样式名”下拉列表中选择所需的样式名。

（4）单击[确定]按钮即可。

3.5.4　合并样式

合并样式是将其他工作簿中创建的样式格式复制到当前工作簿中，以便在当前工作簿中使用。合并样式的具体操作步骤如下：

（1）打开源工作簿（已经设置样式的工作簿）和目标工作簿（要合并样式的工作簿），并激活目标工作簿。

（2）在目标工作簿中选择[格式(O)]→[样式(S)...]命令，弹出[样式]对话框。

（3）单击[合并(E)...]按钮，弹出[合并样式]对话框，如图 3.5.3 所示。

（4）在“合并样式来源”列表框中选择源工作簿，单击[确定]按钮，返回到[样式]对话框。

（5）单击[确定]按钮，则弹出如图 3.5.4 所示的提示框。

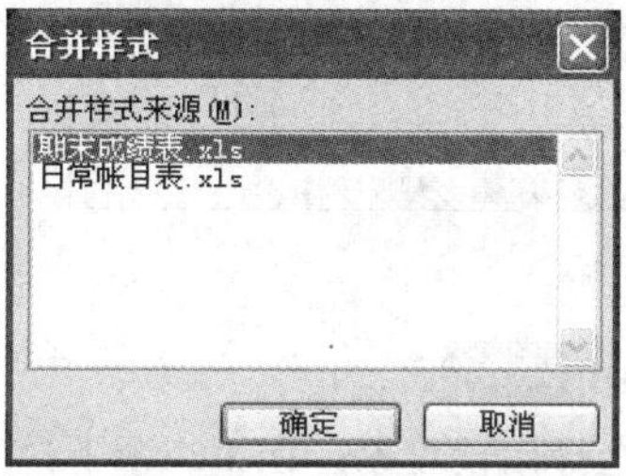

图 3.5.3　“合并样式”对话框

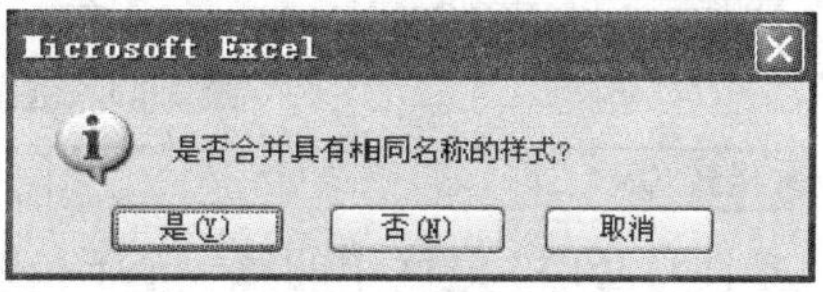

图 3.5.4　提示框

（6）单击[是(Y)]按钮，返回到[样式]对话框。

（7）单击[确定]按钮即可。

3.5.5　删除样式

当不再需要某种样式时，可以将其删除，具体操作步骤如下：

（1）选择[格式(O)]→[样式(S)...]命令，弹出[样式]对话框。

（2）在“样式名”下拉列表中选择需要删除的样式名。

（3）单击[删除(D)]按钮，然后再单击[确定]按钮即可。

提示：（1）如果创建完一个样式后，而不马上应用该样式，则可以单击[添加(A)]按钮，然后再单击[确定]按钮即可。

（2）删除某个样式后，所有已应用该样式的单元格区域将恢复“常规”样式。用户无法删除“常规”样式，只能对其进行修改。

3.6　条 件 格 式

条件格式是一种自定义的带有条件的单元格格式，是一种“动态变化”的格式。在 Excel 2003

程序中可以为单元格设置条件格式，如果条件满足，Excel 便自动将该格式应用到符合条件的单元格中，当单元格中的值更改不再满足指定的条件时，Excel 2003 会自动将单元格恢复为原格式显示；如果条件不满足，则单元格不应用该格式。

3.6.1 设置条件格式

条件格式的使用方法类似于单元格格式，只有满足指定的条件，Excel 才自动将格式应用于单元格，设置条件格式的具体操作步骤如下：

（1）选中要使用条件格式的单元格或单元格区域，如图 3.6.1 所示。

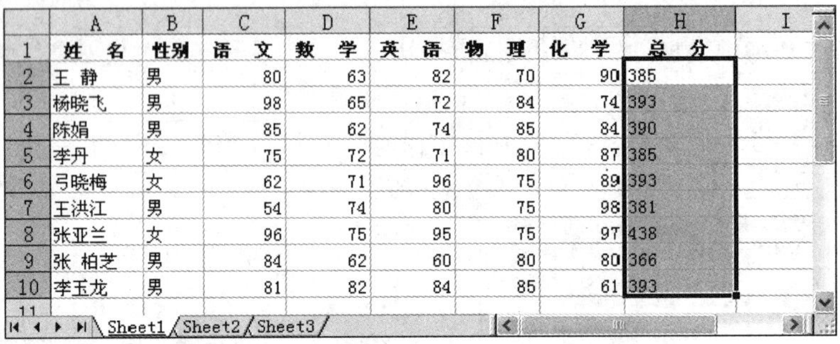

图 3.6.1 选定单元格区域

（2）选择格式(O)→条件格式(D)...命令，弹出条件格式对话框。

（3）在“条件 1（1）”选区中的第一个下拉列表中选择比较对象；在第二个下拉列表中选择比较关系（下拉列表见图 3.6.2）；在右侧的“数值”文本框中输入比较数值。设置后对话框如图 3.6.3 所示。

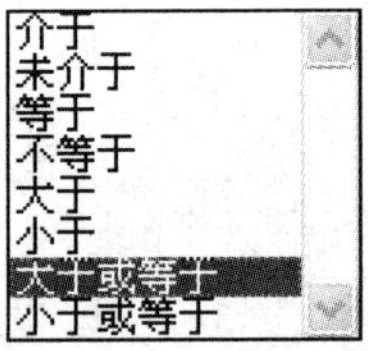

图 3.6.2 “条件 1（1）”选区中的比较关系下拉列表

图 3.6.3 “条件格式”对话框

（4）单击格式(F)...按钮，弹出单元格格式对话框。

（5）在单元格格式对话框中的“字体”“边框”和“图案”选项卡中分别设置满足条件的单元格格式，如图 3.6.4 所示，单击确定按钮即可。

图 3.6.4 设置满足条件的单元格格式

（6）如果要添加另一个条件，可单击添加(A) >>按钮，显示扩展后的条件格式对话框，如图 3.6.5 所示。

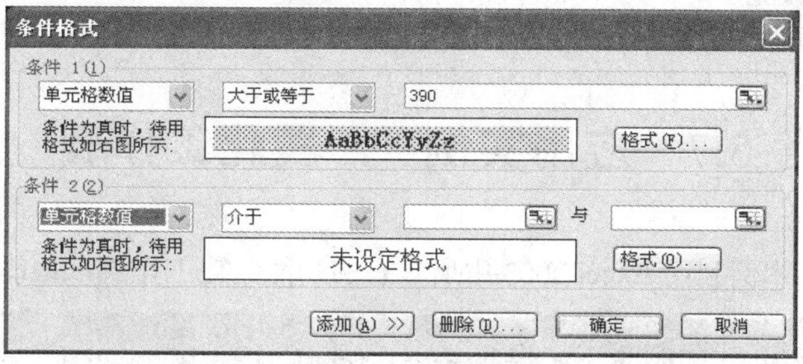

图 3.6.5 扩展的“条件格式”对话框

（7）重复步骤（3）～（5），设置新的条件格式，最多可以设置 3 个条件格式。

（8）单击确定按钮，效果如图 3.6.6 所示。

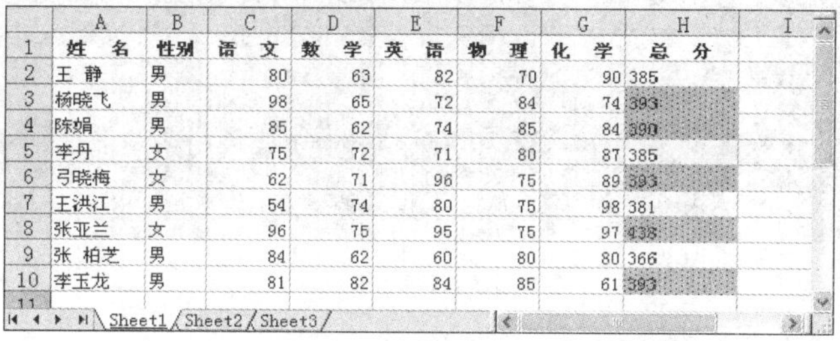

	A	B	C	D	E	F	G	H
1	姓 名	性别	语 文	数 学	英 语	物 理	化 学	总 分
2	王 静	男	80	63	82	70	90	385
3	杨晓飞	男	98	65	72	84	74	393
4	陈娟	男	85	62	74	85	84	390
5	李丹	女	75	72	71	80	87	385
6	弓晓梅	女	62	71	96	75	89	393
7	王洪江	男	54	74	80	75	98	381
8	张亚兰	女	96	75	95	75	97	438
9	张 柏芝	男	84	62	60	80	80	366
10	李玉龙	男	81	82	84	85	61	393

Sheet1 / Sheet2 / Sheet3

图 3.6.6 效果图

3.6.2 更改条件格式

设置好条件格式后，要更改条件格式的具体操作步骤如下：

（1）选择要更改条件格式的单元格或单元格区域。

（2）选择格式(O)→条件格式(D)...命令，弹出条件格式对话框。

（3）单击格式(F)...按钮，在弹出的单元格格式对话框中根据需要修改条件格式。

（4）更改完成后，单击确定按钮即可。

3.6.3 删除条件格式

若要将设置好的条件格式删除，具体操作步骤如下：

（1）选择要删除条件格式的单元格或单元格区域。

（2）选择格式(O)→条件格式(D)...命令，弹出条件格式对话框。

（3）单击 删除(D)... 按钮，弹出 删除条件格式 对话框，选中要删除的条件格式，如图 3.6.7 所示。

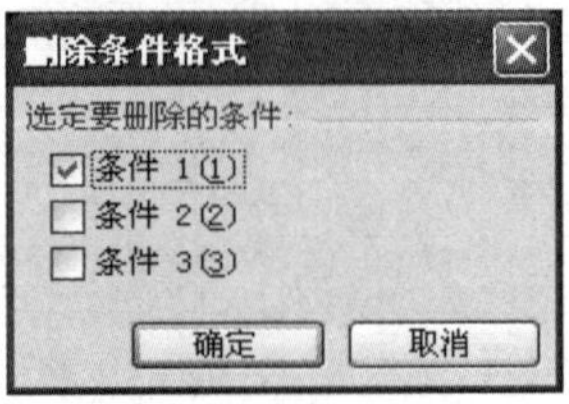

图 3.6.7 “删除条件格式”对话框

（4）单击 确定 按钮，返回到 条件格式 对话框。

（5）单击 确定 按钮即可。

3.7 应用实例——美化工作表

通过本章的学习，本例利用 Excel 2003 中所具有的功能美化工作表，最终效果如图 3.7.1 所示。

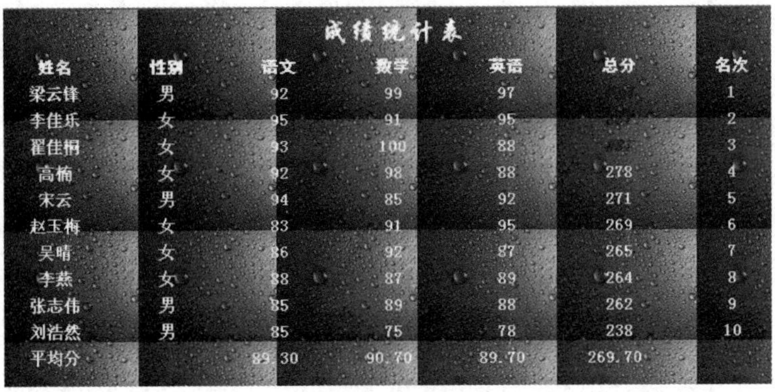

成绩统计表

姓名	性别	语文	数学	英语	总分	名次
梁云锋	男	92	99	97	[illegible]	1
李佳乐	女	95	91	95	[illegible]	2
翟佳桐	女	93	100	88	[illegible]	3
高楠	女	92	98	88	278	4
宋云	男	94	85	92	271	5
赵玉梅	女	83	91	95	269	6
吴晴	女	86	92	87	265	7
李燕	女	88	87	89	264	8
张志伟	男	85	89	88	262	9
刘浩然	男	85	75	78	238	10
平均分		89.30	90.70	89.70	269.70	

图 3.7.1 效果图

操作步骤

（1）启动 Excel 2003 应用程序，打开一个已经制作好的工作表，如图 3.7.2 所示。

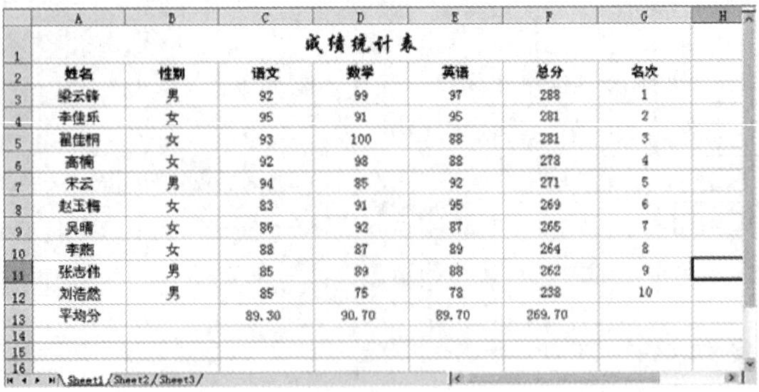

成绩统计表

姓名	性别	语文	数学	英语	总分	名次
梁云锋	男	92	99	97	288	1
李佳乐	女	95	91	95	281	2
翟佳桐	女	93	100	88	281	3
高楠	女	92	98	88	278	4
宋云	男	94	85	92	271	5
赵玉梅	女	83	91	95	269	6
吴晴	女	86	92	87	265	7
李燕	女	88	87	89	264	8
张志伟	男	85	89	88	262	9
刘浩然	男	85	75	78	238	10
平均分		89.30	90.70	89.70	269.70	

图 3.7.2 打开工作表

（2）选定要设置条件格式的单元格区域，如图 3.7.3 所示。选择 格式(O) → 条件格式(D)... 命令，弹出 条件格式 对话框。

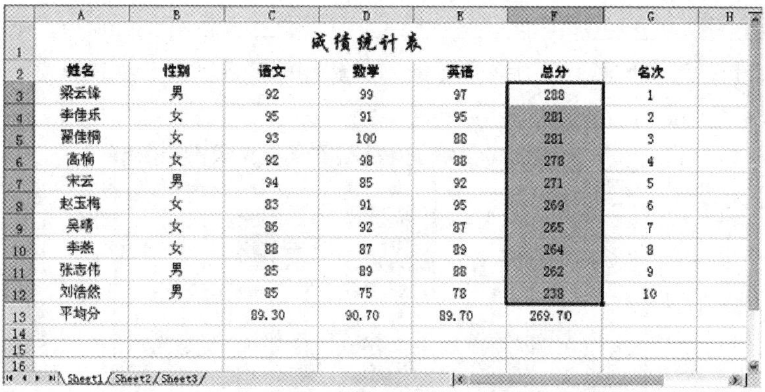

	A	B	C	D	E	F	G
1				成绩统计表			
2	姓名	性别	语文	数学	英语	总分	名次
3	梁云锋	男	92	99	97	288	1
4	李佳乐	女	95	91	95	281	2
5	翟佳桐	女	93	100	88	281	3
6	高楠	女	92	98	88	278	4
7	宋云	男	94	85	92	271	5
8	赵玉梅	女	83	91	95	269	6
9	吴晴	女	86	92	87	265	7
10	李燕	女	88	87	89	264	8
11	张志伟	男	85	89	88	262	9
12	刘浩然	男	85	75	78	238	10
13	平均分		89.30	90.70	89.70	269.70	

图 3.7.3　选定单元格区域

（3）在相应的条件文本框中输入条件，单击格式(F)...按钮，弹出单元格格式对话框，单击字体标签，打开字体选项卡，设置相应的参数，如图 3.7.4 所示。

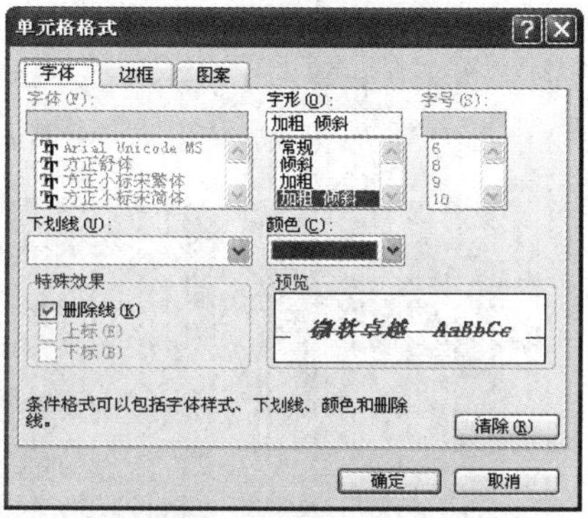

图 3.7.4　设置参数

（4）单击确定按钮，返回到条件格式对话框，如图 3.7.5 所示。

图 3.7.5　“条件格式”对话框

（5）单击确定按钮，效果如图 3.7.6 所示。

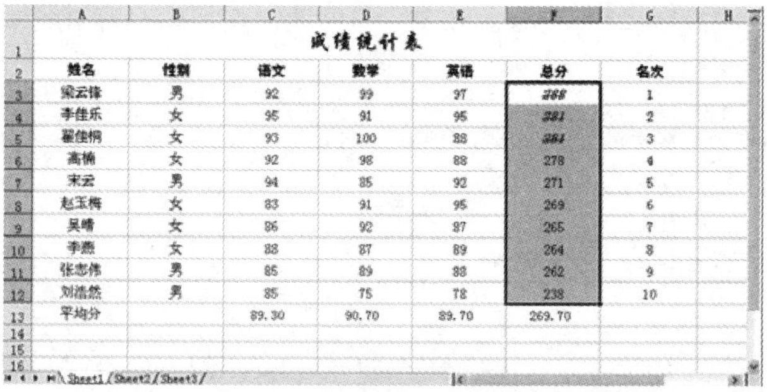

	A	B	C	D	E	F	G
1				成绩统计表			
2	姓名	性别	语文	数学	英语	总分	名次
3	梁云锋	男	92	99	97	~~288~~	1
4	李佳乐	女	95	91	95	~~281~~	2
5	翟佳桐	女	93	100	88	~~281~~	3
6	高楠	女	92	98	88	278	4
7	宋云	男	94	85	92	271	5
8	赵玉梅	女	83	91	95	269	6
9	吴晴	女	86	92	87	265	7
10	李燕	女	88	87	89	264	8
11	张志伟	男	85	89	88	262	9
12	刘浩然	男	85	75	78	238	10
13	平均分		89.30	90.70	89.70	269.70	

图 3.7.6　设置条件格式效果

（6）选择 格式(O) → 工作表(H) → 背景(B)... 命令，弹出 工作表背景 对话框，在“查找范围”下拉列表框中选择要作为工作表背景图片的文件夹，并选择所需的图片，如图 3.7.7 所示。

图 3.7.7 “工作表背景”对话框

（7）单击 插入(S) 按钮。

（8）选中所有数据单元格区域，单击“格式”工具栏上的“字体颜色”按钮 A 右侧的下拉箭头，在弹出的颜色下拉列表中选中“白色”，如图 3.7.8 所示，效果如图 3.7.9 所示。

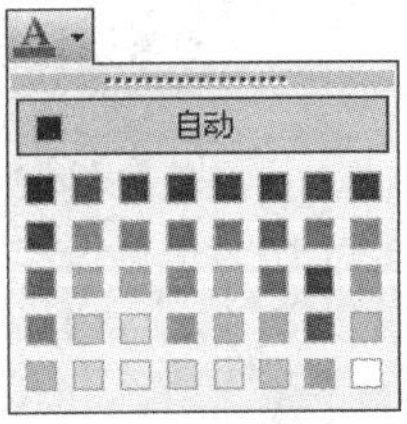

图 3.7.8 颜色下拉列表

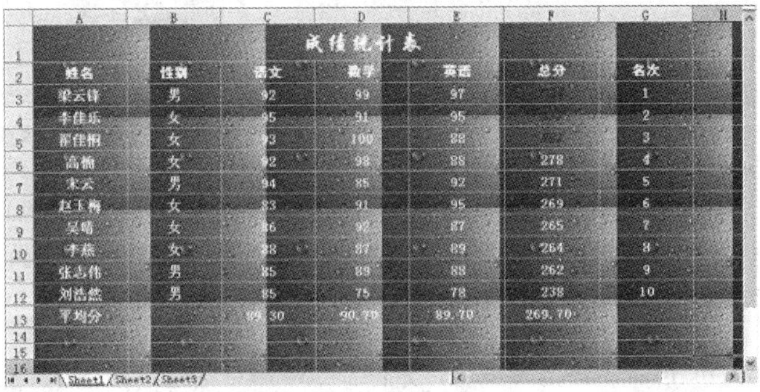

图 3.7.9 插入工作表背景图片

（9）选择 工具(T) → 选项(O)... 命令，弹出如图 3.7.10 所示的 选项 对话框，单击 视图 标签，打开 视图 选项卡，取消选中 □网格线(G) 和 □行号列标(E) 复选框，最终效果如图 3.7.1 所示。

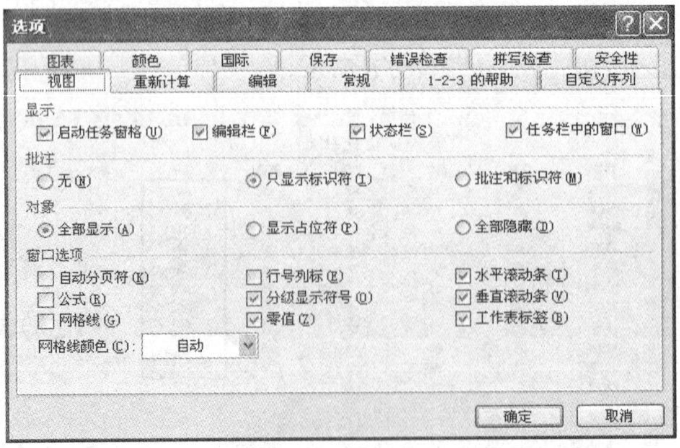

图 3.7.10 “视图”选项卡

本 章 小 结

本章主要讲解了格式化工作表的操作，其中主要包括设置单元格格式、格式化行与列、自动套用格式、样式的使用以及条件格式。通过本章的学习，用户应学会美化工作表，使其外观更加美观。

实 训 练 习

一、填空题

1. 为了方便，Excel 2003 提供了将数字、对齐、字体、边框、图案和保护等格式设置成____________的方法。用户可以根据自己的需要将这几种格式组合起来，并赋予一个名字。当需要设置工作表格式时，只要使用______________将所定义的样式用于按规定的单元格区域，而不必用“单元格格式”逐项设置。

2．“单元格格式”对话框包括 6 个选项卡，分别是___________、___________、____________、____________、____________和____________。

3．在“条件格式”对话框中，最多可以同时设置_________个条件。

4．Excel 2003 中内部预设有_________个自动套用格式类型。

二、选择题

1．默认状态下，Excel 将文本的字号设置为（　）磅。

A．10　　B．12　　C．15　　D．20

2．在“格式”工具栏中，不是用来设置文本字形的按钮是（　）。

A．“格式刷”按钮　　B．“加粗”按钮 B

C．“倾斜”按钮 I　　D．“下画线”按钮 U

3．单元格中常用的数据水平对齐方式有（　）种。

A．3　　B．4　　C．5　　D．6

4．如果单元格列宽不够，应选择（　）操作。

A．单击　　B．双击列标右边界

C．双击　　D．单击列标右边界

5．下面不属于“单元格格式”对话框的标签是（　）。

A．字体 标签　　B．图案 标签

C．新建 标签　　D．保护 标签

三、问答题

1．简述使用“字体”选项卡设置文本格式的操作步骤。

2．如何调整工作表的行高和列宽？

3．如何设置工作表的背景和工作表标签颜色？

4．如何使用自动套用格式？

5．什么是样式？如何创建一个新的样式？

四、上机操作题

1. 条件格式的使用方法类似于单元格格式，只有满足指定的条件时，Excel 2003 才自动将格式应用于单元格。设计一个班级成绩表，对其中的数据进行条件格式操作。

2. 打开一个工作表，利用本章所学的知识，对该工作表格式化以及给工作表添加边框和底纹，自动套用格式来美化该工作表。

3. 根据本章所学内容制作如题图 3.1 所示的表格。

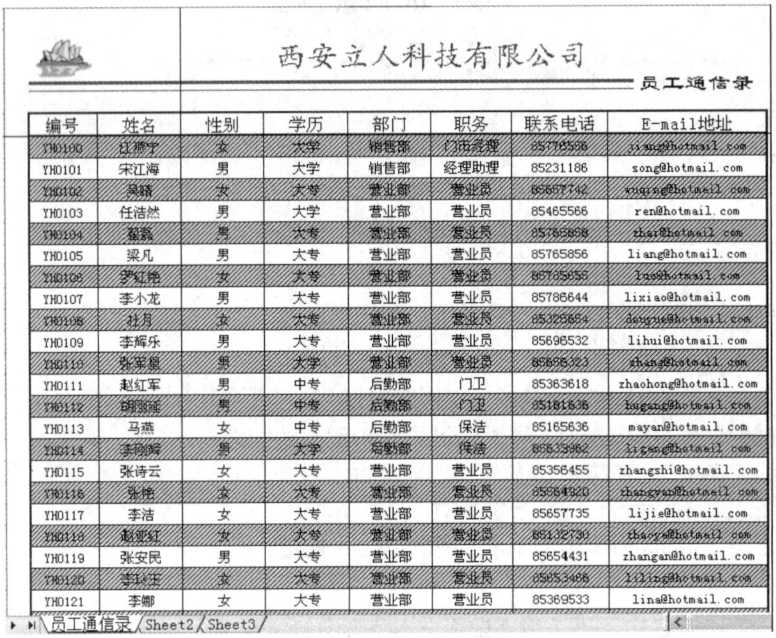

编号	姓名	性别	学历	部门	职务	联系电话	E-mail地址
YH0100	江燕宁	女	大学	销售部	门市经理	85778586	jiang@hotmail.com
YH0101	宋江海	男	大学	销售部	经理助理	85231186	song@hotmail.com
YH0102	吴晴	女	大专	营业部	营业员	85667742	wuqing@hotmail.com
YH0103	任浩然	男	大学	营业部	营业员	85465566	ren@hotmail.com
YH0104	翟磊	男	大专	营业部	营业员	85765858	zhai@hotmail.com
YH0105	梁凡	男	大专	营业部	营业员	85765856	liang@hotmail.com
YH0106	罗红艳	女	大专	营业部	营业员	85735656	luo@hotmail.com
YH0107	李小龙	男	大专	营业部	营业员	85786644	lixiao@hotmail.com
YH0108	杜月	女	大专	营业部	营业员	85325654	duyue@hotmail.com
YH0109	李辉乐	男	大专	营业部	营业员	85696532	lihui@hotmail.com
YH0110	张军星	男	大学	营业部	营业员	85656323	zhang@hotmail.com
YH0111	赵红军	男	中专	后勤部	门卫	85363618	zhaohong@hotmail.com
YH0112	胡刚强	男	中专	后勤部	门卫	85181636	hugang@hotmail.com
YH0113	马燕	女	中专	后勤部	保洁	85165636	mayan@hotmail.com
YH0114	李刚辉	男	大学	后勤部	保洁	85633962	ligang@hotmail.com
YH0115	张诗云	女	大专	营业部	营业员	85356455	zhangshi@hotmail.com
YH0116	张艳	女	大专	营业部	营业员	85564920	zhangyan@hotmail.com
YH0117	李洁	女	大专	营业部	营业员	85657735	lijie@hotmail.com
YH0118	赵亚红	女	大专	营业部	营业员	85132730	zhaoya@hotmail.com
YH0119	张安民	男	大专	营业部	营业员	85654431	zhangan@hotmail.com
YH0120	李玲玉	女	大专	营业部	营业员	85653466	liling@hotmail.com
YH0121	李娜	女	大专	营业部	营业员	85369533	lina@hotmail.com

题图 3.1

第4章　公式与函数

在 Excel 2003 电子表格系统中，除了可以进行一般的表格数据处理之外，最重要的还是其数据运算能力。在单元格中直接输入公式或使用系统提供的函数，可以进行表格数据计算。

知识要点

- 公式
- 单元格地址的引用
- 函数

4.1　公　　式

公式有助于分析工作表中的数据，完成简单或复杂的计算。在工作表中输入计算值时便可以使用公式。公式中可以包含运算符、单元格引用、名称以及工作表函数。本节将介绍公式的基本概念、公式的语法、常用数学符号及公式的计算。

4.1.1　公式概述

公式就是对工作表中的数值进行计算的等式。对公式的计算可以直接输入数值，也可以引用其他单元格中已有的数值。公式输入到单元格后，Excel 自动进行运算，然后将结果显示在存放公式的单元格中，而公式则显示在编辑栏中。

公式中的单元格引用，可以引用同一工作表中的其他单元格、同一工作簿不同工作表中的单元格、或者其他工作簿的工作表中的单元格。

下面是一些常用的公式：

=SUM(A2:A4)

=SUM(IF((A2:A11="South")+(A2:A11="East"),D2:D11))

其中，等号（=）是公式的开始标志；SUM()和 IF()是工作表函数；A2：A4 是区域引用；="South"和="East"是公式运行后产生的文本值。

公式是按照特定的顺序进行数值计算的，这一特定顺序就是语法。公式的语法描述了计算的过程，或者说描述了公式中元素的结构或顺序。在 Excel 中公式遵循特定的语法，就是最前面是“=”，后面是参与运算的元素（运算数）和运算符。元素可以是常量数值、单元格引用、标志名称以及工作表函数等。

4.1.2　常用数学符号

常用数学符号就是在公式运算过程中要用到的运算符，运算符用于对公式中的元素进行特定类型的运算。使用运算符可以把常量、单元格引用、函数以及括号等连接起来构成表达式。Excel 2003 包含算术运算符、比较运算符、文本运算符和引用运算符 4 种类型。

1. 算术运算符

算术运算符用来完成基本的数学运算，如加法、减法和乘法，连接数字和产生数字结果等。算术运算符及其含义如表 4.1 所示。

表 4.1 算术运算符及其含义

算术运算符	含 义	示 例	结 果
+（加号）	加法运算	4+5	9
-（减号）	减法运算	10-4	6
*（乘号）	乘法运算	4*5	20
/（正斜线）	除法运算	6/3	2
%（百分号）	百分比	30%	0.30
^（乘方）	乘幂运算	3^3	27

2. 比较运算符

比较运算符可以进行两个值的比较，其结果是一个逻辑值，TRUE 或 FALSE。比较运算符及其含义如表 4.2 所示。

表 4.2 比较运算符及其含义

比较运算符	含 义	示 例
=（等号）	等于	A1=B1
>（大于号）	大于	A1>B1
<（小于号）	小于	A1<B1
>=（大于等于号）	大于等于	A1>=B1
<=（小于等于号）	小于等于	A1<=B1
<>（不等号）	不相等	A1<>B1

注意：使用比较运算符对数字或者字符串进行比较时，Excel 先将字符串转化为 ASCII 码，然后再做比较。

3. 文本运算符

文本运算符只有一个：&（和号），使用文本运算符可以加入或连接一个或更多文本字符串以产生一串文本。例如，“Know” & “ledge” 的结果就是 “Knowledge”。

4. 引用运算符

引用运算符是将单元格区域合并计算。引用运算符及其含义如表 4.3 所示。

表 4.3 引用运算符及其含义

引用运算符	含 义	示 例
：（冒号）	区域运算符表示对包括在两个引用之间的所有单元格的引用	(B5:B15)
，（逗号）	联合运算符是将多个引用合并为一个引用	(SUM(B5:B15,D5:D15))
（空格）	交叉运算符表示对两个引用共有的单元格的引用	(B7:D7 C6:C8)

5. 公式错误值及其含义

如果公式不能正确计算出结果，Excel 将显示一个错误值。出错原因不同，其解决方法也不同。如公式中所引用的单元格被删除，导致 Excel 返回的不是正确的计算结果，将显示一个以符号“#”开头的或以感叹号（!）或问号（？）结束的错误信息。了解这些信息的含义可以帮助用户修改单元格中的公式。Excel 中的错误值及其含义如表 4.4 所示。

表 4.4　错误值及其含义

错误值	含　义
####	当列不够宽，或者使用负日期或负时间时，将出现错误。若将单元格加宽，即可避免这种错误
#VALUE!	使用的参数或操作数类型错误时，将出现这种错误。单击显示错误的单元格，再单击出现的按钮，若出现“追踪错误”，则单击它，检查可能的出错原因并解决即可
#DIV/0!	当数字被零（0）除时，出现的错误
#NAME?	当 Excel 未识别公式中的文本时，出现的错误
#N/A	当数值对函数或公式不可用时，出现的错误
#REF!	当单元格引用无效时，出现的错误
#NUM!	当公式或函数中使用无效数字值时，出现的错误
#NULL!	当指定并不相交的两个区域的交点时，出现的错误，用空格表示两个引用单元格之间的相交运算符

4.1.3　公式的运算顺序

Excel 根据公式中运算符的特定顺序从左到右计算公式，公式按照特定的次序计算数值。

1．运算符优先级

如果公式中同时用到多个运算符，Excel 将按运算符的优先顺序进行计算。如公式“=5+2*3”应先进行乘法运算，然后再做加法运算。如果公式中包含相同优先级的运算符，例如，公式中同时包含乘法和除法运算符，则 Excel 将从左到右进行计算。表 4.5 列出了运算符在运算时的优先顺序（按由高至低的运算顺序排列）。

表 4.5　运算符优先级

运算符	说　明（运算顺序）
:（冒号）、单个空格、,（逗号）	引用运算符
-	负号，如-1
%	百分比
^	乘幂（乘方）
*和/	乘和除
+和-	加和减
&	文本运算符
=，<，>，<=，>=，<>	比较运算符

2．使用括号

若要更改运算的顺序，则可以将公式中要先计算的部分用括号括起来。例如，公式“=5+2*3”的结果是 11，将 2 与 3 相乘，然后再加上 5。若使用括号改变语法，则公式“=（5+2）*3”，先计算 5 加 2，然后用和乘以 3，结果为 21。

4.1.4　输入公式

在单元格中可以直接输入公式。下面以一个实例来说明输入公式的方法。在如图 4.1.1 所示的单元格中，如果要计算“应发工资”所在列的数值，具体操作步骤如下：

（1）单击“应发工资”所在列中的 F3 单元格。

（2）输入公式内容：“=B3+C3+D3-E3”。

（3）按“Enter”键，或者单击“编辑栏”中的“输入”按钮即可。

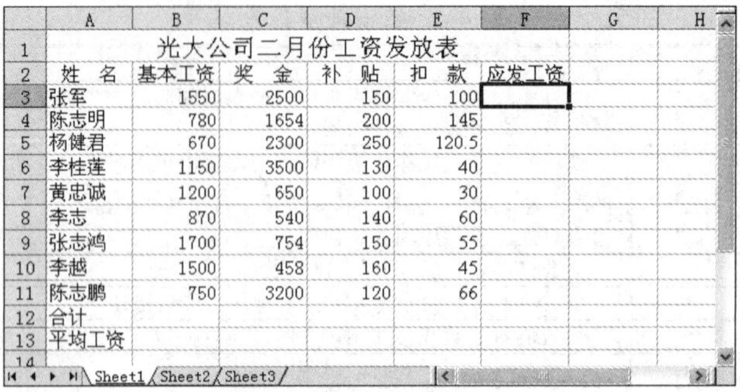

	A	B	C	D	E	F	G	H
1	光大公司二月份工资发放表							
2	姓　名	基本工资	奖　金	补　贴	扣　款	应发工资		
3	张军	1550	2500	150	100			
4	陈志明	780	1654	200	145			
5	杨健君	670	2300	250	120.5			
6	李桂莲	1150	3500	130	40			
7	黄忠诚	1200	650	100	30			
8	李志	870	540	140	60			
9	张志鸿	1700	754	150	55			
10	李越	1500	458	160	45			
11	陈志鹏	750	3200	120	66			
12	合计							
13	平均工资							

图 4.1.1　输入公式示意图

（4）输入公式后，单元格中将显示公式计算的结果。如果要查看公式则首先单击含有该公式的单元格，公式将显示在“编辑栏”中，如图 4.1.2 所示。

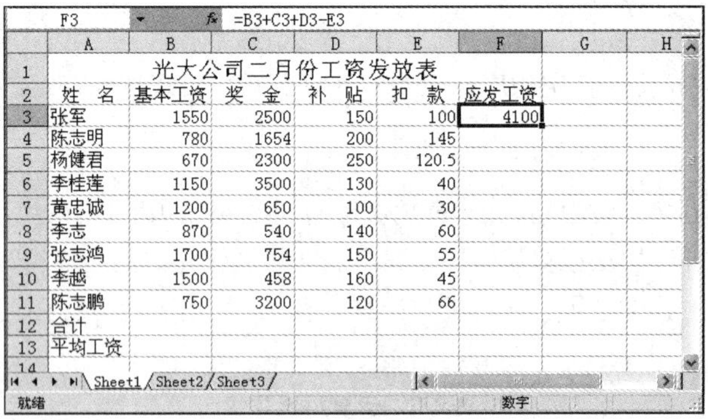

F3　=B3+C3+D3-E3

	A	B	C	D	E	F	G	H
1	光大公司二月份工资发放表							
2	姓　名	基本工资	奖　金	补　贴	扣　款	应发工资		
3	张军	1550	2500	150	100	4100		
4	陈志明	780	1654	200	145			
5	杨健君	670	2300	250	120.5			
6	李桂莲	1150	3500	130	40			
7	黄忠诚	1200	650	100	30			
8	李志	870	540	140	60			
9	张志鸿	1700	754	150	55			
10	李越	1500	458	160	45			
11	陈志鹏	750	3200	120	66			
12	合计							
13	平均工资							

图 4.1.2　在“编辑栏”中查看公式

提示：如果用户要查看单元格中数据计算所使用的所有公式，可以选择 工具(T) → 选项(O)... 命令，在弹出的 选项 对话框中，单击 视图 标签，打开 视图 选项卡，选中“窗口选项”选区中的 ☑公式(R) 复选框，如图 4.1.3 所示。

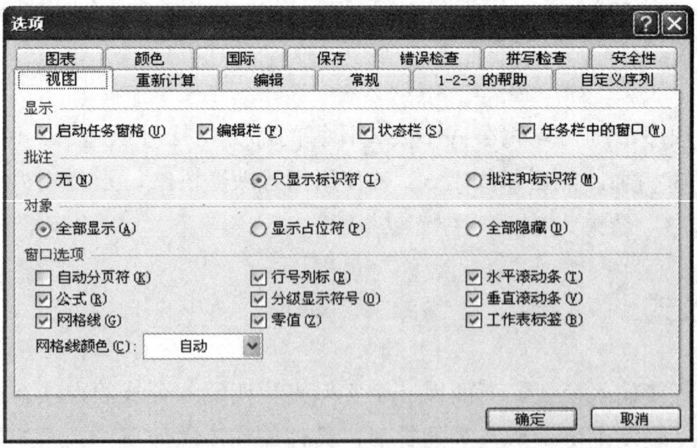

图 4.1.3　“视图”选项卡

也可以使用下面的方法输入公式：

（1）单击将要在其中输入公式的单元格，如 F3。

（2）输入等号（=）。

（3）单击 B3 单元格（该操作将 B3 单元格的地址置于编辑栏中）。

（4）输入加号（+）。

（5）单击 C3 单元格，然后重复操作步骤（3）～（4）将其他单元格的地址输入到 F3 单元格中。

（6）输入完毕，按“Enter”键即可。

建立公式后，如果被引用单元格中的值改变，则公式会自动重新计算，例如将 C3 单元格中的“2 500”改为“1 250”，则 F3 单元格中的值会自动更新为“2 850”。

提示：先选定一个区域，再输入公式，然后按“Ctrl+Enter”快捷键，可以在选定区域内所有单元格中输入同一个公式。

4.1.5　编辑公式

在 Excel 单元格中输入的公式与其他数据一样，可以对其进行编辑，如修改公式、复制公式及移动公式等。

1．修改公式

公式被输入以后，也可以通过修改公式中的数值，得出其他结果。修改公式的具体操作步骤如下：

（1）双击要修改公式的单元格。

（2）此时被公式引用的单元格以彩色显示，如图 4.1.4 所示。

	A	B	C	D	E	F	G	H
1	光大公司二月份工资发放表							
2	姓　名	基本工资	奖　金	补　贴	扣　款	应发工资		
3	张军	1550	1250	150	100	=B3+C3+D3-E3		
4	陈志明	780	1654	200	145			
5	杨健君	670	2300	250	120.5			
6	李桂莲	1150	3500	130	40			
7	黄忠诚	1200	650	100	30			
8	李志	870	540	140	60			
9	张志鸿	1700	754	150	55			
10	李越	1500	458	160	45			
11	陈志鹏	750	3200	120	66			
12	合计							
13	平均工资							
14								

图 4.1.4　显示被引用的单元格

（3）在单元格中移动光标，删除或输入需要的数值。

（4）编辑完成后，按“Enter”键即可。

2．复制引用公式

复制公式时，单元格引用将根据所引用类型而变化。公式常用的引用类型有相对引用和绝对引用两种（关于引用的概念将在本章第二节做具体介绍）。若要以绝对引用的方式复制单元格公式，具体操作步骤如下：

（1）双击包含引用公式的单元格如图 4.1.4 所示。

（2）若要引用绝对列和绝对行，则在列号和行号的前面分别输入美元符号（$）；若要引用绝对列和相对行，则在列号前面输入美元符号（$）；若要引用相对列和绝对行，则在行号前面输入美元符号（$）。如图 4.1.5 所示的第一个引用即为绝对列和绝对行；第二个引用为绝对列和相对行；第三个引用为相对列和绝对行。

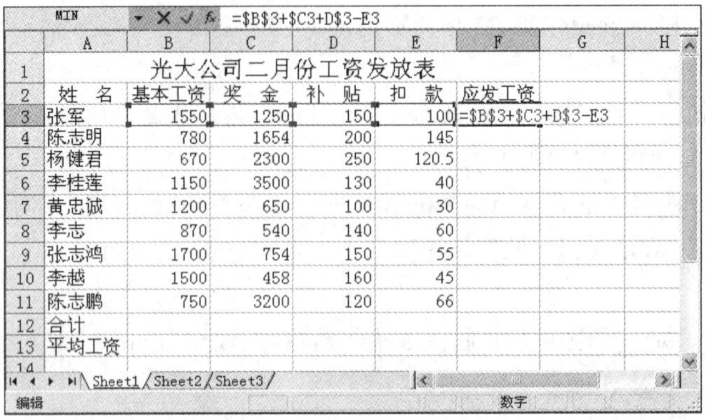
MIN =$B$3+$C3+D$3-E3

	A	B	C	D	E	F	G	H
1	光大公司二月份工资发放表							
2	姓　名	基本工资	奖　金	补　贴	扣　款	应发工资		
3	张军	1550	1250	150	100	=$B$3+$C3+D$3-E3		
4	陈志明	780	1654	200	145			
5	杨健君	670	2300	250	120.5			
6	李桂莲	1150	3500	130	40			
7	黄忠诚	1200	650	100	30			
8	李志	870	540	140	60			
9	张志鸿	1700	754	150	55			
10	李越	1500	458	160	45			
11	陈志鹏	750	3200	120	66			
12	合计							
13	平均工资							
14								

Sheet1 / Sheet2 / Sheet3 / 编辑 数字

图 4.1.5　设置引用单元格的绝对引用

（3）设置完成后，按“Enter”键。

（4）选中设置后的单元格，单击“常用”工具栏中的“复制”按钮。

（5）选择要复制到的目标单元格。

（6）若要复制公式和其他设置，则单击“常用”工具栏中的“粘贴”按钮；若仅复制公式，则选择 编辑(E) → 选择性粘贴(S)... 命令，在弹出的对话框中选中 公式(F) 单选按钮。

提示：可以使用填充柄将公式复制到相邻的单元格中，此时，复制的公式称为相对引用。选择包含公式的单元格，再拖动填充柄，使之覆盖要填充的区域。

3．移动公式

移动公式的具体操作步骤如下：

（1）选中要移动含有公式的单元格。

（2）将鼠标指针指向选定单元格的边框上，待鼠标指针变为形状，按住鼠标左键，拖动鼠标至目标单元格并松开鼠标即可。

提示：移动公式时，公式内的单元格引用不会改变。

4.2　单元格地址的引用

引用的作用在于标识工作表上的单元格或单元格区域，并指明公式中所使用的数据位置。通过引用，可以在公式中使用工作表不同部分的数据，或者在多个公式中使用同一个单元格的数据。还可以引用同一个工作簿中不同工作表上的单元格和其他工作簿中的数据。引用不同工作簿中的单元格称为链接。

4.2.1　相对引用

公式中相对单元格引用（例如 A1，B2）是基于包含公式和单元格引用单元格的相对位置。如果公式所在单元格的位置改变，引用也随之改变。如果多行或多列复制公式，引用会自动调整。默认情况下，新公式使用相对引用。

例如，如果将单元格 B2 中的相对引用 A1 复制到单元格 B3 中，引用将自动从=A1 调整到=A2。使用相对引用后，系统记住建立公式的单元格和被引用单元格的相对位置关系，在粘贴该公式时，新公式单元格和被引用单元格仍保持这种相对位置。

4.2.2　绝对引用

单元格中绝对单元格引用（例如$A$1）总是引用指定位置的单元格。如果公式所在单元格的位置改变，绝对引用的单元格地址保持不变。如果多行或多列复制公式，绝对引用将不做调整。默认情况下，新公式使用相对引用，也可以将它们转换为绝对引用。

例如，如果将单元格 B2 中的绝对引用 A1 复制到单元格 B3 中，让两个单元格中的地址保持一致，则在 A1 的列号和行号前面分别输入美元符号（$），如$A$1。并且无论将公式复制到什么位置，都将引用 A1 单元格的值。用户可以自已观察使用绝对引用时复制公式的效果。

4.2.3　混合引用

如果一个公式中既使用相对引用，又使用绝对引用，则称为混合引用。混合引用具有绝对列和相对行，或是绝对行和相对列。绝对引用列采用$A1 和$B1 等形式；绝对引用行采用 A$1 和 B$1 等形式。如果公式所在单元格的位置改变，则相对引用改变，而绝对引用不变。如果多行或多列复制公式，相对引用自动调整，而绝对引用不做调整。

例如，如果将一个混合引用 A$1 从 A2 复制到 B3，它将从“=A$1”调整到“=B$1”。

4.2.4　三维引用

如果要分析同一工作簿中多张工作表上的相同单元格或单元格区域中的数据，可以使用三维引用。三维引用可以包含单元格引用和区域引用，前面加上工作表名称的范围。Excel 使用存储在引用开始名和结束名之间的任何工作表，如公式=SUM（Sheet2:Sheet13!B5）将计算 Sheet2～Sheet13 工作表内所有包含在 B5 单元格内的值的和，具体操作步骤如下：

（1）选中 Sheet2 工作表中的 A1 单元格。

（2）在单元格中输入“=SUM()”并将光标定位在 SUM 后面的括号之间。

（3）按住“Shift”键并单击 Sheet13 工作表标签，则选中 Sheet2～Sheet13 工作表。

（4）单击 Sheet2 工作表中的 B5 单元格。

（5）按“Enter”键，则在 Sheet2 工作表的 A1 单元格中显示公式“=SUM(Sheet2:Sheet13!B5)”的值。

如果要在同一工作簿中引用不同工作表中的单元格区域，可以使用输入法和鼠标点取法。下面通过一个简单的实例来介绍使用鼠标点取法来引用单元格区域的操作。

如当前的工作表是 Sheet2，要在 A1 单元格中引用 Sheet1 工作表中 B3:B11 的内容之和，具体操作步骤如下：

（1）在 Sheet2 中选中 A1 单元格，然后输入“=SUM()”，并将光标移至括号内。

（2）单击 Sheet1 工作表标签。

（3）在 Sheet1 工作表中选择 B3:B11 单元格区域，然后按“Enter”键。

此时，计算结果显示在 Sheet2 工作表中 A1 单元格中，选中此单元格可以在编辑栏中看到 Excel 自动添加的公式内容，即“=SUM(Sheet1！B3:B11)”。注意，此公式中应用的仍然是单元格相对引用，如果把 A1 单元格中的公式复制到 A2 中，相应的引用也会发生改变。

注意：在用输入法引用单元格或单元格区域时，如果在工作表名内部包含空格，则应该用单引号（‘’）将工作表名括起来，如“=SUM（‘Sheet 5’！ A3:A6）”。

4.2.5 循环引用

如果公式引用自己所在的单元格，不论是直接引用还是间接引用，都称为循环引用。只要打开的工作簿中有一个包含循环引用，Microsoft Excel 都将无法自动计算所有打开的工作簿。这时可以取消循环引用，或利用前面的迭代计算结果计算循环引用中每个单元格的引用。如果不改变默认的迭代设置，Excel 将在 100 次迭代后或在两次相邻迭代得到的数值的变化小于 0.001 时，停止迭代运算。

更改迭代次数和迭代的最大误差，具体操作步骤如下：

（1）选择 工具(T) → 选项(O)... 命令，弹出 选项 对话框。

（2）单击 重新计算 标签，打开 重新计算 选项卡，如图 4.2.1 所示。

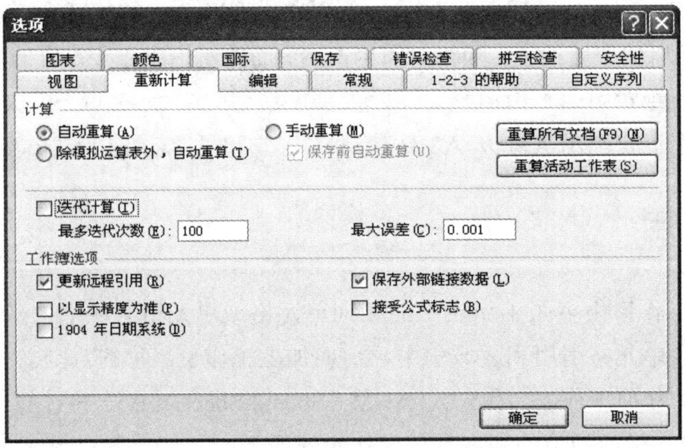

图 4.2.1 “重新计算”选项卡

（3）选中 迭代计算(I) 复选框，然后分别在“最多迭代次数”和“最大误差”文本框中输入迭代运算时最多的迭代次数和最大的误差值。

（4）单击 确定 按钮即可。

4.2.6 外部引用

外部引用就是引用其他工作簿中的单元格或单元格区域的数值或公式。它与三维引用的操作方法类似，也包括输入法和鼠标点取法两种。如用输入法引用其他工作簿中的单元格时，可以按如下的形式来表示：

[工作簿名]工作表名！单元格名（或单元格区域）

例如，“=([工作簿 1]Sheet1！B5)”和“=SUM([工资表]‘一月 工资’！A1：A5)”都是合法的引用形式。

用鼠标点取法引用其他工作簿的单元格或单元格区域，具体操作步骤如下：

（1）首先打开要引用的工作簿。

（2）选择 窗口(W) → 重排窗口(A)... 命令，在弹出的对话框中选择需要的排列方式，使各窗口以可见的方式显示。

（3）在源工作簿的单元格中输入“=”。

（4）单击待引用的工作簿，并在该工作簿中单击要引用的单元格或单元格区域，则在源工作簿单元格中显示单元格的引用地址，如图 4.2.2 所示。

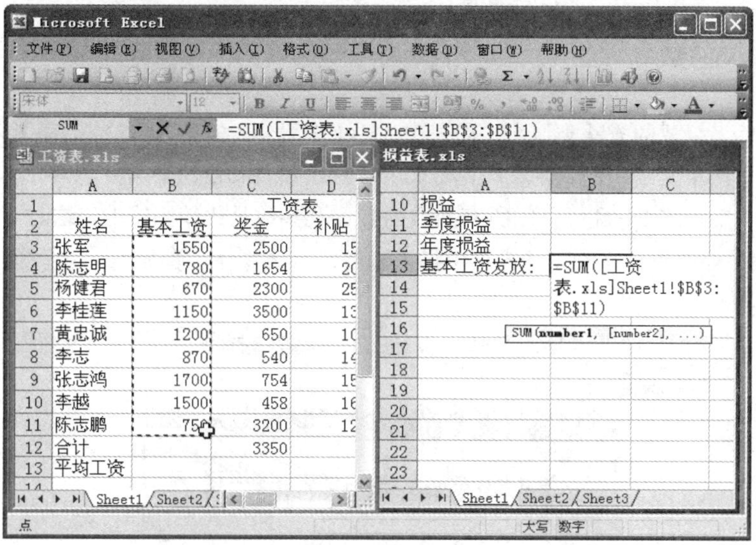

图 4.2.2　外部引用

（5）按“Enter”键，即可得到相应的引用值。

4.3　函　　数

在 Excel 中，函数是系统预先建立在工作表中，用于执行数学、正文或者逻辑运算以及查找数据区有关信息的公式。它使用参数的特定数值，按照语法的特定顺序进行计算。例如，要对 B2 到 B4 几个单元格进行求和，可以使用公式“=B2+B3+B4”，也可以使用求和函数 SUM()，创建求和公式“=SUM()”。

函数内的参数可以是数字、文本（文本必须用双括号括起）、逻辑值（True 和 False）、数组、错误值或者单元格引用，也可以是常量、公式或者其他函数。给定的参数必须能够得到有效的数值，并且函数的语法要以函数名称开始，后面分别是左圆括号、逗号隔开的参数和右圆括号。

4.3.1　函数分类

Excel 2003 提供了多种类型的函数，使用它们可以完成各种信息的分析及数值计算，分别如下：

（1）文本和数据函数：用于处理文本的格式及数字与文本之间的转换等。

（2）统计函数：用于统计和分析所选定区域的数据，并返回数值。

（3）数字和三角函数：用于处理简单和复杂的数学计算。

（4）查找和引用函数：查找并返回引用单元格的一些信息。

（5）数据库函数：用于对存储在数据清单或数据库中的数据进行分析。

（6）逻辑函数：用于对数据的逻辑判断，其返回值只有真（True）和假（False）两种。

（7）日期与时间函数：用于处理并返回日期与时间值。

（8）信息函数：用于计算或返回单元格或单元格区域的个数及信息值。

（9）财务函数：进行一般的财务计算。

（10）工程函数：用于工程计算和分析。

4.3.2 插入函数

输入函数与输入公式的方法类似，在第一节中已经介绍公式的输入方法，这里就不再重述。但是，在使用输入法直接向单元格中输入函数时，要求用户对函数及其语法非常熟悉，否则就很难保证函数输入的正确性。若要记住 Excel 提供的所有函数的名称及参数是比较困难的，这时可以使用“插入函数”按钮 *fx* 或菜单命令直接在空白单元格中插入函数，具体操作步骤如下：

（1）选中要插入函数的单元格。

（2）单击“编辑栏”中的“插入函数”按钮 *fx*，或者选择 插入(I) → *fx* 函数(F)... 命令，弹出如图 4.3.1 所示的 插入函数 对话框。

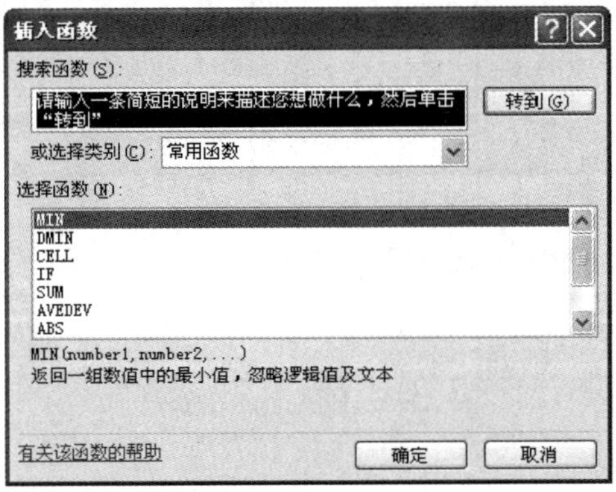

图 4.3.1 “插入函数”对话框

提示： 在 插入函数 对话框中，Excel 2003 新增了一项推荐函数功能。当用户不知道计算的数据要用什么函数时，可以在“搜索函数”文本框中，输入自然语言，如“怎样求余数”，然后单击 转到(G) 按钮，将在“选择函数”列表框中显示出系统推荐的函数列表。

（3）在对话框 “或选择类别”下拉列表中选择需要的函数类别，然后在“选择函数”列表框中选择需要的函数名，如这里选择“SUM”函数。

（4）单击 确定 按钮，弹出如图 4.3.2 所示的 函数参数 对话框。

（5）在 函数参数 对话框中显示所用的函数名及计算结果。在参数文本框（Number1 和 Number2）中可以直接输入参数值、单元格引用或单元格区域，也可以用鼠标单击文本框右侧的“折叠”按钮，使对话框折叠，然后在工作表中选择单元格或单元格区域。

（6）完成单元格或单元格区域的输入或选择后，在对话框中将显示相应单元格或单元格区域内的数值，并显示计算结果。

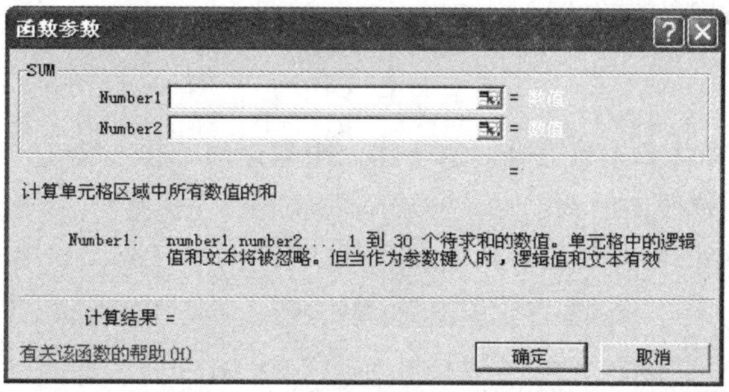

图 4.3.2　“函数参数”对话框

（7）单击 确定 按钮即可完成函数的插入。

提示：如果用户输入的函数有错误，按“Enter”键确认时，将弹出如图 4.3.3 所示的提示框，提示用户出现错误。如果要修改错误，则单击 确定 按钮，光标置于公式中要求输入参数；如果对出现的错误不理解，可单击 帮助(H) 按钮，在打开的帮助窗口中根据实际情况进行参考。

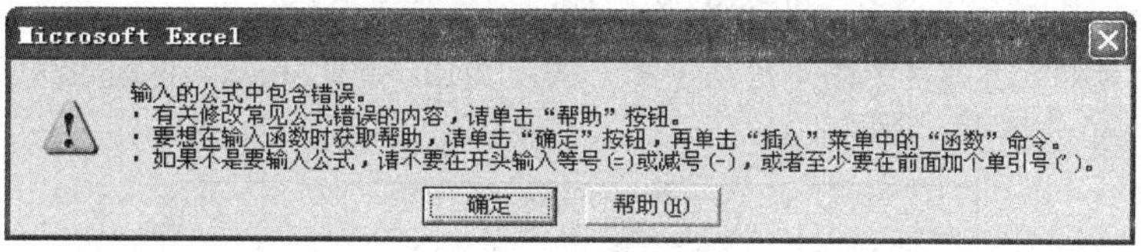

图 4.3.3　提示框

4.3.3　自动求和

通常情况下，使用最多的工作函数就是求和函数（SUM），在 Excel 2003 中提供了“自动求和”按钮 Σ ▾，使用户可以方便快捷地完成求和操作。

1．行和列的求和操作

对单行或单列进行求和，具体操作步骤如下：

（1）选择要进行求和的行或列单元格，并选中该行右侧的一个空白单元格或者该列下方的一个空白单元格，这样可以将计算结果存放在相应的空白单元格中，如图 4.3.4 所示。

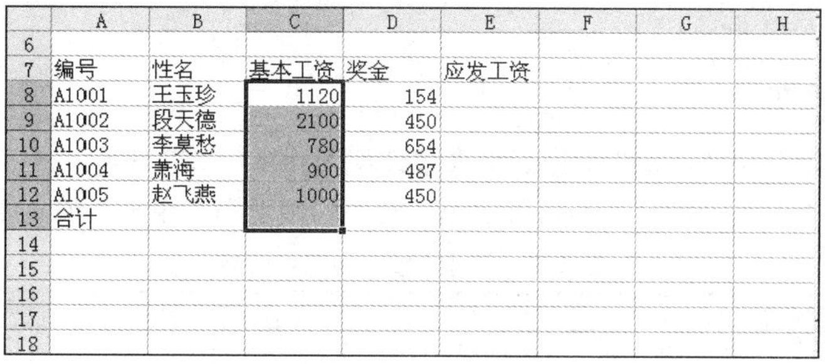

	A	B	C	D	E	F	G	H
6								
7	编号	性名	基本工资	奖金	应发工资			
8	A1001	王玉珍	1120	154				
9	A1002	段天德	2100	450				
10	A1003	李莫愁	780	654				
11	A1004	萧海	900	487				
12	A1005	赵飞燕	1000	450				
13	合计							
14								
15								
16								
17								
18								

图 4.3.4　选择要求和的单列单元格

（2）单击“常用”工具栏中的“自动求和”按钮 Σ ▾，此时 Excel 将选中区域的计算结果显示在该列下方的最后的空白单元格中。如果要修改该计算结果，则可以双击该单元格，显示出公式，并且公式中所引用的单元格均以彩色边框显示。

2. 单元格区域求和

使用“自动求和”按钮不仅能够一次求出一组数据的总和，也可以同时求出多组数据中每组数据的总和，具体操作步骤如下：

（1）在选择多组数据的同时，选择其下方或右方的一行或一列空白单元格，如图 4.3.5 所示。

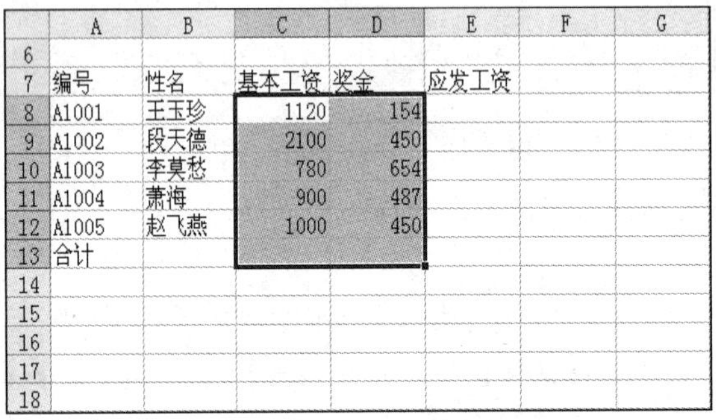

	A	B	C	D	E	F	G
6							
7	编号	性名	基本工资	奖金	应发工资		
8	A1001	王玉珍	1120	154			
9	A1002	段天德	2100	450			
10	A1003	李莫愁	780	654			
11	A1004	萧海	900	487			
12	A1005	赵飞燕	1000	450			
13	合计						
14							
15							
16							
17							
18							

图 4.3.5 选择要求和的多组单元格

（2）单击“常用”工具栏中的“自动求和”按钮，此时 Excel 将选中的多组单元格的合计显示在下方的空白单元格中，如图 4.3.6 所示。

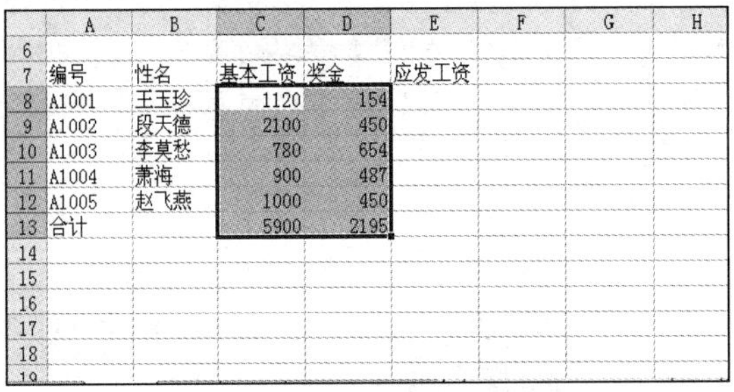

	A	B	C	D	E	F	G	H
6								
7	编号	性名	基本工资	奖金	应发工资			
8	A1001	王玉珍	1120	154				
9	A1002	段天德	2100	450				
10	A1003	李莫愁	780	654				
11	A1004	萧海	900	487				
12	A1005	赵飞燕	1000	450				
13	合计		5900	2195				
14								
15								
16								
17								
18								

图 4.3.6 对多组单元格进行求和

4.3.4 常用函数

在 Excel 2003 中有 200 多个函数，下面将介绍比较常用的函数及其参数，并结合实例进行解释和说明。

1. 数学和三角函数

使用数学和三角函数，可以完成工作表中大部分基础计算。如求单元格区域中的数值总和，计算数学的正弦和余弦，返回数字的符号和随机数等。常用的数学和三角函数如表 4.6 所示。

表 4.6 常用的数学和三角函数

函数名	功 能	语 法	示 例	结 果
ABS	返回数字的绝对值	ABS(number)，其中 number 为需要计算其绝对值的实数	=ABS(2) =ABS(−2) =ABS(A2)（设 A2 单元格中的数值为−4）	2 的绝对值为 2 −2 的绝对值为 2 −4 的绝对值为 4
COS	返回数字的余弦值	COS(number)，其中 number 为需要求余弦的角度，以弧度表示	=COS(1.047) =COS(60*PI()/180)	0.500171 60 度的余弦值为 0.5

续表

函数名	功　能	语　法	示　例	结　果
SIN	返回数字的正弦值	SIN(number)，其中 number 为需要求正弦的角度，以弧度表示	=SIN(PI()) =SIN(30*PI()/180)	PI 弧度的正弦值为 0.22515E-16 30 度的正弦值为 0.5
TAN	返回数字的正切值	TAN(number)，其中 number 为需要求正切的角度，以弧度表示	=TAN(0.245) =TAN(45*PI()/180)	0.245 弧度的正切值为 0.2500 45 度的正切值为 1
PI	返回 PI 的值	PI()	=PI() =PI()/2 =PI()*A2^2（设 A2 单元格的数值为 2）	3.1415927 1.570796 12.56638
DEGREES	将弧度转换为度	DEGREES（angle)，其中 angle 为待转换的弧度角	= DEGREES(PI())	PI 弧度转换为度数为 180 度
EXP	返回 e 的给定数字次幂	EXP(number)，其中 number 为底数 e 的指数，若要计算以其他常数为底的幂，请使用指数操作符（^），EXP 函数是计算自然对数的 LN 函数的反函数	=EXP(1) =EXP(2)	2．718282（e 的近似值） 7.389056(表示自然对数的底数 e 的 2 次幂）
FACT	返回数字的阶乘	FACT(number)，要计算其阶乘的非负数。如果输入的 number 不是整数，则截尾取整	=FACT(5) =FACT(1.8) =FACT(0) =FACT(−1)	120(即 1*2*3*4*5 的值） 1（即取尾截整后的值） 1（0 的阶乘为 1） #NUM!（负数导致错误值）
MOD	返回除法的余数	MOD(number,divisor)，其中 number 为被除数；divisor 为除数。如果 divisor 为零，函数 MOD 返回错误值 #DIV/0!	=MOD(3,2) =MOD(−3,2) =MOD(3,−2)	1（3/2 的余） 1（符号与除数相同） -1（符号与除数相同）
SUM	对其参数进行求和	SUM(number1,number2, ...)，其中 number1，number2，...为 1～30 个需要求和的参数。直接输入到参数表中的数字、逻辑值及数字的文本表达式将被计算；如果参数为数组或引用，只有其中的数字将被计算。数组或引用中的空白单元格、逻辑值、文本或错误值将被忽略；如果参数为错误值或为不能转换成数字的文本，将会导致错误	=SUM(2,3,4) =SUM(“2”,4,TRUE) =SUM(A1:A3,3)（设 A1 的值为 1，A2 的值为 2，A3 的值为 3） =SUM(A5,A6,3)（设 A5 的值为 5，A6 的值为 TURE）	9（2，3，4 相加） 7（将 2，4，1 相加，因为文本值被转换为数字，逻辑值 TRUE 被转换成数字 1） 9（将 1，2，3，3 相加） 3(将 A5，A6 与 3 相加，因为引用非数值的值不能被转换，故结果为 3）

2．文本和数据函数

文本和数据函数也可称为字符串处理函数，主要完成对字符串的一些处理操作。常用的文本和数据函数如表 4.7 所示。

表 4.7　文本和数据函数

函数名	功　能	语　法	示　例	结　果
ASC	将字符串中的全角英文字母或片假名更改为半角字符	ASC(text)，其中 text 为文本或对包含要更改文本的单元格的引用。如果文本中不包含任何全角字母，则文本不会更改	=ASC(“EXCEL”)	“EXCEL”
WIDECHAR	将字符串中的半角英文字母或片假名更改为全角字符	WIDECHAR(text)，其中 text 为文本或对包含要更改文本的单元格的引用。如果文本中不包含任何半角英文字母或片假名，则文本不会更改	=WIDECHAR(“EXCEL”)	“EXCEL”
CLEAN	删除文本中不可打印的字符，对从其他应用程序中输入的文本使用 CLEAN 函数，将删除其中含有的当前操作系统无法打印的字符	CLEAN(text)，其中 text 是要从中删除不能打印字符的任何工作表信息	=CLEAN(A2)（设 A2 的值是=CHAR(7)&“text”&CHAR(7)）	text(从字符串中删除不能打印的字符 CHAR(7)

续表

函数名	功　能	语　法	示　例	结　果
REPLACE REPLACEB	使用其他文本字符串并根据所指定的字符串替换某文本字符串中的部分文本；使用其他文本字符串并根据所指定的字符数替换某文本字符串中的部分文本，此函数专为双字节字符使用	REPLACE(old_text,start_num,num_chars,new_text) REPLACEB(old_text,start_num,num_bytes,new_text)，其中 old_text 是要替换其部分字符的文本；start_num 是要用 new_text 替换的 old_text 中字符的位置；Num_chars 是希望 REPLACE 使用 new_text 替换 old_text 中字符的个数；Num_bytes 是希望 REPLACE 使用 new_text 替换 old_text 中字节的个数；New_text 是要用于替换 old_text 中字符的文本	=REPLACE(A2,6,5,"*")（设 A2 的值为 abcdefghijk） =REPLACE（A3，3，2，"10"）（设 A3 的值为 2009）	abcde*k（从第 6 个字符开始，替换 5 个字符） 2010（用 10 替换 2009 的最后两位）
EXACT	检查两个文本值是否相同	EXACT(text1,text2)，其中 text1 为待比较的第一个字符串；text2 为待比较的第二个字符串	=EXACT(A2,B2)（设 A2 的值为 excel，B2 的值为 excel）； =EXACT(A3,B3)（设 A3 的值为 Excel，B3 的值为 excel）	TRUE（检查 A2 与 B2 中的两个字符串是否完全相同） FALSE
T	将参数转换为文本	T(value)，其中 value 为需要进行转换的数值	=T(A2)（设 A2 的值为 excel） =T(A3)（设 A3 的值为 13） =T(A4)（设 A4 的值为 TRUE）	excel(因为其值是文本，所以返回文本) ""（因为其值是数字，所以返回空文本） ""（因为其值是逻辑值，所以返回空文本）
TEXT	设置数字格式并将其转换为文本	TEXT(value,format_text)，其中 value 为数值、计算结果为数字值的公式，或对包含数字值的单元格的引用；format_text 为为"单元格格式"对话框中"数字"选项卡上"分类"列表框中的文本形式的数字格式。说明：Format_text 不能包含星号（*）	=A2&TEXT(B2,"0%")（设 A2 的值为"税金为："，B2 的值为"10%"）	税金为：10%（将内容合并为一个短评）
LEN LENB	返回文本字符串中字符的个数；返回文本字符串中用于代表字符的字节数。此函数用于双字节字符	LEN(text) LENB(text)，其中 text 为要查找其长度的文本。空格将作为字符进行计数	=LEN（A2）（设 A2 的值为"税金为："） =LEN（A3）（设 A3 的值为 Excel 2003）	4（"税金为："的字符个数） 10（计算空格的个数）
TRIM	从文本中删除空格。除了单词之间的单个空格外，将清除文本中所有的空格	TRIM(text)，其中 text 为需要清除其中空格的文本	=TRIM("First Quarter Earnings")	First Quarter Earnings（删除文本后面的空格）

3．逻辑运算符

使用逻辑运算符可以进行真假值判断，或进行逻辑检验。常用的逻辑函数如表 4.8 所示。

表 4.8　逻辑函数

函数名	功　能	语　法	示　例	结　果
AND	如果所有参数为 TRUE，则返回 TRUE	AND(logical1,logical2, ...)，其中 logical1，logical2，…为待检测的从 1 到 30 的条件值，各条件值可为 TRUE 或 FALSE	=AND(FALSE,TRUE) =AND(2+2=4,2+3=5) =AND(1<A2,A2<50)（设 A2 的值为 20）	FALSE（一个参数的逻辑值为假） TRUE 所有参数的计算结果为真 TRUE（因为 20 介于 1 到 50 之间）

续表

函数名	功　能	语　法	示　例	结　果
FALSE	返回逻辑值 FALSE	FALSE()，也可以直接在工作表或公式中输入文字 FALSE，Microsoft Excel 会自动将它解释成逻辑值 FALSE	=FALSE()	FALSE
NOT	对其参数逻辑求反	NOT(logical)，其中 logical 为一个可以计算 TRUE 或 FALSE 的逻辑值或逻辑表达式	=NOT(FALSE) =NOT(1+1=2)	TRUE（对 FALSE 求反 FALSE（对逻辑值为 TRUE 的公式求反）
OR	如果任一参数为 TRUE，则返回 TRUE	OR(logical1,logical2,…)，其中 logical1，logical2，…为需要进行检验的从 1 到 30 的条件，分别为 TRUE 或 FALSE。说明：计算结果必须为逻辑值，如 TRUE 或 FALSE，或者为包含逻辑值的数组或引用；如果数组或引用参数中包含文本或空白单元格，则这些值将被忽略；如果指定的区域中不包含逻辑值，函数 OR 返回错误值#VALUE!	=OR(TRUE) =OR(1+1=1,2+2=5) =OR(TRUE,FALSE,TRUE)	TRUE FALSE（所有参数的逻辑值为 FALSE） TRUE（至少一个参数为 TRUE）
TRUE	返回逻辑值 TRUE	TRUE()也可以直接在单元格或公式中键入值 TRUE，而不使用此函数	=TRUE()	TRUE
IF	执行真假值判断，根据逻辑计算的真假值，返回不同结果	IF(logical_test,value_if_true,value_if_false)，其中 logical_test 表示计算结果为 TRUE 或 FALSE 的任意值或表达式；Value_if_true 为 logical_test 为 TRUE 时返回的值；Value_if_false 为 logical_test 为 FALSE 时返回的值。说明：函数 IF 可以嵌套 7 层	=IF(A2<=100,"Within budget","Over budget") =IF(A2=100,SUM(B5:B15),"")（设 A2 的值为 50）	Within budget（因为 A2 的值小于等于 100 为真值，否则返回值为 Over budget） " "（返回值为空文本，因为 A2 的值不为 100）

4．财务函数

财务函数可以进行一般的财务计算，如计算证券的利息和返回折旧值等。下面通过实例来介绍几个常用的财务函数。

（1）ACCRINT 函数：用于返回定期付息有价证券的应计利息，其语法格式如下：

ACCRINT(issue,first_interest,settlement,rate,par,frequency,basis)

其中，issue 是有价证券的发行日；first_interest 是证券的起息日；settlement 是证券的成交日；rate 为有价证券的年息票利率；par 为有价证券的票面价值，如果省略 par，函数 ACCRINT 视 par 为$1 000；frequency 为年付息次数（如果按年支付，frequency=1；按半年期支付，frequency=2；按季支付，frequency=4）；Basis 为日计数基准类型。

在计算的过程中，参数 Issue，first_interest，settlement，frequency 和 basis 将被截尾取整，如果 issue，first-interest 或 settlement 不是合法日期，函数 ACCRINT 返回错误值#VALUE!。

例如，在 A2:A8 单元格区域中分别输入发行日"2012-3-1"，起息日"2012-8-1"，成交日"2012-5-1"，息票利率"10.00%"，票面价值"1 000"，付息次数"2"以及日计数基准类型"0"，然后在 A9 单元格中输入公式：

=ACCRINT(A2,A3,A4,A5,A6,A7,A8)

按"Enter"键确认，即计算出本次有价证券的应计利息为：16.66666667，如图 4.3.7 所示。

提示：如果该函数不可用，并返回错误值#NAME?，则可能没有安装并加载“分析工具库”加载宏。其安装步骤为：选择 工具(T) → 加载宏(I)... 命令，弹出如图 4.3.8 所示的 加载宏 对话框，在该对话框中选中☑分析工具库 复选框，单击 确定 按钮即可。

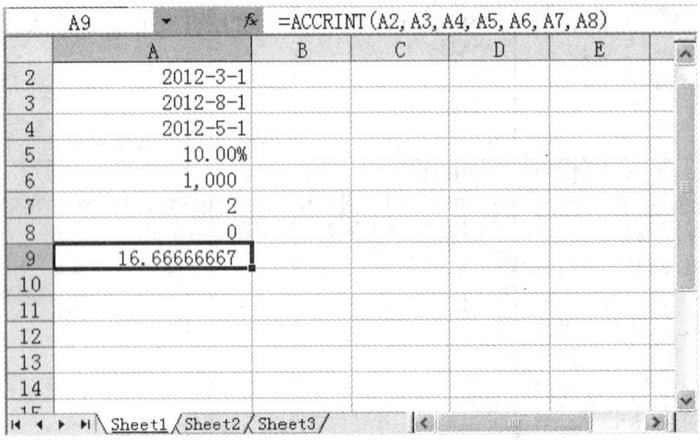

图 4.3.7　计算有价证券的应计利息

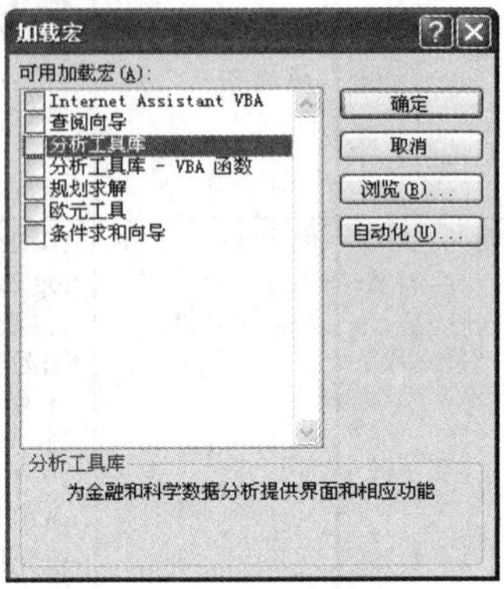

图 4.3.8　“加载宏”对话框

（2）SLN 函数：用于返回一笔资产在某个期间内的线性折旧值，其语法格式如下：

SLN(cost,salvage,life)

其中，cost 为资产原值；salvage 为资产在折旧期末的价值（也称为资产残值）；life 为折旧期限（也称为资产的使用寿命）。

例如，在 C2：C4 单元格中分别输入资产原值“25 000”，资产残值“10 000”和使用寿命“10”，然后在 C5 单元格中输入公式：

=SLN(C2,C3,C4)

按“Enter”键确认，即可得出年折旧值：￥1 500.00，如图 4.3.9 所示。

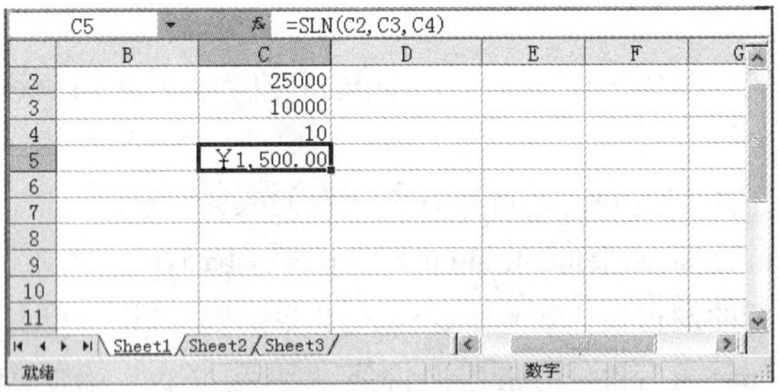

图 4.3.9　计算线性折旧值

（3）PV 函数：用于返回投资的现值。现值为一系列未来付款的当前值的累积和。例如，借入方的借入款即为贷出方贷款的现值。其语法格式如下：

PV(rate,nper,pmt,fv,type)

其中，rate 为各期利率。例如，如果按 10%的年利率借入一笔贷款来购买汽车，并按月偿还贷款，则月利率为 10%/12（即 0.83%）；nper 为总投资（或贷款）期，即该项投资（或贷款）的付款期总数。例如，对于一笔 4 年期按月偿还的汽车贷款，共有 4*12（即 48）个偿款期数；pmt 为各期所应支付的金额，其数值在整个年金期间保持不变。通常 pmt 包括本金和利息，但不包括其他费用及税款；fv 为未来值，或在最后一次支付后希望得到的现金余额，如果省略 fv，则假设其值为零（一笔贷款的未来值即为零）；type 为数字 0 或 1，用以指定各期的付款时间是在期初还是期末（0 或省略为期末，

1 为期初）。

在计算过程中应确认所指定的 rate 和 nper 单位的一致性。如同样是 4 年期年利率为 12%的贷款，如果按月支付，rate 应为 12%/12，nper 应为 4*12；如果按年支付，rate 应为 12%，nper 为 4。

例如，在 A2～A4 单元格中分别输入每月底一项保险年金的支出“500”，投资收益率“8%”，付款的年限“20”，然后在 A5 单元格中输入公式：

=PV(A3/12,12*A4,A2,,0)

按“Enter”键确认后，即可得出此次的年金现值为：￥-59,777.15，如图 4.3.10 所示。可以看出结果为负值，因为这是一笔付款，亦即支出现金流。如果年金的购买成本是（60 000），则年金的现值（59 777.15）小于实际支付值。因此，这不是一项合算的投资。

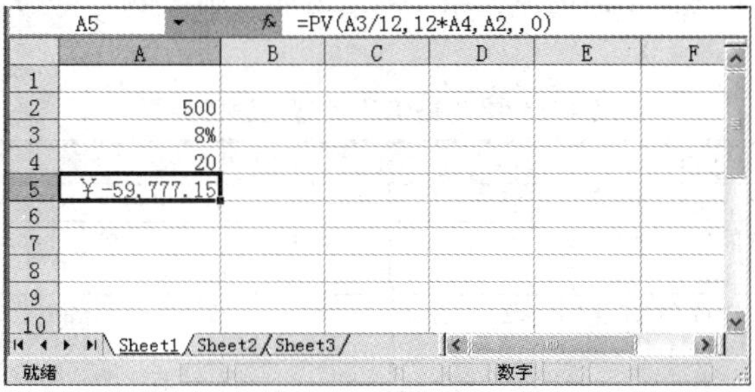

图 4.3.10 计算年金现值

提示： 利率除以 12 得到月利率。支付的年数乘以 12 得到支付次数。

（4）TBILLYIELD 函数：用于返回国库券的收益率，其语法格式如下：

TBILLYIELD(settlement,maturity,pr)

其中，settlement 为国库券的成交日。即在发行日之后，国库券卖给购买者的日期；maturity 为国库券的到期日，即国库券有效期截止时的日期；pr 为面值$100 的国库券的价格。需要注意的是在运算过程中如果 settlement 或 maturity 不是合法的日期，函数 TBILLYIELD 将返回错误值#VALUE；如果 settlement≥maturity 或 maturity 在 settlement 一年之后，则函数 TBILLYIELD 将返回错误值#NUM!；如果 pr≤0，则函数 TBILLYIELD 返回错误值#NUM!。

例如，在 C2～C4 单元格中分别输入国库券的成交日“2012-3-30”，国库券的到期日“2012-10-1”，面值为$100 的国库券的价格“97.45”，然后在 C5 单元格中输入公式：

=TBILLYIELD(C2,C3,C4)

按“Enter”键确认后，即可得出本次国库券的收益率：0.050920084 或 5.0920084%，如图 4.3.11 所示。

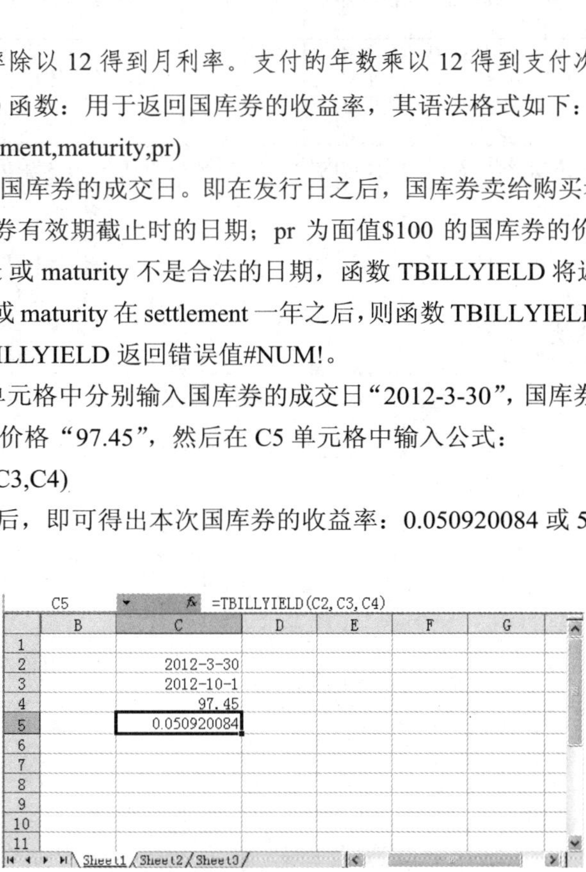

图 4.3.11 计算国库券的收益率

注意：如果成交日与到期日相隔天数超过一年，则公式无效。

5．信息函数

使用信息函数可以观察和处理工作表中有关单元格的格式、内容、有关当前操作环境及数字类型等信息。

（1）CELL 函数：使用该函数可以返回单元格的格式、位置或内容等信息，其语法格式如下：

CELL(info_type,reference)

其中，info_type 为一个文本值，指定所需要的单元格信息的类型，其类型名和返回值如表 4.9 所示；reference 表示要获取其有关信息的单元格。如果忽略，则在 info_type 中所指定的信息将返回给最后一次更改的单元格。

表 4.9　单元格信息类型及返回结果

信息类型	返　回	信息类型	返　回
address	引用中第一个单元格的引用，返回绝对值	col	引用中第一个单元格的列标
color	如果单元格中的负值以不同颜色显示，则为 1，否则返回 0	contents	引用中第一个单元格的值，而不是公式
filename	包含引用的文件名（包括全部路径），文本类型。如果包含目标引用的工作表尚未保存，则返回空文本	format	返回单元格中数字格式所对应的文本值，如“常规”返回“G”、“数值”返回“F2（2 随数值的小数位数变化而变化）”或“F2-”、“日期”返回“D2”、“货币”返回“C2”等
parentheses	如果单元格中为正值或全部单元格均加括号，则为 1，否则返回 0	row	引用中第一个单元格的行号
type	与单元格中的数据类型相对应的文本值。如果单元格为空，则返回“b”。如果单元格包含文本常量，则返回“1”；如果单元格包含其他内容，则返回“v”	width	取整后第一个单元格的列宽。列宽以默认字号的一个字符的宽度为单位

例如，在工作表中输入如图 4.3.12 所示的内容，然后分别在 D3～F3 单元格中输入公式：

=CELL(“format”,D2)

=CELL(“address”,E2）

=CELL(“contents”,F2)

即可得出如图 4.3.13 所示的结果。

图 4.3.12　输入工作表内容

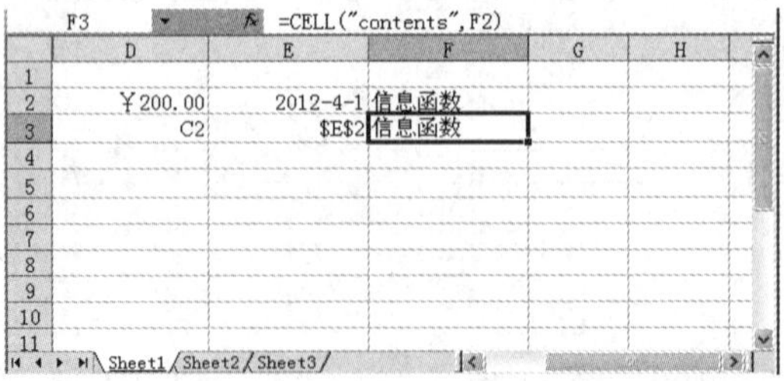

图 4.3.13　显示计算结果

提示：如果 CELL 公式中的 info_type 参数为“format”，而且以后又用自定义格式设置了单元格，则必须重新计算工作表以更新 CELL 公式。

（2）INFO 函数：使用该函数可返回有关当前操作环境的信息，其语法格式如下：

INFO(type_text)

其中，type_text 为文本，指明所要返回的信息类型。如 directory 返回当前目录或文件夹的路径；memavail 返回当前系统的可用内存空间，并以字节为单位；memused 返回数据占用的内存空间；numfile 返回打开的工作簿中活动工作表的数目；system 返回当前操作系统名称。

例如，在 A8 单元格中输入公式：

=INFO(“directory”)

按“Enter”键确认后，可得到结果：E:\Documents and Settings\aa\桌面\。

（3）TYPE 函数：使用该函数可返回单元格中数据类型的数字，如单元格中数据为数字型时返回“1”，文本型返回“2”，逻辑值返回“4”，误差值返回“16”，数组返回“64”，其语法格式如下：

TYPE(value)

其中，value 可以为任意 Microsoft Excel 数值、单元格引用或数组常量。

例如，在 A8 单元格中输入“我爱中华”，然后在 A10～A12 单元格中分别输入公式：

=TYPE(A8)

=TYPE(A8+2)

=TYPE(A8&“Excel 2003”)

即可得到如图 4.3.14 所示的结果。其中公式“=TYPE(A8+2)”检查返回错误值#VALUE!的公式类型；公式“=TYPE(A8& “Excel 2003”)”检查“我爱中华 Excel 2003”的类型。

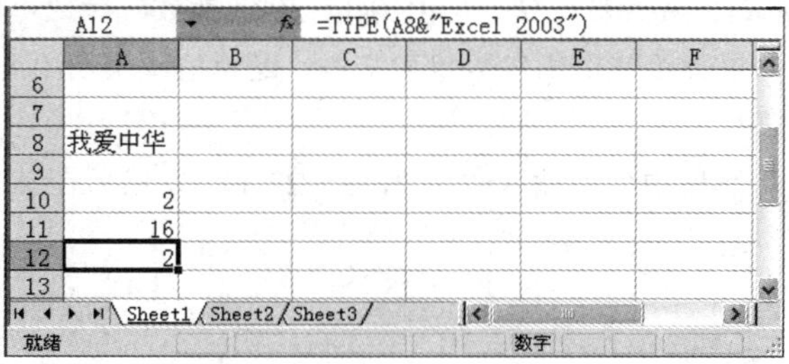

图 4.3.14　计算单元格数据类型

注意：在公式中输入引号（“”）时，输入法必须处于英文状态下。

（4）N 函数：用于返回转换为数字的值，其语法格式如下：

N(value)

其中，value 为要转化的值，如果该值为数字，则返回该数字；如果该值为日期，则返回该日期的序列号（Microsoft Excel 的一种内部日期格式）；如果该值为逻辑值“FALSE”，则返回数字“0”；如果该值为逻辑值“TRUE”，则返回数字“1”；如果该值为错误值，如“#DIV/0!”，则返回该错误值。

例如，在 B1～E1 单元格中分别输入如图 4.3.15 所示的内容，然后在 B2～E2 单元格中分别输入公式：

=N(B1)

=N(C1)

=N(D1)

=N(E1)

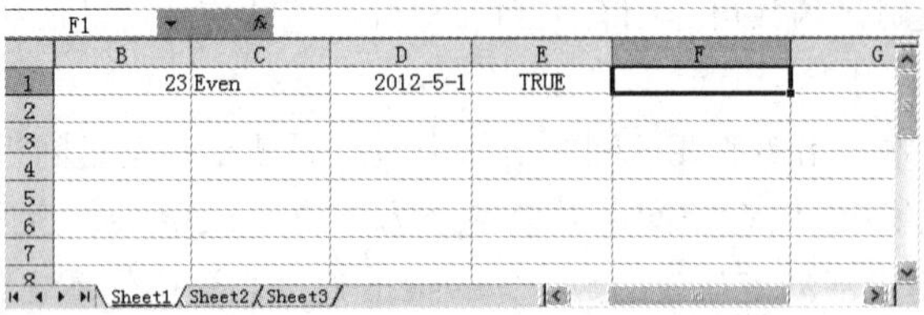

图 4.3.15　输入工作表内容

即可得到如图 4.3.16 所示的结果。

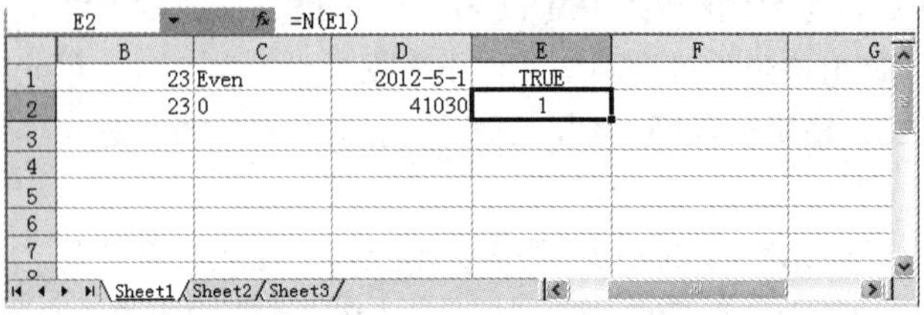

图 4.3.16　返回数字类型的值

6．统计函数

使用统计函数可以帮助用户处理一些简单的问题，如计算平均值、返回几何平均值及估算方差等。

（1）AVERAGE 函数：使用该函数可以返回其参数的平均值，其语法格式如下：

AVERAGE(number1,number2, ...）

其中，number1,number2, ...为需要计算平均值的 1～30 的参数。参数可以是数字，或者是包含数字的名称、数组或引用。如果数组或引用参数包含文本、逻辑值或空白单元格，则这些值将被忽略，但包含零值的单元格将计算在内。

例如，在 A10～A13 单元格中分别输入数字 2，3，27 和 5，然后在 A14～A15 单元格中分别输入公式：

=AVERAGE(A10:A13)

=AVERAGE(A10:A13,5)

可分别得出结果 9.25 和 8.4，其中，后者公式是计算单元格中数字与 5 的平均值。

（2）COUNT 函数：使用该函数可以计算参数列表中的数字个数，其语法格式如下：

COUNT(value1,value2, ...)

其中，value1,value2, ...为包含或引用各种类型数据的参数（1～30），包含数字、日期或以文本代表的数字计算在内，但只有数字类型的数据才被计算。但是错误值或其他无法转换成数字的文字将被忽略。如果参数是一个数组或引用，那么只统计数组或引用中的数字；数组或引用中的空白单元格、逻辑值、文字或错误值都将被忽略。如果要统计逻辑值、文字或错误值，可使用函数 COUNTA，其语法与 COUNT 相同。

例如，在 B8～G8 单元格中输入如图 4.3.17 所示的内容，然后分别在 B9～D9 单元格中输入公式：

=COUNT(B8:G8)

=COUNT(D8:G8)

=COUNT(B8:G8,2)

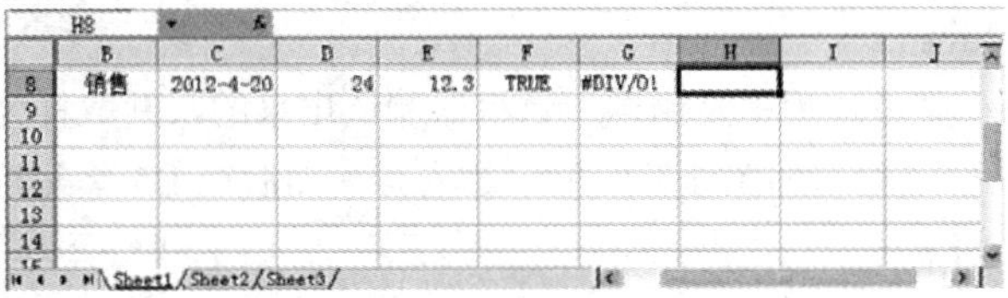

图 4.3.17　输入工作表内容

按“Enter”键，即可得到如图 4.3.18 所示的结果。

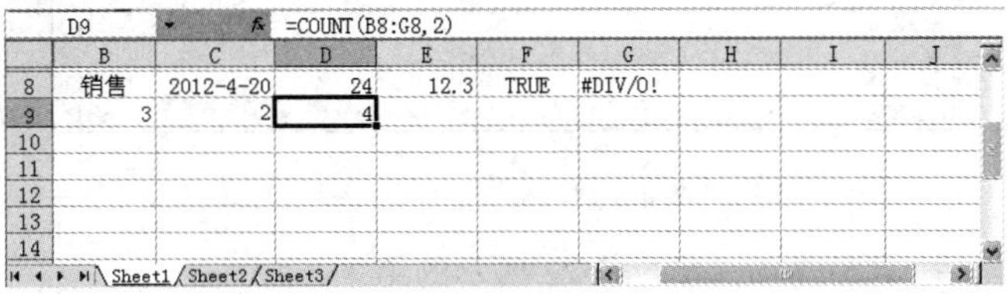

图 4.3.18　返回计算数字个数

（3）GEOMEAN 函数：使用该函数可以返回几何平均值，其语法格式如下：

GEOMEAN(number1,number2, ...)

其中，number1,number2, ... 是用于计算平均数的从 1 到 30 的参数，也可以不使用这种用逗号分隔参数的形式，而用单个数组或数组引用的形式。参数可以是数字，或者是包含数字的名称、数组或引用。如果数组或引用参数包含文本、逻辑值或空白单元格，则这些值将被忽略；但包含零值的单元格将计算在内。如果任何数据点小于 0，函数 GEOMEAN 将返回错误值#NUM!。

例如，在 B1～D1 单元格中输入如图 4.3.19 所示的内容，然后在 B2～C2 单元格中输入公式：

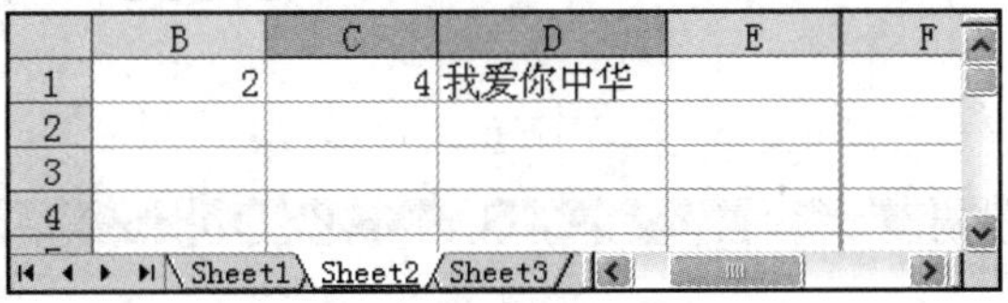

图 4.3.19　输入工作表内容

=GEOMEAN(B1:C1)

=GEOMEAN(B1:D1)

按“Enter”键确认，即可得出如图 4.3.20 所示的结果。

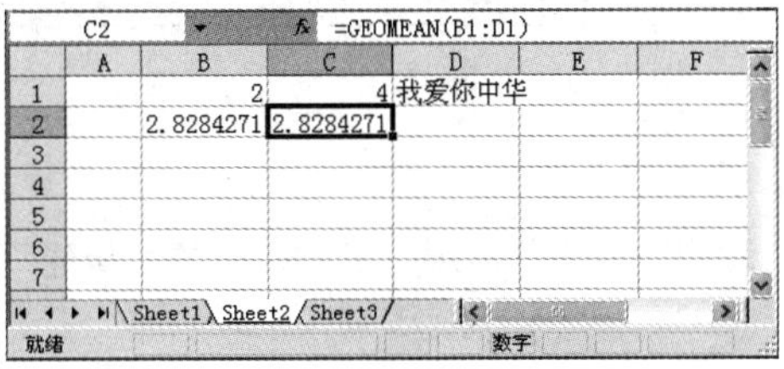

图 4.3.20　返回几何平均值

（4）VAR 函数：使用该函数可以基于样本估算方差，其语法格式如下：

VAR(number1,number2, ...)

其中，Number1,number2, ...为对应于总体样本的从 1 到 30 的参数。函数 VAR 假设其参数是样本总体中的一个样本。如果数据为样本总体，则应使用函数 VARP 来计算方差，在运算过程中逻辑值

（TRUE 和 FALSE）和文本将被忽略，如果不能忽略逻辑值和文本，则可以使用 VARA 工作表函数，其语法格式与 VAR 函数相同。

例如，有 10 件工具在制造过程中是由同一台机器制造出来的，并取样为随机样本进行抗断强度的检验，在 B4～K4 单元格中输入如图 4.3.21 所示的内容，然后在 B5 单元格中输入公式：

=VAR(B4:K4)

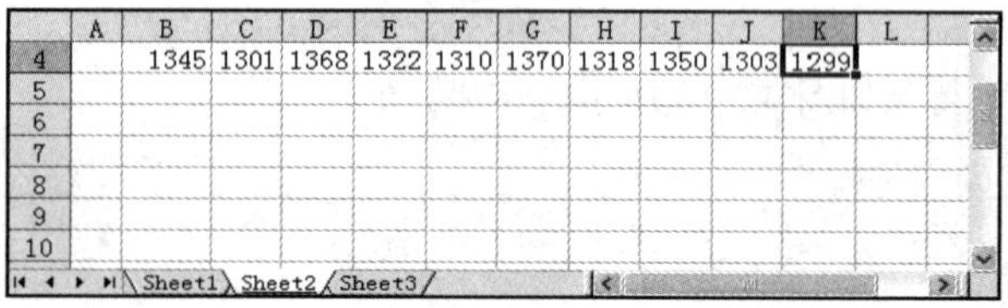

	A	B	C	D	E	F	G	H	I	J	K	L
4		1345	1301	1368	1322	1310	1370	1318	1350	1303	1299	

图 4.3.21　输入工作表内容

按“Enter”键确认后，即可得出如图 4.3.22 所示的结果。

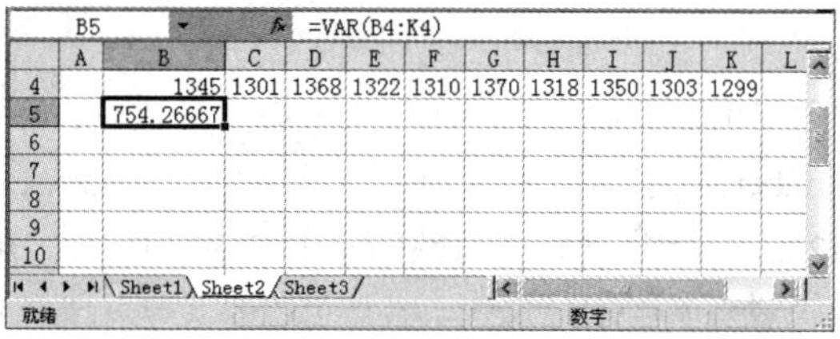

B5　=VAR(B4:K4)

	A	B	C	D	E	F	G	H	I	J	K	L
4		1345	1301	1368	1322	1310	1370	1318	1350	1303	1299	
5		754.26667										

图 4.3.22　返回样本估算方差

4.4　应用实例——制作住房贷款表

本例制作住房贷款表，最终效果如图 4.4.1 所示。

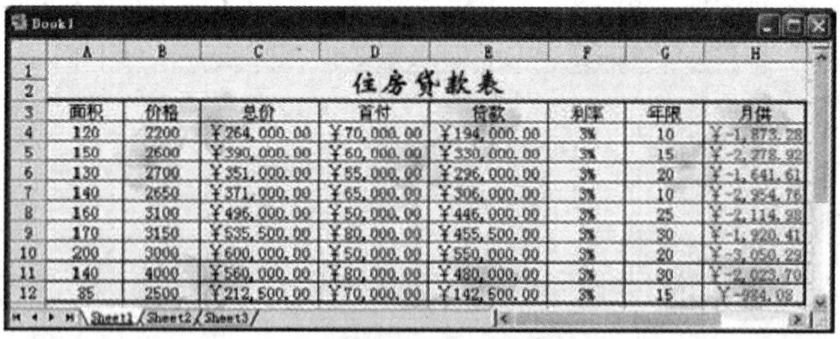

住房贷款表

面积	价格	总价	首付	贷款	利率	年限	月供
120	2200	￥264,000.00	￥70,000.00	￥194,000.00	3%	10	￥-1,873.28
150	2600	￥390,000.00	￥60,000.00	￥330,000.00	3%	15	￥-2,278.92
130	2700	￥351,000.00	￥55,000.00	￥296,000.00	3%	20	￥-1,641.61
140	2650	￥371,000.00	￥65,000.00	￥306,000.00	3%	10	￥-2,954.76
160	3100	￥496,000.00	￥50,000.00	￥446,000.00	3%	25	￥-2,114.98
170	3150	￥535,500.00	￥80,000.00	￥455,500.00	3%	30	￥-1,920.41
200	3000	￥600,000.00	￥50,000.00	￥550,000.00	3%	20	￥-3,050.29
140	4000	￥560,000.00	￥80,000.00	￥480,000.00	3%	30	￥-2,023.70
85	2500	￥212,500.00	￥70,000.00	￥142,500.00	3%	15	￥-984.08

图 4.4.1　效果图

操作步骤

（1）启动 Excel 2003 应用程序，单击“常用”工具栏中的“新建”按钮，新建一个空白 Excel 表格。

（2）选中“A1:H2”单元格，单击鼠标右键，从弹出的快捷菜单中选择“设置单元格格式(F)...”命令，弹出“单元格格式”对话框，打开“对齐”选项卡，如图 4.4.2 所示。

（3）在该选项卡中的“文本对齐方式”选区中的“水平对齐”下拉列表中选择“居中”选项；在“文本控制”选区中选中“合并单元格(M)”复选框，单击“确定”按钮，合并选中的单元格，效果如图 4.4.3 所示。

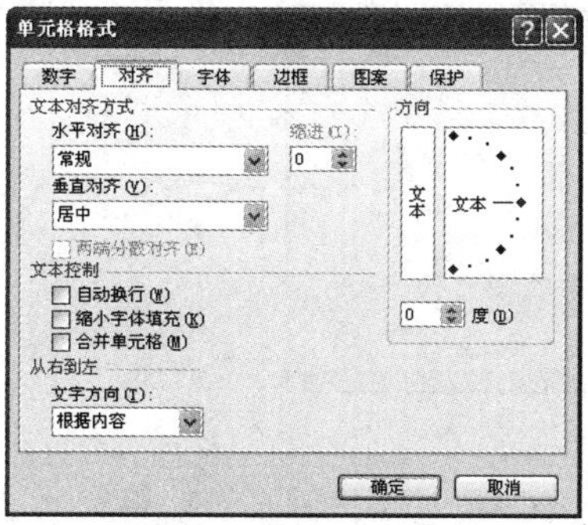

图 4.4.2　“对齐”选项卡

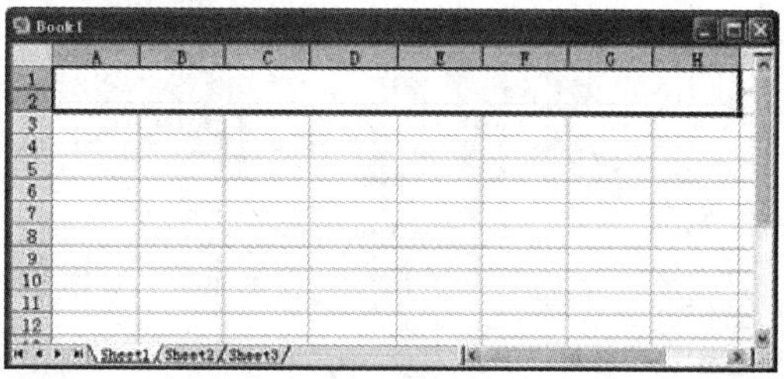

图 4.4.3　合并单元格

（4）在合并的单元格中输入文本“住房贷款表”，设置其字体为“华文新魏”，字号为“22 磅”，字体颜色为“蓝色”，效果如图 4.4.4 所示。

（5）在工作表中的其他单元格中输入数据，如图 4.4.5 所示。

图 4.4.4　格式化文本效果

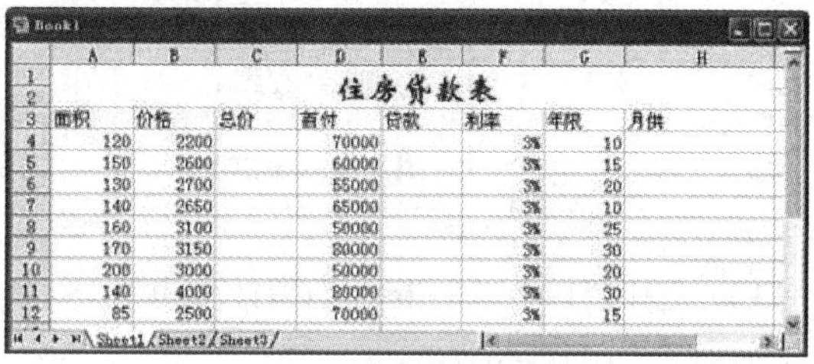

图 4.4.5　输入数据

（6）选中“C4”单元格，在公式编辑栏中输入公式“=A4*B4”，如图 4.4.6 所示。

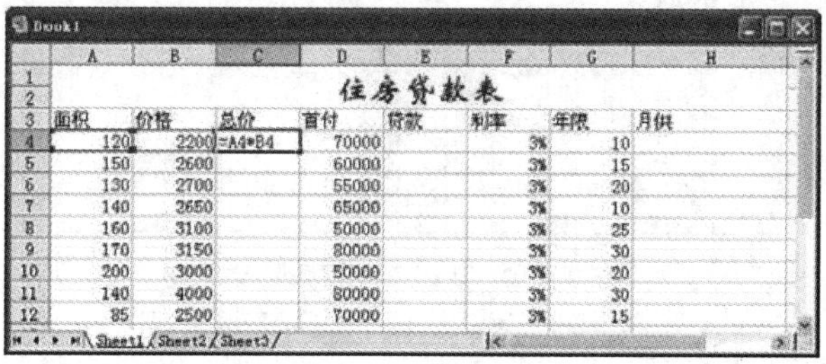

图 4.4.6　输入公式

（7）按回车键计算总价，效果如图 4.4.7 所示。

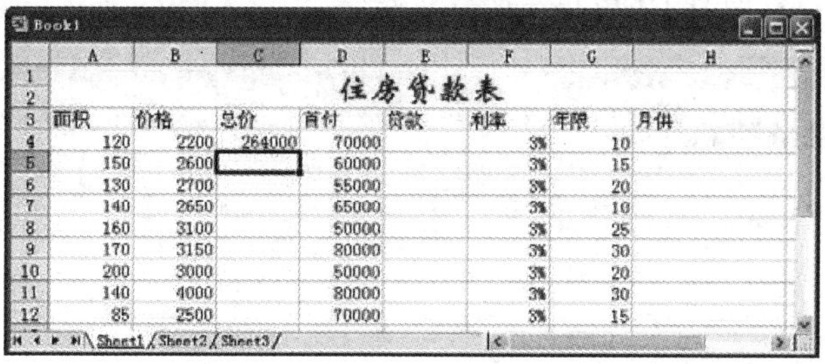

图 4.4.7　计算总价

（8）选中“C4”单元格，当指针变为 + 形状时，拖动鼠标至“C12”单元格，计算其他住房的总价，如图 4.4.8 所示。

	A	B	C	D	E	F	G	H
1-2	住房贷款表							
3	面积	价格	总价	首付	贷款	利率	年限	月供
4	120	2200	264000	70000		3%	10	
5	150	2600	390000	60000		3%	15	
6	130	2700	351000	55000		3%	20	
7	140	2650	371000	65000		3%	10	
8	160	3100	496000	50000		3%	25	
9	170	3150	535500	80000		3%	30	
10	200	3000	600000	50000		3%	20	
11	140	4000	560000	80000		3%	30	
12	85	2500	212500	70000		3%	15	

图 4.4.8 计算其他住房的总价

（9）选中“E4”单元格，在公式编辑栏中输入公式“=C4-D4”，按回车键计算贷款，效果如图 4.4.9 所示。

	A	B	C	D	E	F	G	H
1-2	住房贷款表							
3	面积	价格	总价	首付	贷款	利率	年限	月供
4	120	2200	264000	70000	194000	3%	10	
5	150	2600	390000	60000		3%	15	
6	130	2700	351000	55000		3%	20	
7	140	2650	371000	65000		3%	10	
8	160	3100	496000	50000		3%	25	
9	170	3150	535500	80000		3%	30	
10	200	3000	600000	50000		3%	20	
11	140	4000	560000	80000		3%	30	
12	85	2500	212500	70000		3%	15	

图 4.4.9 计算贷款

（10）选中“E4”单元格，当指针变为+形状时，拖动鼠标至“E12”单元格，计算其他住房的贷款，如图 4.4.10 所示。

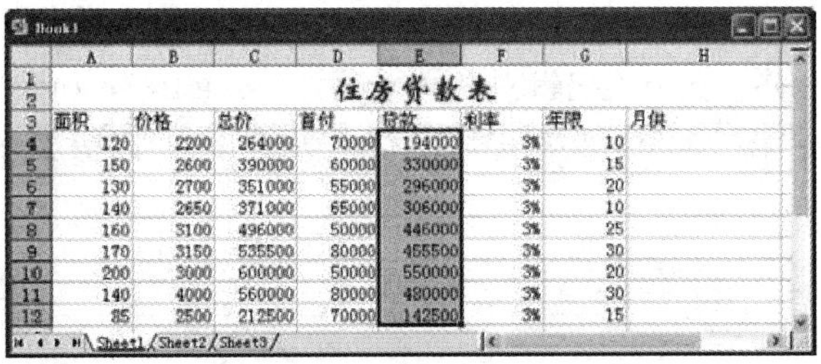

	A	B	C	D	E	F	G	H
1-2	住房贷款表							
3	面积	价格	总价	首付	贷款	利率	年限	月供
4	120	2200	264000	70000	194000	3%	10	
5	150	2600	390000	60000	330000	3%	15	
6	130	2700	351000	55000	296000	3%	20	
7	140	2650	371000	65000	306000	3%	10	
8	160	3100	496000	50000	446000	3%	25	
9	170	3150	535500	80000	455500	3%	30	
10	200	3000	600000	50000	550000	3%	20	
11	140	4000	560000	80000	480000	3%	30	
12	85	2500	212500	70000	142500	3%	15	

图 4.4.10 计算其他住房的贷款

（11）选中“H4”单元格，选择 插入(I) → 函数(F)... 命令，弹出 插入函数 对话框，如图 4.4.11 所示。

（12）在该对话框中的“选择函数”列表框中选择“PMT”选项，单击 确定 按钮，弹出 函数参数 对话框，在该对话框中进行如图 4.4.12 所示的参数设置。

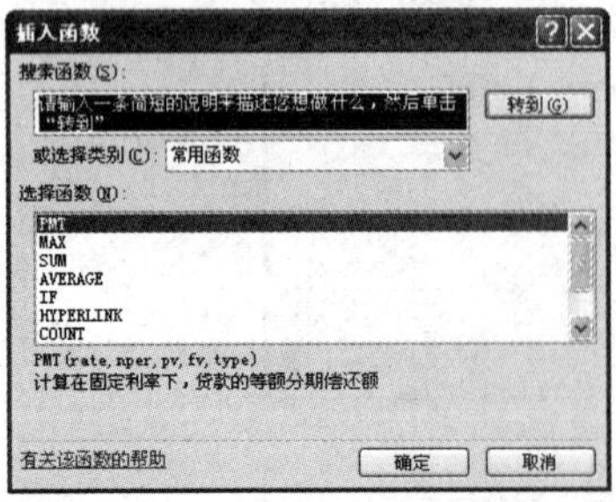

图 4.4.11 “插入函数”对话框

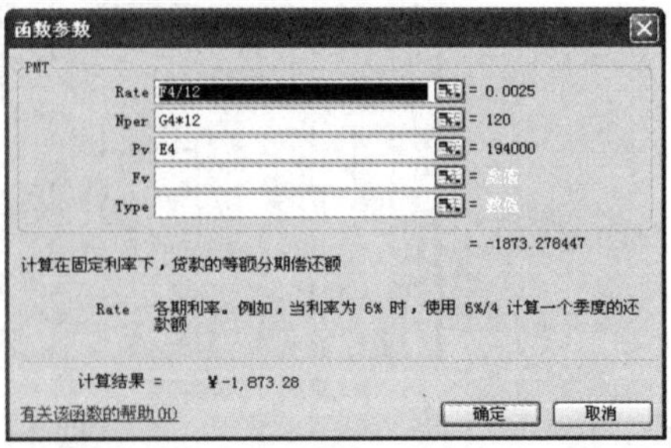

图 4.4.12 “函数参数”对话框

（13）设置完成后，单击 确定 按钮，计算月供额，如图 4.4.13 所示。

	A	B	C	D	E	F	G	H
1	住房贷款表							
2								
3	面积	价格	总价	首付	贷款	利率	年限	月供
4	120	2200	264000	70000	194000	3%	10	¥-1,873.28
5	150	2600	390000	60000	330000	3%	15	
6	130	2700	351000	55000	296000	3%	20	
7	140	2650	371000	65000	306000	3%	10	
8	160	3100	496000	50000	446000	3%	25	
9	170	3150	535500	80000	455500	3%	30	
10	200	3000	600000	50000	550000	3%	20	
11	140	4000	560000	80000	480000	3%	30	
12	85	2500	212500	70000	142500	3%	15	

图 4.4.13　计算月供额

（14）选中“H4”单元格，当指针变为+形状时，拖动鼠标至“H12”单元格，计算其他住房的月供额，如图 4.4.14 所示。

	A	B	C	D	E	F	G	H
1	住房贷款表							
2								
3	面积	价格	总价	首付	贷款	利率	年限	月供
4	120	2200	264000	70000	194000	3%	10	¥-1,873.28
5	150	2600	390000	60000	330000	3%	15	¥-2,278.92
6	130	2700	351000	55000	296000	3%	20	¥-1,641.61
7	140	2650	371000	65000	306000	3%	10	¥-2,954.76
8	160	3100	496000	50000	446000	3%	25	¥-2,114.98
9	170	3150	535500	80000	455500	3%	30	¥-1,920.41
10	200	3000	600000	50000	550000	3%	20	¥-3,050.29
11	140	4000	560000	80000	480000	3%	30	¥-2,023.70
12	85	2500	212500	70000	142500	3%	15	¥-984.08

图 4.4.14　计算其他月供额

（15）选中“A3:H12”单元格，单击“格式”工具栏中的“居中”按钮，使单元格中的数据居中显示，效果如图 4.4.15 所示。

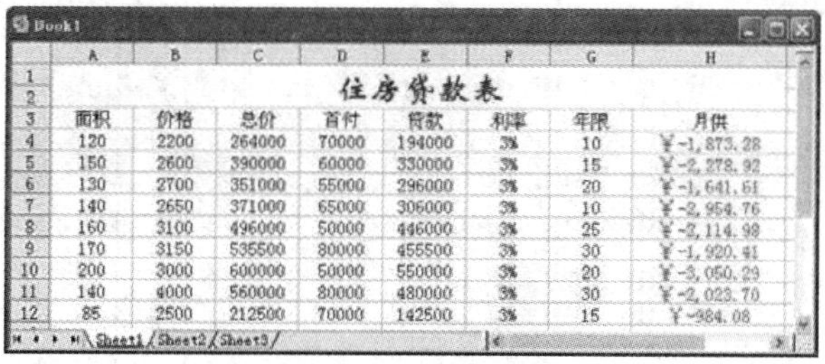

	A	B	C	D	E	F	G	H
1	住房贷款表							
2								
3	面积	价格	总价	首付	贷款	利率	年限	月供
4	120	2200	264000	70000	194000	3%	10	¥-1,873.28
5	150	2600	390000	60000	330000	3%	15	¥-2,278.92
6	130	2700	351000	55000	296000	3%	20	¥-1,641.61
7	140	2650	371000	65000	306000	3%	10	¥-2,954.76
8	160	3100	496000	50000	446000	3%	25	¥-2,114.98
9	170	3150	535500	80000	455500	3%	30	¥-1,920.41
10	200	3000	600000	50000	550000	3%	20	¥-3,050.29
11	140	4000	560000	80000	480000	3%	30	¥-2,023.70
12	85	2500	212500	70000	142500	3%	15	¥-984.08

图 4.4.15　居中显示数据

（16）选中“C4:E12”单元格，单击鼠标右键，从弹出的快捷菜单中选择 设置单元格格式(F)... 命令，弹出 单元格格式 对话框，打开 数字 选项卡，如图 4.4.16 所示。

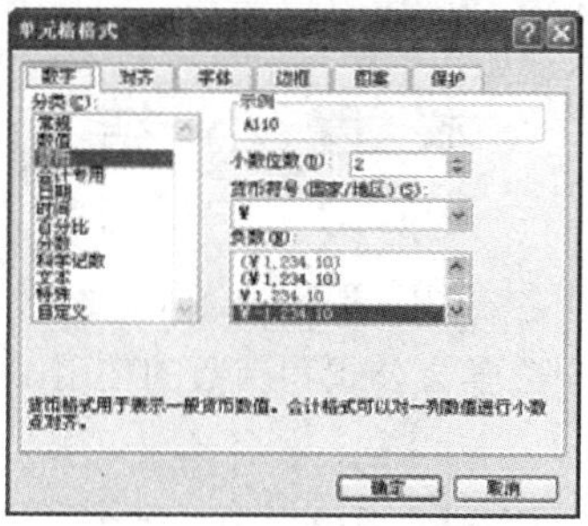

图 4.4.16　“数字”选项卡

（17）在该选项卡中的“分类”列表框中选择“货币”选项；在“小数位数”微调框中输入“2”；在“货币符号”下拉列表中选择人民币符号，单击 确定 按钮，效果如图 4.4.17 所示。

（18）选中“A3:H12”单元格，单击鼠标右键，从弹出的快捷菜单中选择 设置单元格格式(F)...

命令，弹出“单元格格式”对话框，打开“边框”选项卡。在该选项卡中设置表格的边框，单击“确定”按钮，效果如图 4.4.18 所示。

住房贷款表							
面积	价格	总价	首付	贷款	利率	年限	月供
120	2200	￥264,000.00	￥70,000.00	￥194,000.00	3%	10	￥-1,873.28
150	2600	￥390,000.00	￥60,000.00	￥330,000.00	3%	15	￥-2,278.92
130	2700	￥351,000.00	￥55,000.00	￥296,000.00	3%	20	￥-1,641.61
140	2650	￥371,000.00	￥65,000.00	￥306,000.00	3%	10	￥-2,954.76
160	3100	￥496,000.00	￥50,000.00	￥446,000.00	3%	25	￥-2,114.98
170	3150	￥535,500.00	￥80,000.00	￥455,500.00	3%	30	￥-1,920.41
200	3000	￥600,000.00	￥50,000.00	￥550,000.00	3%	20	￥-3,050.29
140	4000	￥560,000.00	￥80,000.00	￥480,000.00	3%	30	￥-2,023.70
85	2500	￥212,500.00	￥70,000.00	￥142,500.00	3%	15	￥-984.08

图 4.4.17 格式化数字

住房贷款表							
面积	价格	总价	首付	贷款	利率	年限	月供
120	2200	￥264,000.00	￥70,000.00	￥194,000.00	3%	10	￥-1,873.28
150	2600	￥390,000.00	￥60,000.00	￥330,000.00	3%	15	￥-2,278.92
130	2700	￥351,000.00	￥55,000.00	￥296,000.00	3%	20	￥-1,641.61
140	2650	￥371,000.00	￥65,000.00	￥306,000.00	3%	10	￥-2,954.76
160	3100	￥496,000.00	￥50,000.00	￥446,000.00	3%	25	￥-2,114.98
170	3150	￥535,500.00	￥80,000.00	￥455,500.00	3%	30	￥-1,920.41
200	3000	￥600,000.00	￥50,000.00	￥550,000.00	3%	20	￥-3,050.29
140	4000	￥560,000.00	￥80,000.00	￥480,000.00	3%	30	￥-2,023.70
85	2500	￥212,500.00	￥70,000.00	￥142,500.00	3%	15	￥-984.08

图 4.4.18 设置表格边框

（19）选择“格式(O)”→“工作表(H)”→“背景(B)...”命令，弹出“工作表背景”对话框，如图 4.4.19 所示。

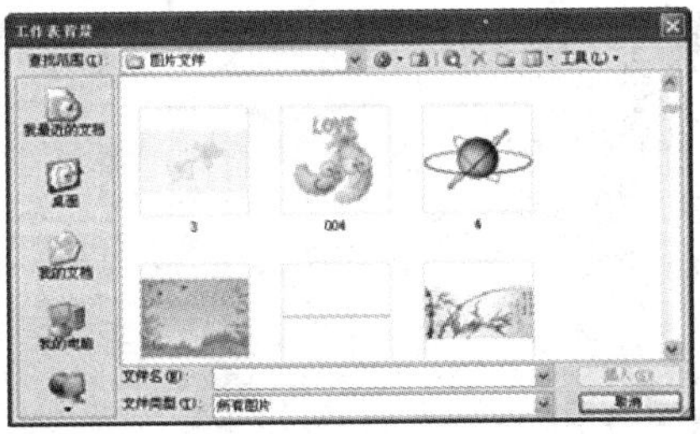

图 4.4.19 “工作表背景”对话框

（20）在该对话框中选择需要的图片作为工作表的背景，单击“插入(S)”按钮，最终效果如图 4.4.1 所示。

本 章 小 结

本章主要讲解公式和函数的使用，其中主要包括公式的概念、公式的基本操作、单元格引用以及函数的使用。通过本章的学习，用户应学会公式和函数的使用。

实 训 练 习

一、填空题

1．公式就是对工作表中的数值进行计算的等式，对公式的计算，可以直接输入数值，也可以

__________________。

2．Excel 中公式的最前面是“=”，后面是____________________。

3．在 Excel 2003 中，运算符包含__________运算符、__________运算符、__________运算符及__________运算符 4 种类型。

4．在单元格中进行计算时，如果不能正确显示计算结果，Microsoft Excel 将显示一个错误值，其中错误值“#NUM!”表示______________________。

5．公式按照特定的顺序进行计算，如果要改变公式的计算顺序可以用________符号来完成。

6．相对引用是指公式所在单元格的位置改变，引用也随之________（改变/不改变）；而绝对引用是指公式所在单元格的位置改变，引用将随之__________（改变/不改变）。

7．引用单元格“$A3,B$2”表示__________引用。

二、简答题

1．如何在公式中引用其他工作簿中工作表的单元格？

2．在 Excel 2003 中有哪些常用的数学符号？它们各自的作用是什么？

3．在单元格中有哪些输入公式的方法？

4．什么是“绝对引用”和“相对引用”，如何表示它们？

5．在复制和移动公式时，绝对引用和相对引用有什么区别？

6．什么是函数？利用函数可以完成哪些工作？

三、上机操作题

1．创建两个工作簿，工作簿的名字分别为“工作簿 1”和“工作簿 2”，要求建立数据源链接。即“工作簿 1”的“Sheet1”工作表的 A1～A10 单元格的数据取自于“工作簿 2”的“Sheet1”工作表中的 B1～B10 单元格中的数据。

2．创建“工作簿 3.xls”，并在其中制作“化学历次考试成绩表”，如题图 4.1 所示，然后分别计算两个合计。

化学历次考试成绩

姓　名	第一次考试	第二次考试	第三次考试	第四次考试	第五次考试	合　计
郭 亮	78	64	90	80	84	
李 志	98	87	78	88	79	
赵 敏	68	74	68	66	67	
李 蕾	66	61	69	74	85	
合　计						

题图 4.1　化学历次考试成绩表

第5章 数 据 处 理

Excel 2003 在数据的排序、筛选和汇总等方面有着非常强大的功能。它不仅可以通过记录单来管理数据，还可以对数据清单进行排序、筛选和汇总，以及对来源不同的数据进行合并计算。

知识要点

- 数据清单与记录单
- 数据排序
- 筛选数据
- 分类汇总和合并数据
- 获取外部数据

5.1 数据清单与记录单

在 Excel 2003 中，可以通过创建一个数据清单来管理数据，如管理电话号码清单、客户清单、工资清单及业务清单等。数据清单具有一系列命令，可以对 Excel 2003 表格中的数据进行管理，具有普通数据库常有的功能。

5.1.1 数据清单

在 Excel 2003 中，数据清单是指包含一组相关数据的一系列工作表数据行。在 Excel 2003 中，对数据清单进行管理时，一般都把数据清单看成是一个数据库。数据清单的行相当于数据库中的记录，行标题相当于记录名；数据清单的列相当于数据库的字段，列标题相当于数据库中的字段名。

Excel 2003 给用户提供一系列功能，能够方便管理和分析数据清单中的数据。用户在向数据清单中输入数据时应该遵循以下准则。

（1）每张工作表使用一个数据清单。避免在一张工作表中建立多个数据清单，某些数据清单的管理功能，不能对一个工作表中的多个数据清单进行。

（2）使清单独立。在工作表的数据清单与其他数据之间至少要留一个空行和空列，这样在执行排序、筛选或汇总操作时，有利于 Excel 2003 检测和选定数据清单。

（3）将相似项置于同一列。在设计数据清单时，应使同一列中各行具有相似的数据项。

（4）将关键数据置于清单的顶部或底部。避免将关键数据放到数据清单的左右两侧。如果放到数据清单的两侧，筛选数据清单时可能会隐藏这些数据。

（5）显示行和列。更改数据清单之前，应确保隐藏的行和列已经全部显示出来。如果清单中的行和列未被显示，那么数据有可能会被删除。

（6）扩展清单格式和公式。在数据清单末尾添加新的数据行时，Excel 将扩展一致的格式和公式。

（7）避免空行和空列。避免在数据清单中设置空行和空列，以便 Excel 检测和选定数据清单。

Excel 2003 提供记录单辅助用户向数据清单中输入数据。用户利用记录单可以在数据清单中一次输入或者显示完整的信息行。

创建数据清单的具体操作步骤如下：

（1）选中要设置字段名的单元格（创建字段名）。

（2）选择 格式(O) → 单元格(E)... Ctrl+1 命令，弹出 单元格格式 对话框。

（3）单击 数字 标签，打开 数字 选项卡，在“分类”列表框中选择“文本”选项，将该单元格设置为文本格式，如图 5.1.1 所示。

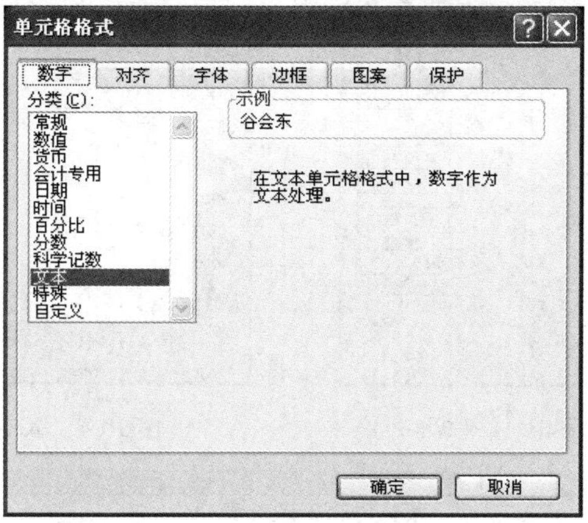

图 5.1.1 “数字”选项卡

（4）根据需要也可以设置文本字体和大小等属性。

（5）单击 确定 按钮。

（6）在标题行单元格中依次输入字段名，在标题行下面的表格区域输入数据，这样就完成数据清单的建立，如图 5.1.2 所示。

某公司职工工资表

姓名	部门	基本工资	职务工资	地区补贴	奖金	应发工资	缺勤情况	缺勤扣款	实发工资
张华丽	公关	500	400	50	350	1300	9	450	850
王利科	会计	550	500	100	300	1450	6	300	1150
张亚兰	销售	400	600	100	400	1500	5	250	1250
石小雨	会计	550	500	50	450	1550	4	200	1350
李方华	研发	800	300	80	420	1600	3	150	1450
贾晓丽	研发	800	420	80	300	1600	3	150	1450
李玉莲	销售	400	740	60	500	1700	1	50	1650
朱灵娟	会计	500	550	100	550	1700	1	50	1650
王胜利	销售	400	850	100	400	1750	0	0	1750
席 娟	公关	500	700	100	450	1750	0	0	1750
朱晓红	公关	500	650	120	480	1750	0	0	1750
李 涛	研发	800	400	50	500	1750	0	0	1750

图 5.1.2 数据清单示例

5.1.2 记录单

对数据记录的管理主要包含数据的添加、修改、查找和删除等。对于数据记录比较少的表格，直接在表格中修改、添加或删除记录即可；对于数据量大的表格，就要采用数据清单中的记录单工具来管理数据了。

利用数据清单来添加、查找和删除记录的具体操作步骤如下：

（1）单击数据清单中的任意单元格。

（2）选择 数据(D) → 记录单(O)... 命令，弹出如图 5.1.3 所示的对话框。

（3）单击 新建(W) 按钮，则该对话框中的各字段名对应的文本框变成空白状态，此时在各字段名文本框中输入相应的数据，按“Tab”键在各字段间切换，如图 5.1.4 所示。然后单击 关闭(L) 按钮，即可将该数据记录添加到数据清单中，如图 5.1.5 所示。

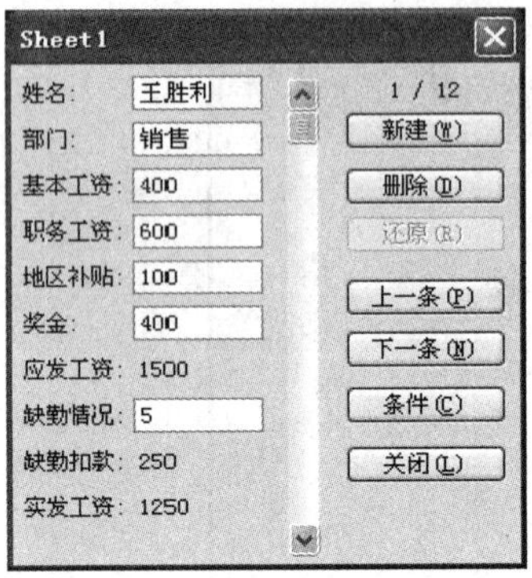

图 5.1.3 Sheet1 对话框

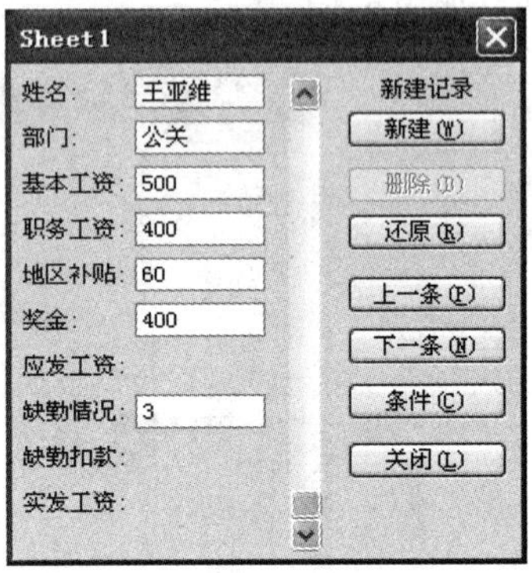

图 5.1.4 输入数据

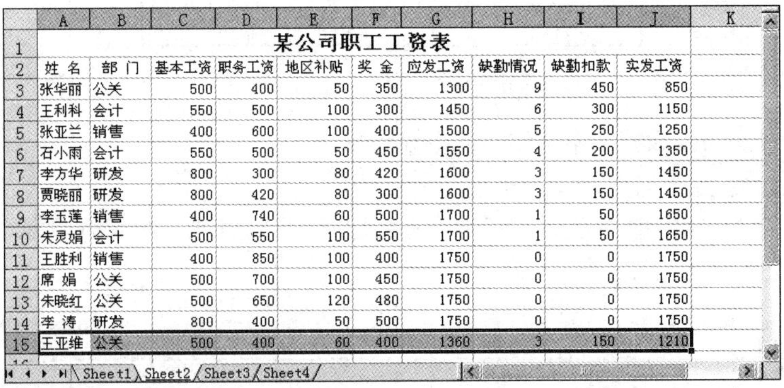

某公司职工工资表

姓 名	部 门	基本工资	职务工资	地区补贴	奖 金	应发工资	缺勤情况	缺勤扣款	实发工资
张华丽	公关	500	400	50	350	1300	9	450	850
王利科	会计	550	500	100	300	1450	6	300	1150
张亚兰	销售	400	600	100	400	1500	5	250	1250
石小雨	会计	550	500	50	450	1550	4	200	1350
李方华	研发	800	300	80	420	1600	3	150	1450
贾晓丽	研发	800	420	80	300	1600	3	150	1450
李玉莲	销售	400	740	60	500	1700	1	50	1650
朱灵娟	会计	500	550	100	550	1700	1	50	1650
王胜利	销售	400	850	100	400	1750	0	0	1750
席 娟	公关	500	700	100	450	1750	0	0	1750
朱晓红	公关	500	650	120	480	1750	0	0	1750
李 涛	研发	800	400	50	500	1750	0	0	1750
王亚维	公关	500	400	60	400	1360	3	150	1210

图 5.1.5 新添加的一行数据

（4）单击 还原(R) 按钮，撤消新建记录，重新输入记录。

（5）单击 上一条(P) 按钮或 下一条(N) 按钮，查看与当前记录相邻的记录。

（6）单击 条件(C) 按钮，按条件查找。

（7）在对话框中修改该记录各字段中的数据即可修改记录。

（8）单击 删除(D) 按钮即可删除当前记录。

提示：使用“记录单”命令，可以在数据清单中对数据记录进行修改、查找和删除操作。但在记录单中所做的删除操作不能撤消；其次，在对数据记录进行查找时，单击对话框中滚动条上的空白区域，可以每次跳过 10 个记录进行查找。

5.2 数 据 排 序

数据排序是按照一定的规则对数据进行整理和重新排列，从而为数据的进一步处理做好准备。

Excel 2003 为用户提供多种数据清单的排序方法，可以按照升序或降序排列，用户也可以根据自己的需要自定义排序方法。

如果用户按照单列的内容进行排序，可以直接单击“常用”工具栏上的“升序排序”按钮和“降序排序”按钮；如果要对多列内容进行排序就必须使用“排序”命令和对话框。

5.2.1　简单排序

利用“常用”工具栏上的排序按钮，对单个字段进行简单的排序，具体操作步骤如下：

（1）选择要排序的单元格区域或选中参加排序的行或列中的任意一个单元格。

（2）单击“常用”工具栏上的或按钮，按“印数”升序进行排序，如图 5.2.1 所示。

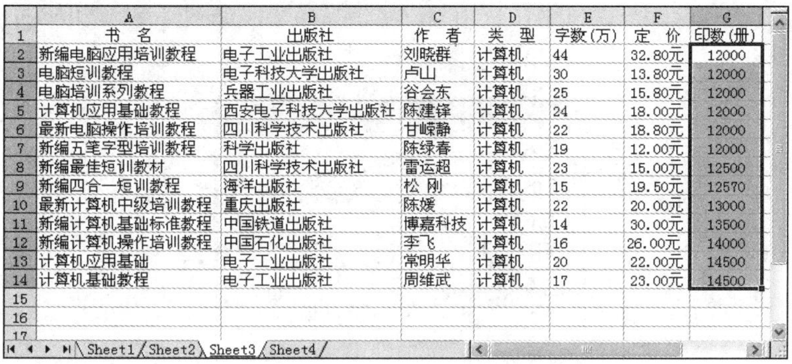

	A	B	C	D	E	F	G
1	书　名	出版社	作　者	类　型	字数(万)	定　价	印数(册)
2	新编电脑应用培训教程	电子工业出版社	刘晓群	计算机	44	32.80元	12000
3	电脑短训教程	电子科技大学出版社	卢山	计算机	30	13.80元	12000
4	电脑培训系列教程	兵器工业出版社	谷会东	计算机	25	15.80元	12000
5	计算机应用基础教程	西安电子科技大学出版社	陈建锋	计算机	24	18.00元	12000
6	最新电脑操作培训教程	四川科学技术出版社	甘嵘静	计算机	22	18.80元	12000
7	新编五笔字型培训教程	科学出版社	陈绿春	计算机	19	12.00元	12000
8	新编最佳短训教材	四川科学技术出版社	雷运超	计算机	23	15.00元	12500
9	新编四合一短训教程	海洋出版社	松 刚	计算机	15	19.50元	12570
10	最新计算机中级培训教程	重庆出版社	陈媛	计算机	22	20.00元	13000
11	新编计算机基础标准教程	中国铁道出版社	博嘉科技	计算机	14	30.00元	13500
12	新编计算机操作培训教程	中国石化出版社	李飞	计算机	16	26.00元	14000
13	计算机应用基础	电子工业出版社	常明华	计算机	20	22.00元	14500
14	计算机基础教程	电子工业出版社	周维武	计算机	17	23.00元	14500
15							
16							
17							

图 5.2.1　按印数升序排序的结果

提示：如果在排序之前只选定数值区域，没有选中和数值有关的数据，则执行排序操作后，弹出排序警告对话框，如图 5.2.2 所示。选中扩展选定区域(E)单选按钮，与数值有关的区域同时进行排序；选择以当前选定区域排序(C)单选按钮，与数值有关的区域不同时进行排序，然后单击排序(S)按钮即可。

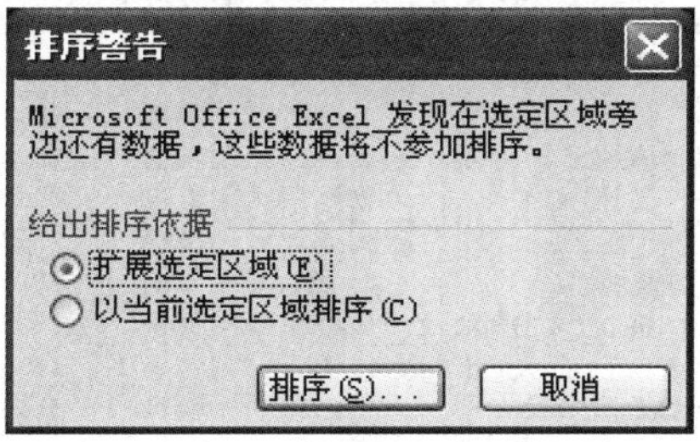

图 5.2.2　“排序警告”对话框

5.2.2　复杂排序

在对工作表中的数据进行单列排序时，如果这一列的某些数据完全相同，则这些行的内容按原来的顺序排列，这将给数据排序带来一定的麻烦。而选择多列排序可以解决这个问题，并且在实际应用中也经常遇到按多行的结果进行排序的情况。如在图书记录单中查看图书的出版情况时，可以按图书印刷册数的由多至少进行查看，同时还可以按图书的字数由多至少进行查看。

利用“排序”命令以及对话框进行复杂排序的具体操作步骤如下：

（1）单击数据清单中的任意一个单元格。

（2）选择 数据(D) → 排序(S)... 命令，弹出 排序 对话框。

（3）在“主要关键字”下拉列表中选择第一关键字字段，如选择“印数（册）”，选中 降序(D) 单选按钮，将数据记录按照印数由多到少排列。

（4）在“次要关键字”下拉列表中选择第二关键字字段，如选择“字数（万）”，选中 降序(D) 单选按钮，将印数相同的数据记录按照字数由多到少排列。

（5）在“第三关键字”下拉列表中选择第三关键字字段，如选择“书名”，选中 升序(I) 单选按钮，将前两个关键字相同的数据记录按照书名的汉语拼音排序。

（6）在“我的数据区域”选区中，选中 有标题行(R) 单选按钮，设置相应的排序参数，如图 5.2.3 所示。

图 5.2.3 “排序“对话框

（7）单击 确定 按钮即可对 3 个字段同时进行排序，效果如图 5.2.4 所示。

	A	B	C	D	E	F	G
1	书 名	出版社	作 者	类 型	定 价	字数（万）	印数（册）
2	新编电脑应用培训教程	电子工业出版社	刘晓群	计算机	32.80元	44	145000
3	新编计算机基础标准教程	中国铁道出版社	博 嘉	计算机	30.00元	30	145000
4	新编计算机操作培训教程	中国石化出版社	王永利	计算机	26.00元	25	145000
5	最新电脑操作培训教程	四川科学技术出版社	甘嵘静	计算机	18.80元	22	145000
6	新编四合一短训教程	海洋出版社	松 刚	计算机	19.50元	19	145000
7	计算机应用基础	电子工业出版社	常明华	计算机	22.00元	24	135000
8	计算机基础教程	电子工业出版社	周维武	计算机	23.00元	22	135000
9	最新计算机中级培训教程	重庆出版社	陈 媛	计算机	20.00元	23	120000
10	新编最佳短训教材	四川科学技术出版社	雷运超	计算机	15.00元	20	120000
11	计算机应用基础教程	西安电子科技大学出版社	陈建锋	计算机	18.00元	17	120000
12	电脑培训系列教程	兵器工业出版社	谷会东	计算机	15.80元	16	120000
13	电脑短训教程	电子科技大学出版社	卢 山	计算机	13.80元	15	120000
14	新编五笔字型培训教程	科学出版社	陈绿春	计算机	12.00元	14	120000

图 5.2.4 多字段排序结果

提示： Excel 2003 一次只能对 3 个字段进行排序，如果要对多个关键字进行排序，可以多次使用排序操作。执行排序操作的顺序是先对主要关键字进行排序，主要关键字相同的按照次要关键字进行排序，前两个关键字都相同的按照第三关键字进行排序。

注意：对数据清单排序是以记录为单位，即排序前后处于同一行的数据记录不会改变，只改变行的顺序。

5.2.3　自定义排序

如果用户对数据清单的排序有特殊的要求，就可以采用自定义排序，它是一种不按照字母和数字顺序排列的排序方法。用户可以根据自己的需要创建新的自定义排序次序，将其应用到数据清单中。

1．创建自定义排序次序

创建自定义排序次序的具体操作步骤如下：

（1）打开一个数据清单，单击其任意单元格，如图 5.2.5 所示。

	A	B	C	D	E	F	G
1	书　名	出版社	作　者	类　型	字数(万)	定　价	印数(册)
2	计算机应用基础	电子工业出版社	常明华	计算机	20	22.00元	14500
3	计算机基础教程	电子工业出版社	周维武	计算机	17	23.00元	14500
4	新编计算机操作培训教程	中国石化出版社	李飞	计算机	16	26.00元	14000
5	新编计算机基础标准教程	中国铁道出版社	博嘉科技	计算机	14	30.00元	13500
6	最新计算机中级培训教程	重庆出版社	陈媛	计算机	22	20.00元	13000
7	新编四合一短训教程	海洋出版社	松 刚	计算机	15	19.50元	12570
8	新编最佳短训教材	四川科学技术出版社	雷运超	计算机	23	15.00元	12500
9	新编电脑应用培训教程	电子工业出版社	刘晓群	计算机	44	32.80元	12000
10	电脑短训教程	电子科技大学出版社	卢山	计算机	30	13.80元	12000
11	电脑培训系列教程	兵器工业出版社	谷会东	计算机	25	15.80元	12000
12	计算机应用基础教程	西安电子科技大学出版社	陈建锋	计算机	24	18.00元	12000
13	最新电脑操作培训教程	四川科学技术出版社	甘峡静	计算机	22	18.80元	12000
14	新编五笔字型培训教程	科学出版社	陈绿春	计算机	19	12.00元	12000
15							

Sheet1 / Sheet2 / Sheet3 / Sheet4

图 5.2.5　选中排序次序单元格区域

（2）选择 工具(T) → 选项(O)... 命令，弹出 选项 对话框。

（3）单击 自定义序列 标签，打开 自定义序列 选项卡，如图 5.2.6 所示。

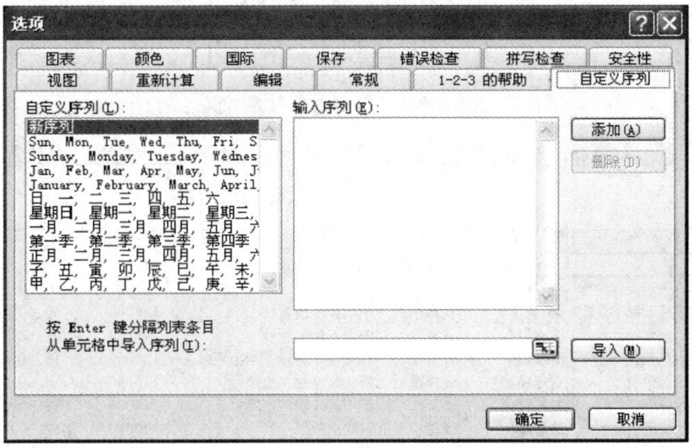

图 5.2.6　“自定义序列”选项卡

（4）在“自定义序列”列表框中选择 新序列 选项，在“输入序列”列表框中输入新序列，如图 5.2.7 所示。

（5）输入完成后单击 添加(A) 按钮，然后再单击 确定 按钮添加自定义序列。

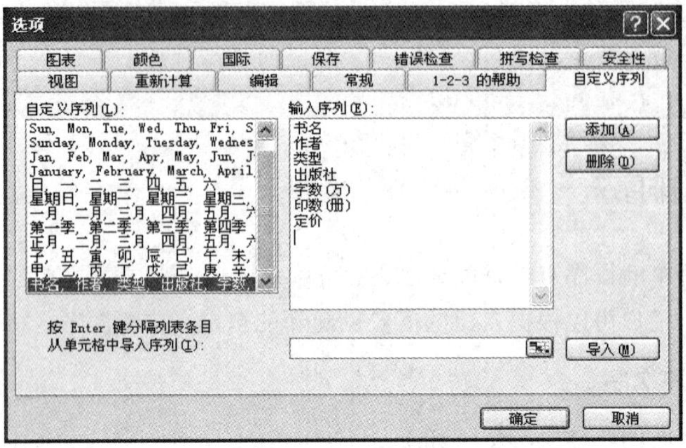

图 5.2.7 创建自定义排序次序

2. 使用自定义排序

使用自定义排序，具体操作步骤如下：

（1）单击需要进行排序的数据清单中的任一单元格（见图 5.2.5）。

（2）选择 数据(D) → 排序(S)... 命令，弹出 排序 对话框。

（3）在该对话框中单击 选项(O)... 按钮，弹出 排序选项 对话框，在“自定义排序次序”下拉列表中选择所需自定义的顺序；在“方向”选项组中选中 按行排序(L) 单选按钮，如图 5.2.8 所示。

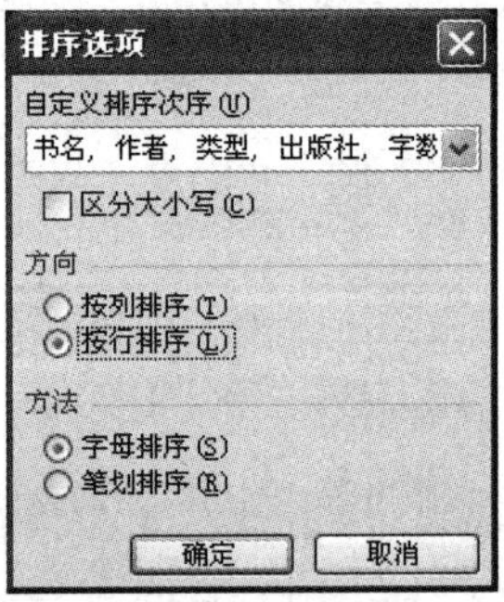

图 5.2.8 “排序选项”对话框

（4）单击 确定 按钮，返回到 排序 对话框中，再单击 确定 按钮，自定义排序后的结果如图 5.2.9 所示。

	A	B	C	D	E	F	G
1	书名	作者	类型	出版社	印数（册）	定价	字数（万）
2	最新计算机中级培训教程	陈 媛	计算机	重庆出版社	120000	20.00元	23
3	新编计算机基础标准教程	博 嘉	计算机	中国铁道出版社	145000	30.00元	30
4	新编计算机操作培训教程	王永利	计算机	中国石化出版社	145000	26.00元	25
5	计算机应用基础教程	陈建锋	计算机	西安电子科技大学出版社	120000	18.00元	17
6	新编最佳短训教材	雷运超	计算机	四川科学技术出版社	120000	15.00元	20
7	最新电脑操作培训教程	甘嵘静	计算机	四川科学技术出版社	145000	18.80元	22
8	新编五笔字型培训教程	陈绿春	计算机	科学出版社	120000	12.00元	14
9	新编四合一短训教程	松 刚	计算机	海洋出版社	145000	19.50元	19
10	电脑短训教程	卢 山	计算机	电子科技大学出版社	120000	13.80元	15
11	计算机基础教程	周维武	计算机	电子工业出版社	135000	23.00元	22
12	新编电脑应用培训教程	刘晓群	计算机	电子工业出版社	145000	32.80元	44
13	计算机应用基础	常明华	计算机	电子工业出版社	135000	22.00元	24
14	电脑培训系列教程	谷会东	计算机	兵器工业出版社	120000	15.80元	16
15							

图 5.2.9 使用自定义排序结果

5.3 筛 选 数 据

创建数据清单后，就要从中查找和分析具备特定条件的记录，筛选是一种用于查找和处理数据清单区域中的数据子集的快捷方法。使用筛选后的数据清单只显示包含指定条件的数据行，供用户浏览和分析数据。

Excel 2003 提供两种数据筛选的方法：自动筛选和高级筛选。

5.3.1 自动筛选

自动筛选是按照选定的内容进行筛选，适用于简单条件。它为用户提供在大量数据记录的数据清单中快速查找符合条件记录的功能。自动筛选一次只能对工作表中的一个区域应用筛选。如果用户要在其他数据清单中使用筛选，则需要删除本次筛选，然后才可以在其他数据清单中重新进行筛选。

使用自动筛选功能对数据清单进行筛选操作的具体操作步骤如下：

（1）单击需要进行筛选的数据清单中的任意一个单元格。

（2）选择 数据(D) → 筛选(F) → 自动筛选(F) 命令，数据清单的列标题右侧出现下拉按钮，单击“总分”下拉按钮，如图 5.3.1 所示。

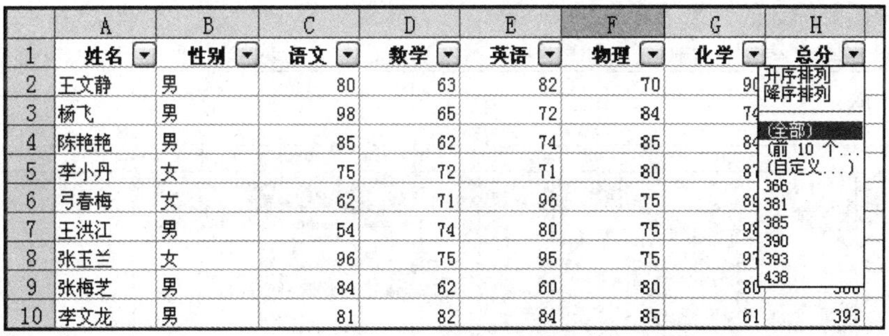

	A	B	C	D	E	F	G	H
1	姓名	性别	语文	数学	英语	物理	化学	总分
2	王文静	男	80	63	82	70	90	
3	杨飞	男	98	65	72	84	74	
4	陈艳艳	男	85	62	74	85	84	
5	李小丹	女	75	72	71	80	87	
6	弓春梅	女	62	71	96	75	89	
7	王洪江	男	54	74	80	75	98	
8	张玉兰	女	96	75	95	75	97	
9	张梅芝	男	84	62	60	80	80	
10	李文龙	男	81	82	84	85	61	393

图 5.3.1　使用自动筛选功能

（3）在“总分”下拉列表中，选择“自定义”选项，弹出 自定义自动筛选方式 对话框。

（4）在该对话框中进行设置，筛选出满足一定条件的数据。如在“总分”下拉列表框中选择“大于或等于”选项，在右侧的文本框中输入“390”，如图 5.3.2 所示。

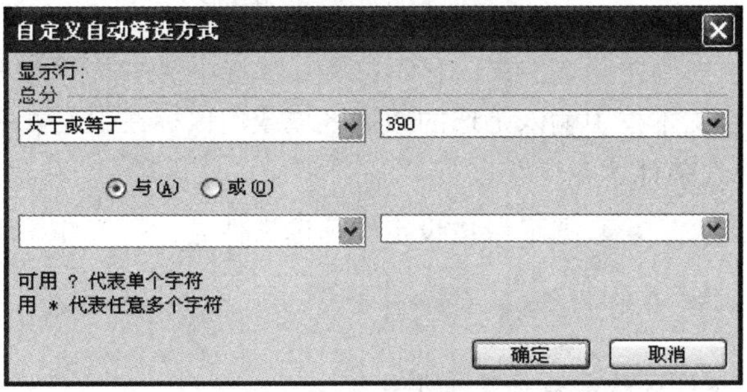

图 5.3.2　“自定义自动筛选方式”对话框

（5）单击 确定 按钮，筛选后的数据清单如图 5.3.3 所示。

	A	B	C	D	E	F	G	H
1	姓名	性别	语文	数学	英语	物理	化学	总分
3	杨飞	男	98	65	72	84	74	393
4	陈艳艳	男	85	62	74	85	84	390
6	弓春梅	女	62	71	96	75	89	393
8	张玉兰	女	96	75	95	75	97	438
10	李文龙	男	81	82	84	85	61	393

图 5.3.3　自动筛选后的数据清单

提示： 再一次选择 数据(D) → 筛选(F) → 自动筛选(F) 命令，将退出筛选状态，恢复显示所有的数据记录。

5.3.2　高级筛选

如果数据清单中的字段比较多，筛选条件也比较多，此时需要使用高级筛选功能来处理。在使用高级筛选功能之前，必须先建立一个条件区域，指定筛选的数据所满足的条件。

使用高级筛选具体操作步骤如下：

（1）在数据清单所在的工作表中选定条件区域，输入筛选条件。

（2）单击需要筛选的数据清单中的单元格。

（3）选择 数据(D) → 筛选(F) → 高级筛选(A)... 命令，弹出 高级筛选 对话框，如图 5.3.4 所示。

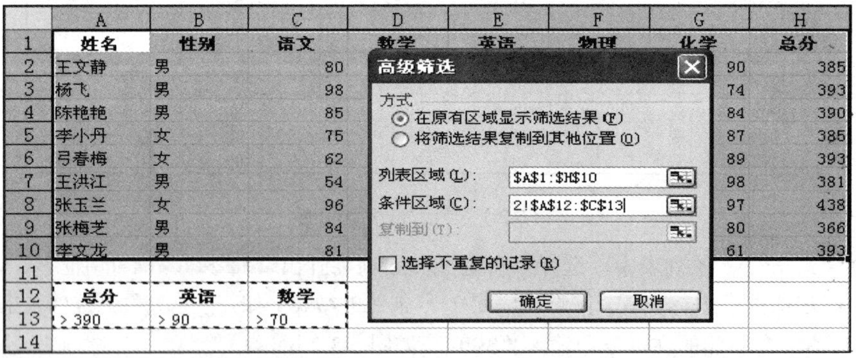

图 5.3.4　“高级筛选”对话框

（4）在“方式”选区中确定筛选结果的显示位置。如选中 在原有区域显示筛选结果(F) 单选按钮。

（5）在“列表区域”文本框中输入筛选的数据区域或用鼠标在工作表中选定数据区域；在“条件区域”文本框中输入筛选条件单元格区域。

（6）单击 确定 按钮，数据记录按设定的筛选条件进行筛选并显示在工作表中，结果如图 5.3.5 所示。

注意：（1）条件区域和数据清单不能连接，必须用一空白行将其隔开。

（2）取消筛选显示效果，选择 数据(D) → 筛选(F) → 全部显示(S) 命令即可，还原到原始的数据清单。

	A	B	C	D	E	F	G	H
1	姓名	性别	语文	数学	英语	物理	化学	总分
6	弓春梅	女	62	71	96	75	89	393
8	张玉兰	女	96	75	95	75	97	438
11								
12	总分	英语	数学					
13	>380	>90	>70					

图 5.3.5 使用高级筛选后的结果

5.4 分类汇总和合并数据

分类汇总是对数据清单进行数据分析的一种方法。它对数据库中指定的字段进行分类，统计同一类记录的相关信息。用户可以指定统计的内容，也可以统计同一类记录的记录条数，还可以对某些数值段求和，求平均值和求极值等。

合并数据计算可以把来自一个或多个源区域的数据进行汇总，建立合并计算表。源区域与合并计算表可以在同一工作表中或在同一工作簿的不同工作表中，还可以在不同的工作簿中。

5.4.1 分类汇总

Excel 2003 可自动计算列表中的分类汇总和总计值。当插入自动分类汇总时，Excel 将分级显示列表，以便为每个分类汇总显示和隐藏明细数据行。

若要插入分类汇总，则先将列表排序，以便将进行分类汇总的行组合到一起。然后，为包含数字的列进行分类汇总。

1. 插入分类汇总

在插入分类汇总前要确保分类汇总的数据为数据清单的格式：第一行的每一列都有标志，并且同一列中应包含相似的数据，在数据清单中不应有空行或空列。插入分类汇总的具体操作步骤如下：

（1）选定要分类汇总的工作表中的任意单元格，如图 5.4.1 所示。

	A	B	C	D	E	F
1	序号	类别	书名	作者	印册	定价（元）
2	1	哲学	邓小平理论原理	杨红雨	5000	28
3	2	计算机	计算机网络原理及维护	吕林	4020	32.5
4	3	文学	小说技巧	刘军	10100	17
5	4	计算机	C++程序设计精通	刘利	2000	36
6	5	文学	雾都孤儿	狄更斯(英)	5000	19.8
7	6	计算机	新编计算机操作教程	刘红刚	760	16
8	7	英语	英语语法无敌宝典	李慧	6005	18
9	8	文学	跟我学应用写作	秦言	4000	28
10	9	英语	电子商务专业英语	李小月	2500	23.5
11	10	计算机	计算机公共基础	张瑶	1500	22
12	11	英语	计算机专业英语	马勇	4000	24
13	12	英语	英语导游手册	王家卫	4500	31
14	13	哲学	马克思主义哲学	赵家常	4500	16
15						

图 5.4.1 单击分类汇总工作表单元格

（2）排序要分类汇总的列表。选择 数据(D) → 排序(S)... 命令，弹出 排序 对话框，在“主要关键字”下拉列表中选择“类别”选项，并选中其右侧的 ⊙升序(A) 单选按钮；在“次要关键字”下拉列表中选择“定价（元）”选项，并选中其右侧的 ⊙升序(A) 单选按钮；在“我的数据区域”选区中选中⊙有标题行(R)单选按钮，如图 5.4.2 所示。

图 5.4.2 “排序”对话框

（3）单击确定按钮，排序后的列表如图 5.4.3 所示。

	A	B	C	D	E	F	G
1	序号	类 别	书 名	作 者	印 册	定价（元）	
2	6	计算机	新编计算机操作教程	刘红刚	760	16	
3	10	计算机	计算机公共基础	张瑶	1500	22	
4	2	计算机	计算机网络原理及维护	吕林	4020	32.5	
5	4	计算机	C++程序设计精通	刘利	2000	36	
6	3	文学	小说技巧	刘军	10100	17	
7	5	文学	雾都孤儿	狄更斯(英)	5000	19.8	
8	8	文学	跟我学应用写作	秦言	4000	28	
9	7	英语	英语语法无敌宝典	李慧	6005	18	
10	9	英语	电子商务专业英语	李小月	2500	23.5	
11	11	英语	计算机专业英语	马勇	4000	24	
12	12	英语	英语导游手册	王家卫	4500	31	
13	13	哲学	马克思主义哲学	赵家常	4500	16	
14	1	哲学	邓小平理论原理	杨红雨	5000	28	

图 5.4.3 排序后的列表

（4）选择数据(D)→分类汇总(B)...命令，弹出分类汇总对话框，在“分类字段”下拉列表中选择分类汇总的列，如“类别”；在“汇总方式”下拉列表中选择所需的汇总函数，如“求和”；在“选定汇总项”下拉列表中选中要进行分类汇总的复选框，如选中“印册”复选框。设置后的对话框如图 5.4.4 所示。

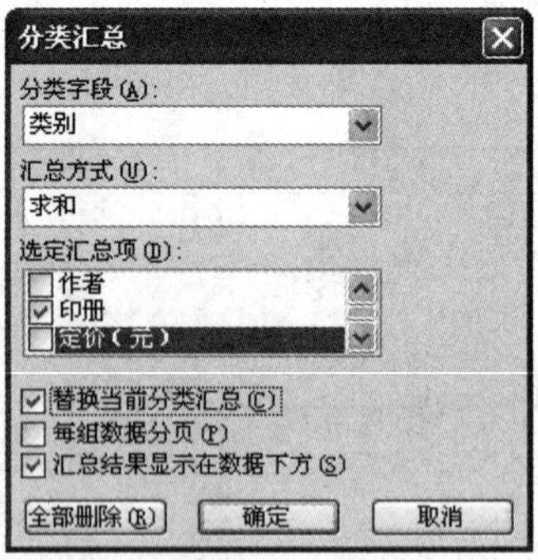

图 5.4.4 设置后的“分类汇总”对话框

提示：如果在每个分类汇总后有一个自动分页符，则选中☑每组数据分页(P)复选框；如果希望分类汇总结果出现在分类汇总行的上方，而不是在行的下方，则取消☐汇总结果显示在数据下方(S)复选框的选中状态。

（5）单击确定按钮，分类汇总后的表格如图 5.4.5 所示。

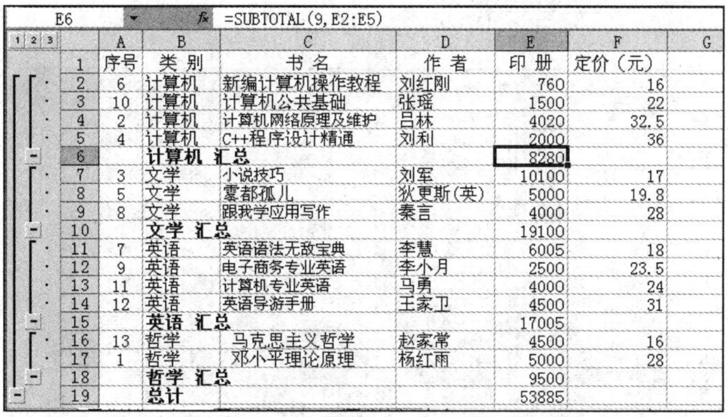

E6　=SUBTOTAL(9,E2:E5)

	A	B	C	D	E	F	G
1	序号	类别	书名	作者	印册	定价（元）	
2	6	计算机	新编计算机操作教程	刘红刚	760	16	
3	10	计算机	计算机公共基础	张瑶	1500	22	
4	2	计算机	计算机网络原理及维护	吕林	4020	32.5	
5	4	计算机	C++程序设计精通	刘利	2000	36	
6		计算机 汇总			8280		
7	3	文学	小说技巧	刘军	10100	17	
8	5	文学	雾都孤儿	狄更斯(英)	5000	19.8	
9	8	文学	跟我学应用写作	秦言	4000	28	
10		文学 汇总			19100		
11	7	英语	英语语法无敌宝典	李慧	6005	18	
12	9	英语	电子商务专业英语	李小月	2500	23.5	
13	11	英语	计算机专业英语	马勇	4000	24	
14	12	英语	英语导游手册	王家卫	4500	31	
15		英语 汇总			17005		
16	13	哲学	马克思主义哲学	赵家常	4500	16	
17	1	哲学	邓小平理论原理	杨红雨	5000	28	
18		哲学 汇总			9500		
19		总计			53885		

图 5.4.5　分类汇总后的表格

为数据清单添加自动分类汇总时，Excel 自动将数据清单分级显示（如工作表左侧的分级显示符号 1 2 3），以便用户根据需要查看其结构。例如，只显示分类汇总和总计的汇总，可单击行数值旁的分级显示符号 1 2 3 中的符号 2，如图 5.4.6 所示。或者单击 + 和 − 符号来显示或隐藏单个分类汇总的明细数据行。

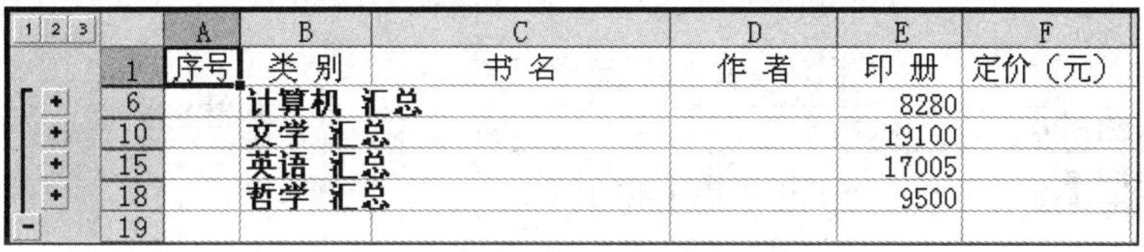

	A	B	C	D	E	F
1	序号	类别	书名	作者	印册	定价（元）
6		计算机 汇总			8280	
10		文学 汇总			19100	
15		英语 汇总			17005	
18		哲学 汇总			9500	
19						

图 5.4.6　显示分类汇总和总计汇总

2. 插入嵌套分类汇总

多次使用“分类汇总”命令添加多个具有不同汇总函数和不同汇总字段的分类汇总，称为嵌套分类汇总。

下面继续通过上一个例子，来介绍一下嵌套分类汇总的用法。

（1）选择 数据(D) → 分类汇总(B)... 命令，弹出 分类汇总 对话框。

（2）在 分类汇总 对话框中，在“分类字段”下拉列表中选择要分类汇总的列，这里选择“类别”选项；在“汇总方式”下拉列表中选择所需的用于计算分类汇总的汇总函数，这里选择“求和”选项；在“选定汇总项”下拉列表中选中进行分类汇总的复选框，这里选中“定价”复选框。

（3）在插入嵌套分类汇总时，为防止覆盖已存在的分类汇总，可取消选中 替换当前分类汇总(C) 复选框，如图 5.4.7 所示。

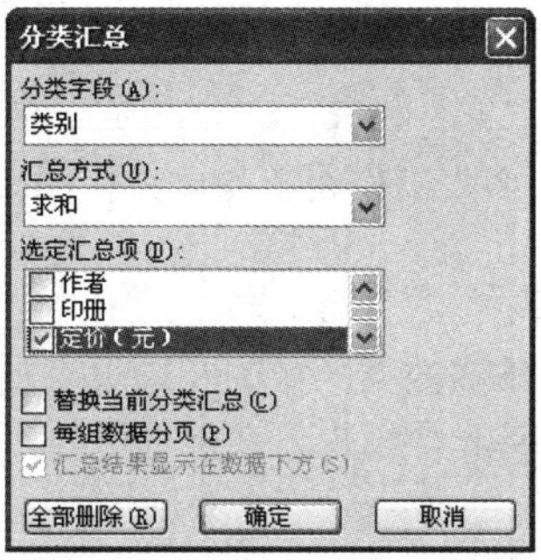

图 5.4.7　设置后的“分类汇总”对话框

（4）设置完成后，单击 确定 按钮，结果如图 5.4.8 所示。

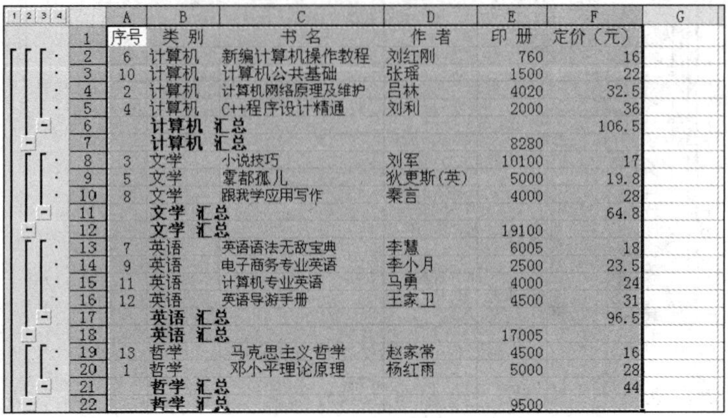

	A	B	C	D	E	F
1	序号	类 别	书 名	作 者	印 册	定价（元）
2	6	计算机	新编计算机操作教程	刘红刚	760	16
3	10	计算机	计算机公共基础	张瑶	1500	22
4	2	计算机	计算机网络原理及维护	吕林	4020	32.5
5	4	计算机	C++程序设计精通	刘利	2000	36
6		计算机 汇总				106.5
7		计算机 汇总			8280	
8	3	文学	小说技巧	刘军	10100	17
9	5	文学	雾都孤儿	狄更斯(英)	5000	19.8
10	8	文学	跟我学应用写作	秦言	4000	28
11		文学 汇总				64.8
12		文学 汇总			19100	
13	7	英语	英语语法无敌宝典	李慧	6005	18
14	9	英语	电子商务专业英语	李小月	2500	23.5
15	11	英语	计算机专业英语	马勇	4000	24
16	12	英语	英语导游手册	王家卫	4500	31
17		英语 汇总				96.5
18		英语 汇总			17005	
19	13	哲学	马克思主义哲学	赵家常	4500	16
20	1	哲学	邓小平理论原理	杨红雨	5000	28
21		哲学 汇总				44
22		哲学 汇总			9500	

图 5.4.8 嵌套分类汇总

3．取消分类汇总

进行分类汇总后，要恢复到汇总之前的状态，具体操作步骤如下：

（1）选定要取消分类汇总数据清单中的任意单元格。

（2）选择 数据(D) → 分类汇总(B)... 命令，弹出 分类汇总 对话框。

（3）在 分类汇总 对话框中，单击 全部删除(R) 按钮即可。

4．分类汇总的计算方法

分类汇总的计算方法分为分类汇总、总计和自动重新计算 3 种情况。

（1）分类汇总：Excel 使用诸如 Sum 或 Average 等汇总函数进行分类汇总计算。在一个列表中可以一次使用多种计算来显示分类汇总。

（2）总计：总计值来自于明细数据，而不是分类汇总行中的数据。例如，使用 Average 汇总函数，总计行将显示列表中所有明细数据行的平均值，而不是分类汇总行中汇总值的平均值。

（3）自动重新计算：在编辑明细数据时，Excel 将自动重新计算相应的分类汇总和总计值。

5.4.2 合并数据

使用合并数据计算可以将其他数据源合并到当前工作表中。例如，用户有多个用于每个地区办事处开支数据的工作表，可使用合并数据计算将这些开支数据合并到一个公司开支工作表中。在合并计算数据前，先组合几个数据区域中的值。

Excel 提供几种方式来合并计算数据。最灵活的方法是创建公式，该公式引用的是将要进行合并的数据区域中的每个单元格。引用了多张工作表上的单元格的公式被称为三维公式。

1．使用三维公式

用户使用三维公式引用时，对单独的数据区域的布局没有限制，用户可将合并计算更改为所需要的方式。当更改源区域中的数据时，合并计算将自动进行更新。使用三维公式进行合并计算的具体操作步骤如下：

（1）打开要进行合并计算的工作表或工作簿。

（2）单击要存放合并计算数据的单元格。

（3）输入合并计算公式，如“=SUM()”。然后单击含有合并计算源数据的工作表标签或工作簿图标，并选择需要合并计算的单元格。如图 5.4.9 所示即为进行合并计算的三维公式。

图 5.4.9 三维公式

2．相同位置数据的合并

如果所有源区域中的数据按同样的顺序和位置排列，则可通过位置进行合并计算。例如，如果源数据来自同一模板创建的一系列工作表，则可通过位置合并计算数据。

在如图 5.4.10 所示的学生月试成绩工作簿中，有“3 月份考试”“4 月份考试”和“总成绩”3 个工作表。其中“总成绩”工作表中成绩是空白的，现在使用合并数据功能计算每个同学两次考试的总成绩。

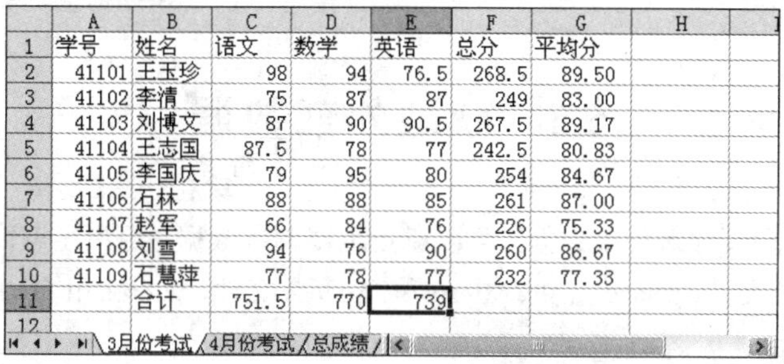

	A	B	C	D	E	F	G	H
1	学号	姓名	语文	数学	英语	总分	平均分	
2	41101	王玉珍	98	94	76.5	268.5	89.50	
3	41102	李清	75	87	87	249	83.00	
4	41103	刘博文	87	90	90.5	267.5	89.17	
5	41104	王志国	87.5	78	77	242.5	80.83	
6	41105	李国庆	79	95	80	254	84.67	
7	41106	石林	88	88	85	261	87.00	
8	41107	赵军	66	84	76	226	75.33	
9	41108	刘雪	94	76	90	260	86.67	
10	41109	石慧萍	77	78	77	232	77.33	
11		合计	751.5	770	739			

图 5.4.10 月考成绩表

具体操作步骤如下：

（1）在主工作表中（“总成绩”工作表）选择 C2～C10 单元格区域作为接受合并数据的目的区域，如图 5.4.11 所示。

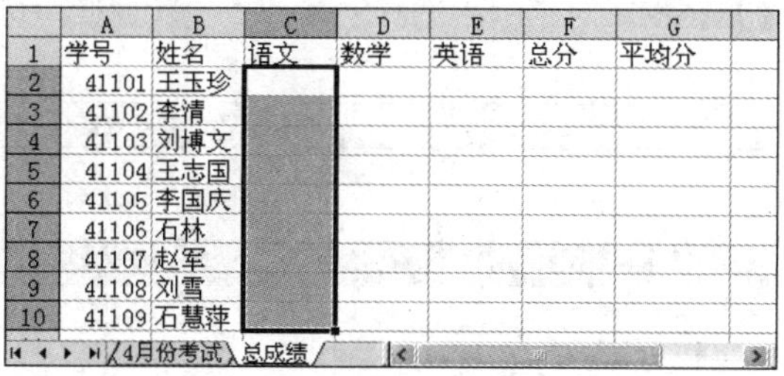

	A	B	C	D	E	F	G
1	学号	姓名	语文	数学	英语	总分	平均分
2	41101	王玉珍					
3	41102	李清					
4	41103	刘博文					
5	41104	王志国					
6	41105	李国庆					
7	41106	石林					
8	41107	赵军					
9	41108	刘雪					
10	41109	石慧萍					

图 5.4.11 选择要存放合并数据的目的单元格区域

（2）选择 数据(D) → 合并计算(N)... 命令，弹出 合并计算 对话框。

（3）在 合并计算 对话框中，在“函数”下拉列表中选择“求和”函数；在“引用位置”文本框中单击“折叠”按钮，然后单击工作簿中的“3 月份考试”工作表标签，选择 C2～C10 单元格区域，再次单击对话框中的“折叠”按钮，单击 添加(A) 按钮，该引用位置即显示在“所有引用位置”列表框中。用同样的方法再添加“4 月份考试”工作表中的相应引用位置。设置完成后，对话框如图 5.4.12 所示。

（4）如果引用位置有误，可以在“所有引用位置”列表框中选择错误的区域，然后单击 删除(D)

按钮。

（5）单击确定按钮，即可在“总成绩”工作表中显示计算结果，如图 5.4.13 所示。

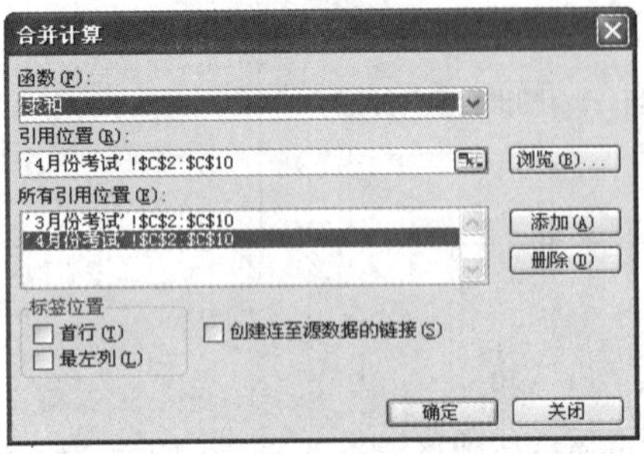

图 5.4.12 “合并计算”对话框

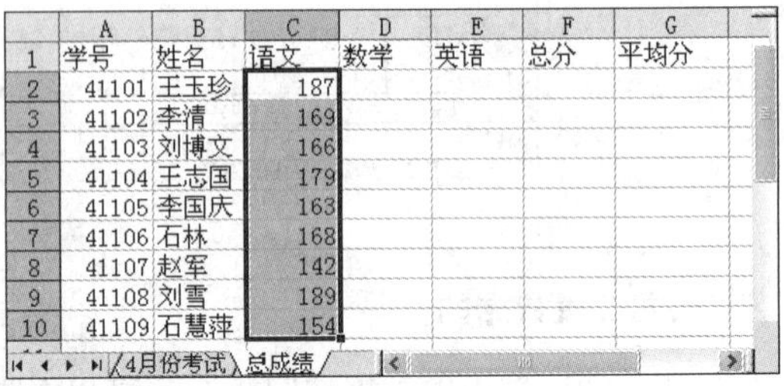

图 5.4.13 合并计算结果

（6）重复操作步骤（2）～（4），计算“数学”和“英语”字段的总成绩。

提示： 如果希望在源数据被修改时，自动更新合并计算数据清单，则可在合并计算对话框中选中☑创建连至源数据的链接(S)复选框。如果生成链接，源区域和目标区域必须在不同工作表中。

5.5 获取外部数据

在 Excel 2003 中，通过导入外部数据，可以避免重复输入数据。用户还可以从多数数据源中导入数据，如文本文件、网页文件、dBase 文件、Microsoft Access 文件、Microsoft FoxPro 文件及 SQL Server 文件等。

获取外部数据可以使用文本导入向导，也可以使用剪贴板。

5.5.1 文本导入向导

在 Excel 中，用户通过在选取数据源对话框中选择选项并查找数据源，可以随时导入数据。具体操作步骤如下：

（1）选择数据(D)→导入外部数据(D)→导入数据(D)...命令，弹出如图 5.5.1 所示的选取数据源对话框。

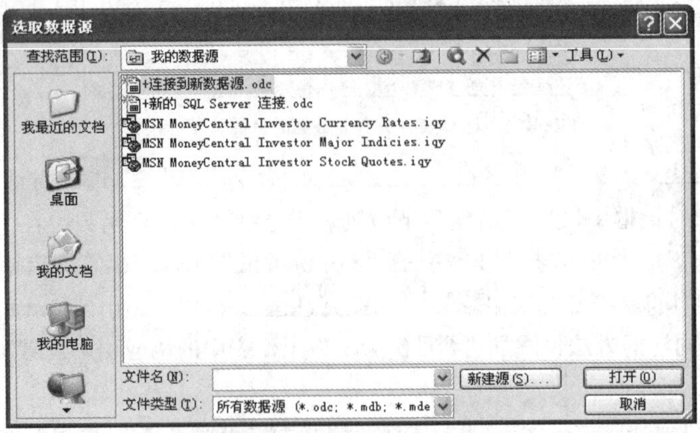

图 5.5.1 “选取数据源”对话框

（2）在选取数据源对话框中选择所需数据，可将大多数数据源中的数据导入 Excel。单击“文件类型”下拉列表右侧的“向下按钮”，然后从弹出的下拉列表中选择需要导入的数据文件类型，如这里选择“文本文件（*.txt;*.prn;*.csv）”选项。

（3）在“查找范围”下拉列表中选择要导入的文本文件所在的驱动器及文件夹。然后从列表框中找到需要的文件并将它选中。

（4）单击打开(O)按钮，弹出如图 5.5.2 所示的文本导入向导 - 3 步骤之 1对话框。在该对话框中根据需要在“请选择最合适的文件类型”选区中选中分隔符号(D)或者固定宽度(W)单选按钮；在“导入起始行”微调框中输入起始行的数字。

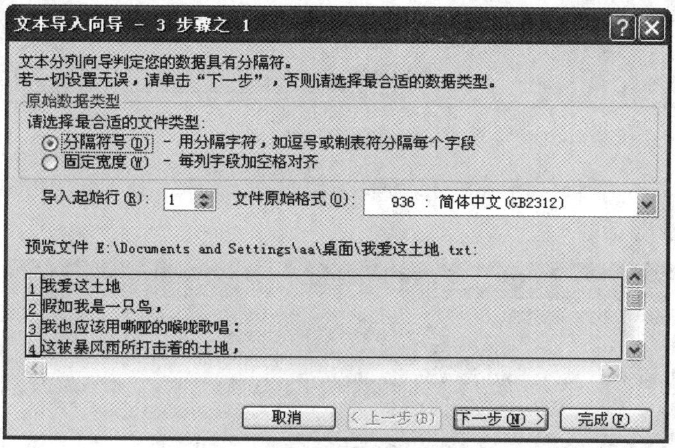

图 5.5.2　“文本导入向导 - 3 步骤之 1”对话框

（5）单击下一步(N) >按钮，弹出文本导入向导 - 3 步骤之 2对话框。如果在文本导入向导 - 3 步骤之 1对话框中选中分隔符号(D)单选按钮，则弹出对话框如图 5.5.3 所示。在对话框中选择分列数据所包含的分隔符号，如选中Tab 键(T)复选框，然后选中连续分隔符号视为单个处理(R)复选框。

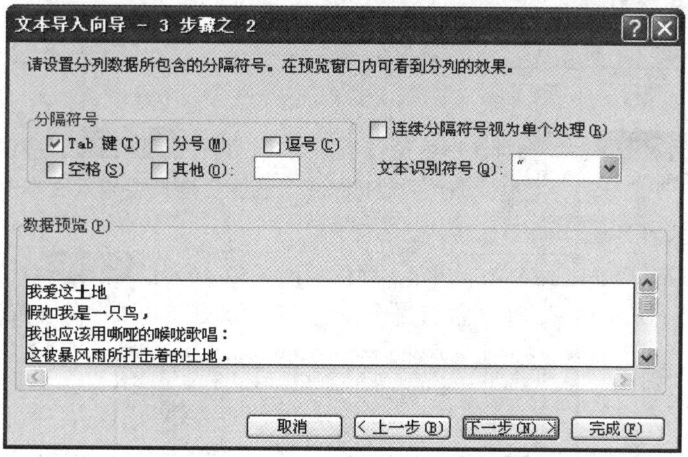

图 5.5.3　选中“分隔符号”单选按钮后的“文本导入向导 - 3 步骤之 2”对话框

如果在文本导入向导 - 3 步骤之 1对话框中选中了固定宽度(W)单选按钮，则弹出对话框如图 5.5.4 所示。在对话框的“数据预览”区域中设置数据分列线，在数据要分列的位置单击鼠标，可出现一个向上箭头，表示数据要在此处分列，如果要取消设置的分列线，可将鼠标指针指向该分列线，然后按住鼠标左键，将其拖出对话框即可。

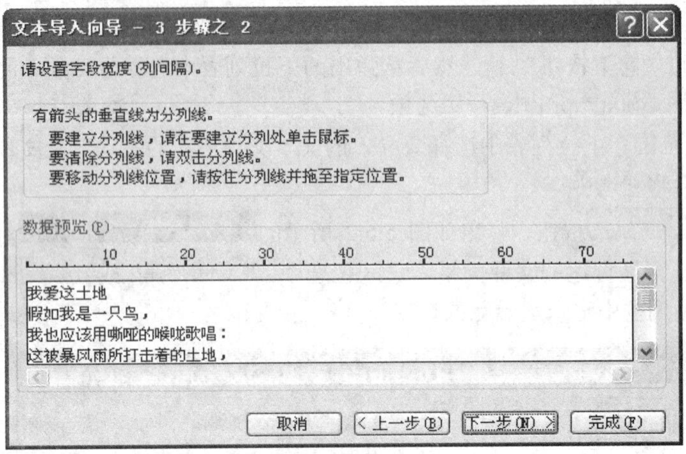

图 5.5.4　选中“固定宽度”单选按钮后的“文本导入向导 - 3 步骤之 2”对话框

（6）在如图 5.5.3 或者 5.5.4 所示的对话框中，单击下一步（N）>按钮，均可弹出如图 5.5.5 所示的文本导入向导 - 3 步骤之 3对话框。

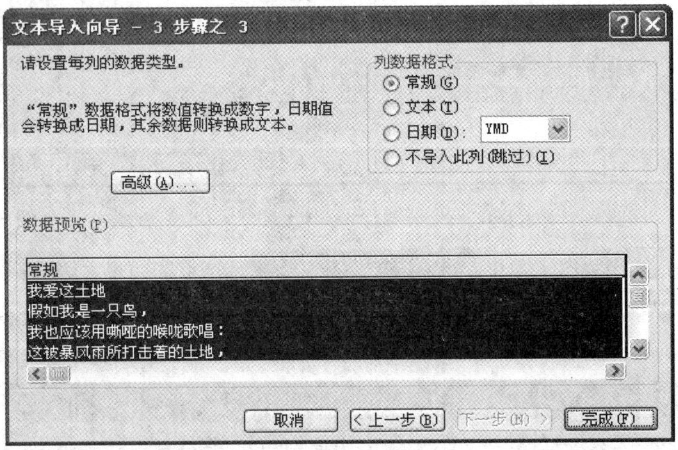

图 5.5.5　“文本导入向导 - 3 步骤之 3”对话框

（7）在文本导入向导 - 3 步骤之 3对话框中设置数据格式。单击高级（A）...按钮指定文本文件中所显示的小数分隔符和千位分隔符类型；在“列数据格式”选区中选择要导入文本的选定列应用的数据格式，如⊙常规（G）或者⊙文本（T）单选按钮。

（8）设置完成后，单击完成（F）按钮，弹出如图 5.5.6 所示的导入数据对话框，在对话框中选择被导入的文本将要存放的位置，如“现有工作表”或者“新建工作表”单选按钮。

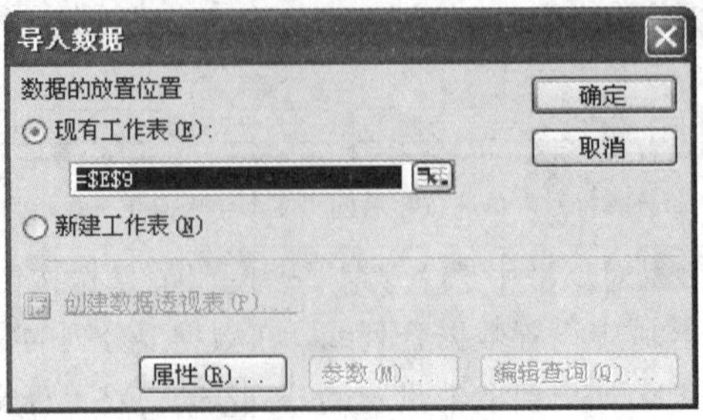

图 5.5.6　“导入数据”对话框

（9）选择完成后，单击 确定 按钮即可完成文本的导入操作，导入后的文本如图 5.5.7 所示。

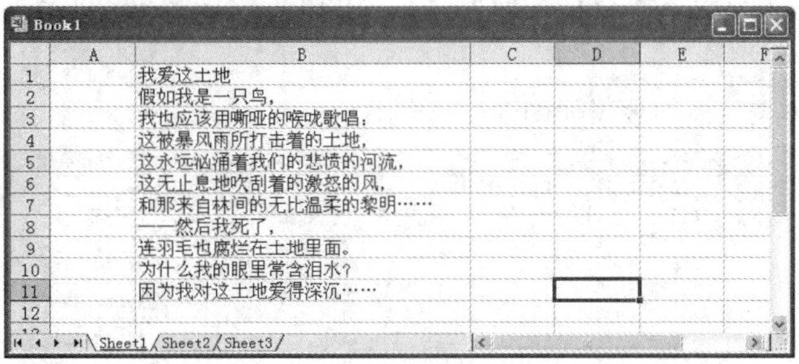

图 5.5.7　导入后的文本文件

5.5.2　使用剪贴板

在 Windows 多个应用程序中，可以通过剪贴板将数据从一个应用程序复制到另一个应用程序中。例如，将 Microsoft Word 文件中的文本复制到 Microsoft Excel 工作表中，具体操作步骤如下：

（1）选择 开始 → 所有程序(P) → Microsoft Office → Microsoft Office Word 2003 命令，启动 Microsoft Word 应用程序，打开含有所需文本的文本文件。

（2）选择需要的数据，然后单击“常用”工具栏中的“复制”按钮，如图 5.5.8 所示。

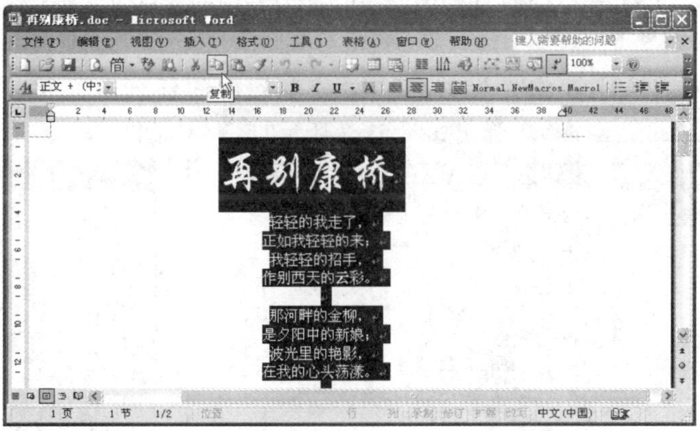

图 5.5.8　选择文本文件中需要的数据

（3）激活要获取文本的 Excel 工作簿，并单击设置文本的起始单元格。

（4）单击 Excel 中“常用”工具栏中的“粘贴”按钮，结果如图 5.5.9 所示。

图 5.5.9　获取数据后的工作表

5.6 应用实例——制作成绩统计表

本例制作成绩统计表，最终效果如图 5.6.1 所示。

	A	B	C	D	E	F	G
1	三年级二班考试成绩统计表						
2	姓名	性别	语文	数学	英语	总分	名次
3	宋新谱	男	94	99	98	291	1
4	李佳乐	女	95	97	96	288	2
5	梁云锋	男	92	99	97	288	3
6	赵刚	男	93	100	88	281	4
7	高楠	女	92	98	88	278	5
8	吴家宝	男	96	92	89	277	6
9	赵玉梅	女	83	91	95	269	7
10	李玉	女	89	90	89	268	8
11	吴晴	女	86	92	87	265	9
12	刘浩然	男	85	96	78	259	10
13	平均分		90.5	95.4	90.5	276.4	

图 5.6.1 效果图

操作步骤

（1）启动 Excel 2003，新建工作簿。

（2）在工作表第一行输入表名“三年级二班考试成绩统计表”。在第二行输入项目名称，并输入各学生的资料，如图 5.6.2 所示。

（3）选定总分列即 F3:F12 区域，单击“常用”工具栏中的“自动求和”按钮Σ，即可在所选单元格区域显示出总分。

（4）排列总分的顺序，将光标移到“总分”列内的任一单元格中，选择 数据(D) → 排序(S)... 命令，弹出如图 5.6.3 所示的排序对话框。

	A	B	C	D	E	F	G
1	三年级二班考试成绩统计表						
2	姓名	性别	语文	数学	英语	总分	名次
3	宋新谱	男	94	99	98		
4	高楠	女	92	98	88		
5	吴家宝	男	96	92	89		
6	李佳乐	女	95	97	96		
7	吴晴	女	86	92	87		
8	李玉	女	89	90	89		
9	赵刚	男	93	100	88		
10	梁云锋	男	92	99	97		
11	刘浩然	男	85	96	78		
12	赵玉梅	女	83	91	95		
13	平均分						

图 5.6.2 输入相关数据后的工作表

图 5.6.3 “排序”对话框

（5）在“主要关键字”下拉列表框中选择“总分”选项，选中 降序(D) 单选按钮，这样，所有同学的总分将按照从高到低排列，结果如图 5.6.4 所示。

	A	B	C	D	E	F	G
1	三年级二班考试成绩统计表						
2	姓名	性别	语文	数学	英语	总分	名次
3	宋新谱	男	94	99	98	291	
4	李佳乐	女	95	97	96	288	
5	梁云锋	男	92	99	97	288	
6	赵刚	男	93	100	88	281	
7	高楠	女	92	98	88	278	
8	吴家宝	男	96	92	89	277	
9	赵玉梅	女	83	91	95	269	
10	李玉	女	89	90	89	268	
11	吴晴	女	86	92	87	265	
12	刘浩然	男	85	96	78	259	
13	平均分						

图 5.6.4 总分按降序排列

（6）在名次列的 G3 单元格内输入“1”，表示第一名，在 G4 单元格内输入“2”，表示第二名。然后选中 G3 和 G4 单元格，将光标移到 G4 单元格的右下方，出现一个黑色的句柄，拖动句柄至单元格 G12，它将自动填充单元格 G5～G12 区域为 3～10 的自然数。

（7）在工作表中还可以对数据进行查找，单击“总分”列的任意一个单元格，选择 数据(D) → 筛选(F) → 自动筛选(F) 命令，如图 5.6.5 所示。在每一个项目处都出现一个可选下拉菜单，可以在此进行查询，如要查询语文成绩大于 90 分的学生，可在“语文”下拉列表框中选择“自定义”选项，弹出如图 5.6.6 所示的 自定义自动筛选方式 对话框。

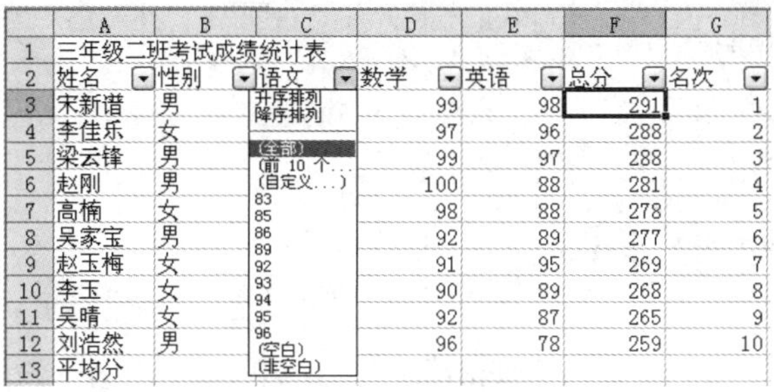

图 5.6.5　自动筛选

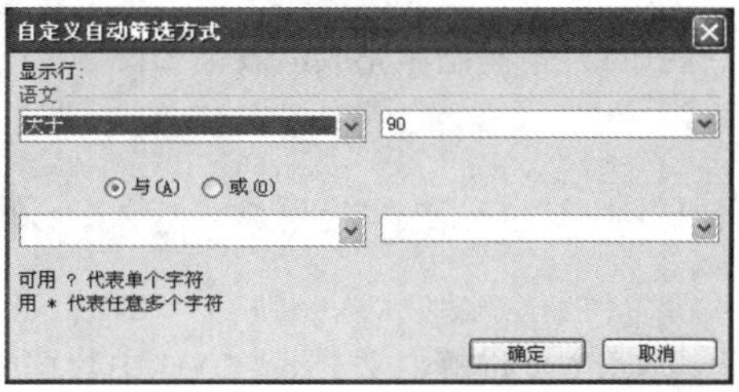

图 5.6.6　“自定义自动筛选方式”对话框

（8）在对话框中输入要筛选的条件，单击 确定 按钮，筛选结果如图 5.6.7 所示。

	A	B	C	D	E	F	G
1	三年级二班考试成绩统计表						
2	姓名	性别	语文	数学	英语	总分	名次
3	宋新谱	男	94	99	98	291	1
4	李佳乐	女	95	97	96	288	2
5	梁云锋	男	92	99	97	288	3
6	赵刚	男	93	100	88	281	4
7	高楠	女	92	98	88	278	5
8	吴家宝	男	96	92	89	277	6

图 5.6.7　自动筛选结果

注意：在筛选之后，工作表中只显示筛选结果。如果要显示以前的所有数据，选择 数据(D) → 筛选(F) → 自动筛选(F) 命令即可恢复。

（9）选定单元格 C13，选择 插入(I) → 函数(F)... 命令，弹出如图 5.6.8 所示的 插入函数 对话框。在“搜索函数”文本框中输入“平均分”，单击 转到(G) 按钮，在“选择函数”列表框中选择“AVERAGE”函数，单击 确定 按钮，弹出如图 5.6.9 所示的 函数参数 对话框。

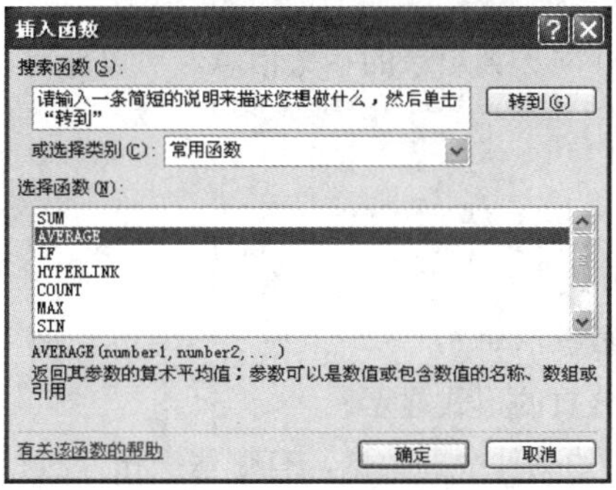

图 5.6.8　“插入函数”对话框

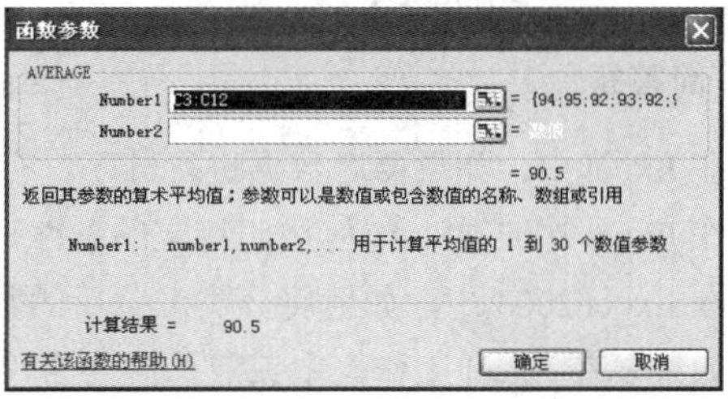

图 5.6.9　“函数参数”对话框

在第一个参数框中选择“C3:C12”单元格，计算语文平均分，单击 确定 按钮，在 C13 单元格内便会出现语文平均分，如图 5.6.10 所示。

13	平均分		90.5				

图 5.6.10　语文平均分

（10）在 C13 单元格内，单击鼠标右键，在弹出的快捷菜单中选择 复制(C) 命令。然后选中单元格 D13，E13 和 F13 并单击鼠标右键，在弹出的快捷菜单中选择 粘贴(P) 命令，即可得到数学、英语和总分的平均分，结果如图 5.6.11 所示。

13	平均分		90.5	95.4	90.5	276.4	
14							

图 5.6.11　计算其他科目的平均分

（11）本例制作完成，效果如图 5.6.1 所示。

本 章 小 结

本章主要讲解中文 Excel 2003 中数据的管理，其中主要包括数据清单与记录单、数据排序、筛选数据、分类汇总和合并数据以及获取外部数据等内容。通过本章学习，用户应学会管理 Excel 2003 工作表中的数据，熟练掌握数据的排序和筛选操作。

实 训 练 习

一、填空题

1．在 Excel 2003 中，数据清单是指______________________________，在对数据清单进行管理时，可以把数据清单看成是一个__________。

2．在 Excel 的数据清单中，行相当于数据库中的_______，行标题相当于_______；数据清单的列相当于数据库的_______，列标题相当于数据库中的_______。

3．在 Excel 2003 中，一个工作表中一次可以使用_____个数据清单。

4．在 Excel 2003 中，选择菜单栏中的________菜单项可以执行数据记录单的编辑操作。

5．在 Excel 2003 中，可以按照_______或_______排序方式进行排序，用户也可以根据需要自定义普通排序方式。

6．如果要对数据库中指定的字段进行分类，并统计同一类记录的相关信息，可以使用 Excel 提供的____________功能。

二、简答题

1．在 Excel 中，如果要对数据进行排序，有哪些方式？

2．在 Excel 2003 中，如何按照特定的条件筛选出数据清单？

3．在 Excel 2003 中，如何将分类汇总后的数据以分页的形式显示？

4．如果要在 Excel 工作表中获取扩展名为“*.txt”的文件中的数据，有哪些操作方法？

三、上机操作题

1．利用 Excel 2003 提供的数据记录单的功能，在工作表中输入如题图 5.1 所示的内容。

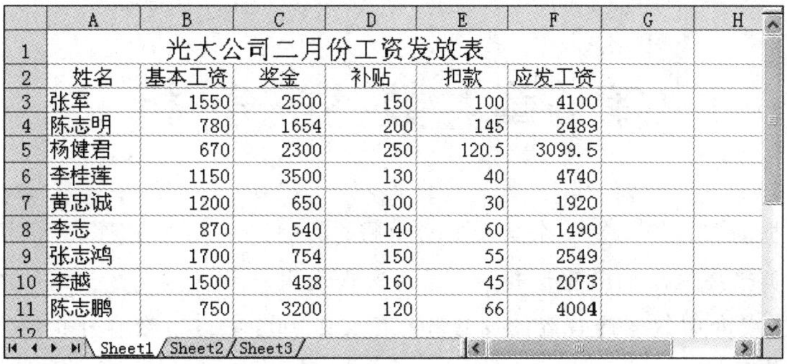

	A	B	C	D	E	F	G	H
1	光大公司二月份工资发放表							
2	姓名	基本工资	奖金	补贴	扣款	应发工资		
3	张军	1550	2500	150	100	4100		
4	陈志明	780	1654	200	145	2489		
5	杨健君	670	2300	250	120.5	3099.5		
6	李桂莲	1150	3500	130	40	4740		
7	黄忠诚	1200	650	100	30	1920		
8	李志	870	540	140	60	1490		
9	张志鸿	1700	754	150	55	2549		
10	李越	1500	458	160	45	2073		
11	陈志鹏	750	3200	120	66	4004		

Sheet1 Sheet2 Sheet3

题图　5.1

2．启动 Microsoft Word 应用程序，新建一个文档，并在其中输入如题图 5.2 所示的内容，然后将该文档中的内容导入到“工作簿 1.xls”Excel 文档中。

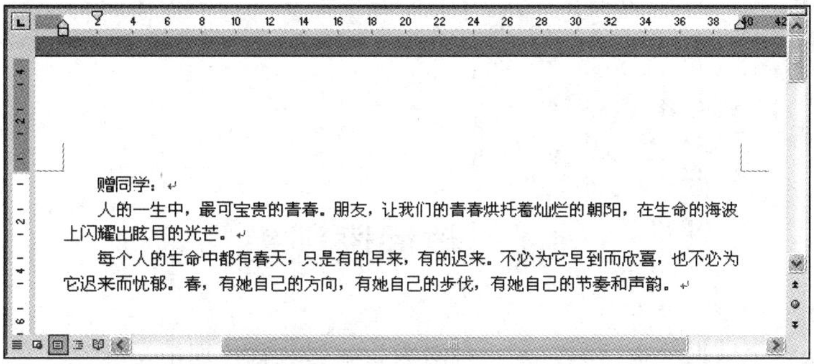

赠同学：

人的一生中，最可宝贵的青春。朋友，让我们的青春烘托着灿烂的朝阳，在生命的海波上闪耀出眩目的光芒。

每个人的生命中都有春天，只是有的早来，有的迟来。不必为它早到而欣喜，也不必为它迟来而忧郁。春，有她自己的方向，有她自己的步伐，有她自己的节奏和声韵。

题图　5.2

第 6 章　数 据 分 析

用户创建的数据清单可能只是一个典型的流水账，阅读起来很不方便，可以根据需要，将该工作表生成能够显示分类概要信息的数据透视表。通过透视表用户可以发现数据间的内在联系，挖掘更有用的数据。本章将主要介绍数据透视表的创建和在 Excel 2003 中进行数据分析的方法，包括单变量求解和方案管理器的使用。

知识要点

- 数据透视表
- 数据透视图
- 单变量求解
- 方案管理器

6.1　数据透视表

数据透视表是一个数据分析工具，是一种对大量数据进行快速汇总和建立交叉列表的交互式表格。如果要分析相关的汇总值，尤其是在要合计较大的列表并对每个数字进行多种比较时，可以使用数据透视表。在数据透视表中，源数据中的列或字段可以变成汇总多行信息的数据透视表字段。使用此工具还可以旋转其行和列以看到源数据的不同汇总，而且还可以只显示需要的数据清单。

6.1.1　数据透视表中的术语简介

在学习创建数据透视表之前，先了解一下数据透视表中的有关术语。如图 6.1.1 所示为数据透视表的组成示意图，它们的含义分别介绍如下。

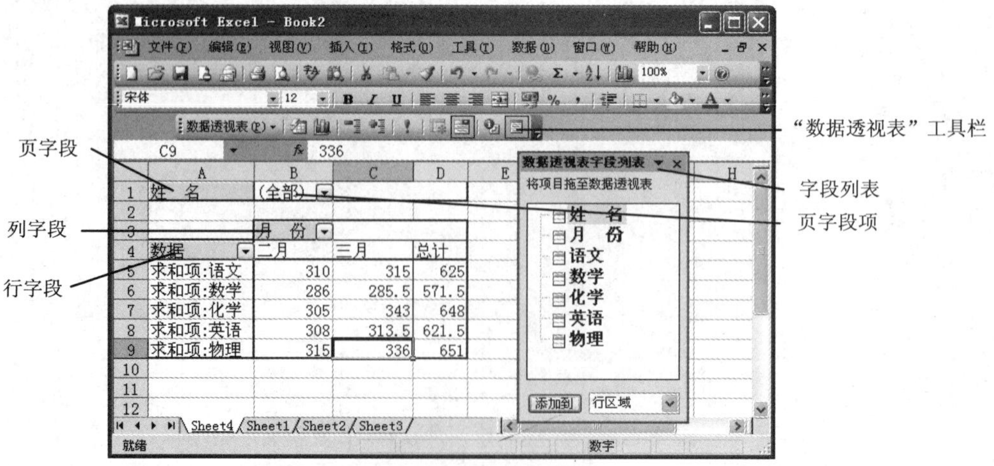

图 6.1.1　数据透视表的组成示意图

（1）数据源：用于创建数据透视表的源数据。它可以是 Excel 的数据清单、数据库数据、文本文件或者 Internet 上的数据等，也可以是经过合并计算的多个数据区域及另外一个数据透视表。

（2）页字段：数据透视表或数据透视图报表中指定为页方向的数据清单或者表单中的字段。在页字段中，可以显示所有页字段项的汇总，也可以一次显示一个项，而隐藏其他不需要的项。

（3）行字段：数据透视表中按行显示的字段，与行字段相关的项显示为行标志。

（4）列字段：数据透视表中按列显示的字段，与列字段相关的项显示为列标志。

（5）数据字段：数据字段是指含有数据的源数据清单或表单中的字段。其中包括在数据透视表或数据透视图报表中汇总的数据。

（6）项：数据透视表和数据透视图中字段的子分类。例如，“月份”字段可能有“一月”和“二月”等项。

（7）数据区域：数据区域是指含有汇总数据的数据透视表中的一部分，用来显示行和列字段中数据项的汇总数据。

（8）相关联的数据透视表：为数据透视图报表提供源数据的数据透视表。在新建数据透视图报表时，将自动创建数据透视表。如果更改其中一个报表的布局，另外一个报表也随之更改。

6.1.2 创建数据透视表

有了大量原始数据以后，我们就可以建立数据透视表了。当然这些原始数据可以是一个 Excel 工作表，也可以是数据库等。利用“数据透视表向导”创建数据透视表可以按下述操作步骤进行。

（1）如果要用数据清单创建数据透视表，则选中数据清单中的任意一个单元格，如图 6.1.2 所示。

	A	B	C	D	E	F	G	H	I
1	第一小组月试成绩表								
2	姓　名	月　份	语文	数学	化学	英语	物理	总分	
3	郭亮	二月	78	64	90	80	84	396	
4	李志	二月	98	87	78	88	79	430	
5	赵敏	二月	68	74	68	66	67	343	
6	李蕾	二月	66	61	69	74	85	355	
7	李志	三月	77	86	87	65	99	414	
8	郭亮	三月	86	77	94	78	67	402	
9	李蕾	三月	65	62	74	92.5	91	384.5	
10	赵敏	三月	87	60.5	88	78	79	392.5	
11									
12									

图 6.1.2　选中数据清单中的一个单元格

（2）选择 数据(D) → 数据透视表和数据透视图(P)... 命令，弹出 数据透视表和数据透视图向导 -- 3 步骤之 1 对话框，如图 6.1.3 所示。

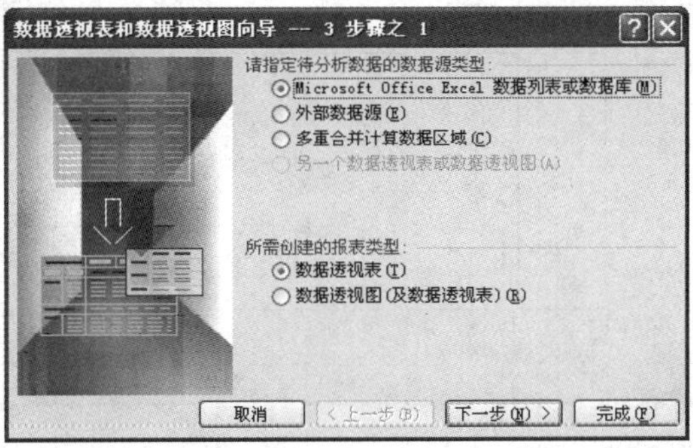

图 6.1.3　“数据透视表和数据透视图向导 – 3 步骤之 1”对话框

（3）由于选中的是数据清单中的一个单元格，所以在该对话框中系统自动选中“请指定待分析数据的数据源类型：”选区中的第一项，如果需要别的数据源，可以重新选择。然后单击对话框中的 下一步(N) > 按钮，弹出如图 6.1.4 所示的 数据透视表和数据透视图向导 -- 3 步骤之 2 对话框。

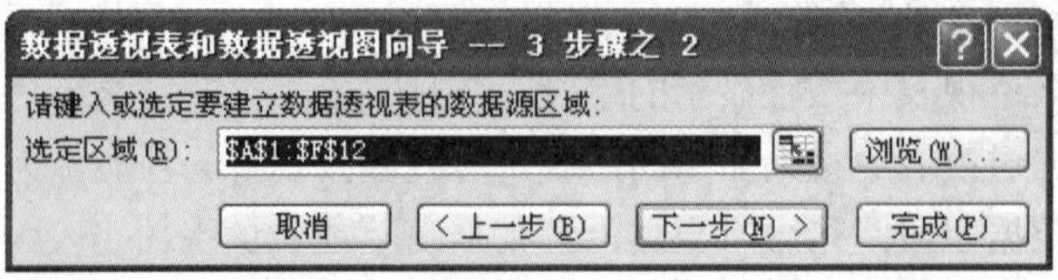

图 6.1.4 “数据透视表和数据透视图向导 – 3 步骤之 2”对话框

（4）在上步确定数据源类型的同时，系统将自动确定数据源区域的大小。在“选定区域”文本框中系统给出默认的单元格引用区域。如果觉得数据区域的大小不符合需要，可以重新设置。

（5）单击 下一步(N) > 按钮，弹出如图 6.1.5 所示的 数据透视表和数据透视图向导 -- 3 步骤之 3 对话框。在该对话框中，如果要在工作簿中为数据透视表创建一张新工作表，则选中 ⊙ 新建工作表(N) 单选按钮；如果要在现有工作表中建立数据透视表，则选中 ⊙ 现有工作表(E) 单选按钮，然后在其下方的文本框中输入或选择存放该透视表和区域引用。

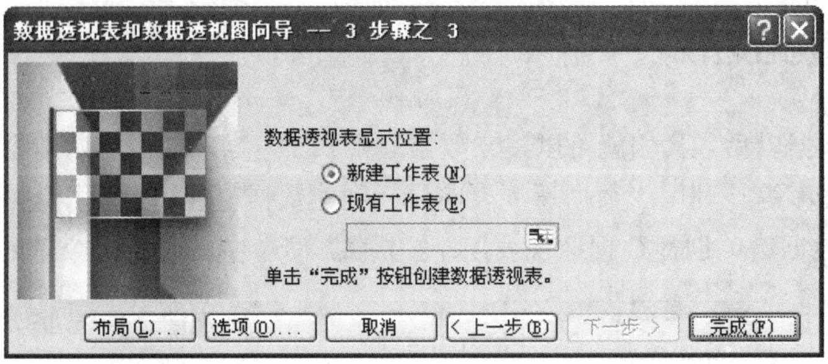

图 6.1.5 “数据透视表和数据透视图向导 – 3 步骤之 3”对话框

（6）如果单击 完成(F) 按钮，就可以创建一个空的数据透视表，以后可以通过拖曳的方式进行设置；如果单击 布局(L)... 按钮，则弹出如图 6.1.6 所示的 数据透视表和数据透视图向导 -- 布局 对话框。在该对话框中可以指定数据透视表的布局结构，并且在其上方说明了构造数据透视表的方法，在右侧列出了当前数据清单中的字段。

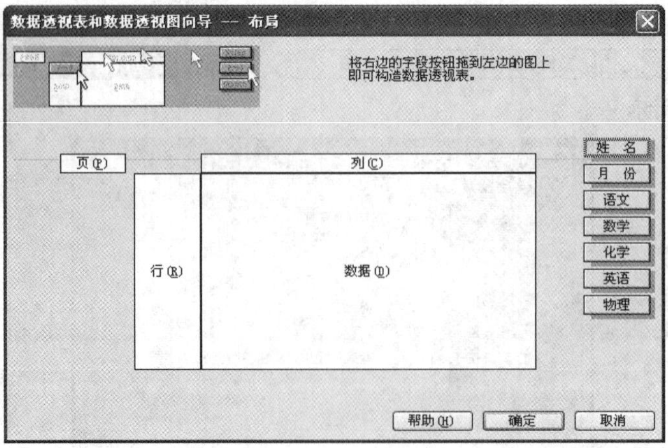

图 6.1.6 “数据透视表和数据透视图向导 – 布局”对话框

（7）单击对话框中的字段名按钮并按住鼠标左键，将其拖动到对话框中间的草图中的行、列、数据或页位置即可设置数据透视表的构架，如图 6.1.7 所示。

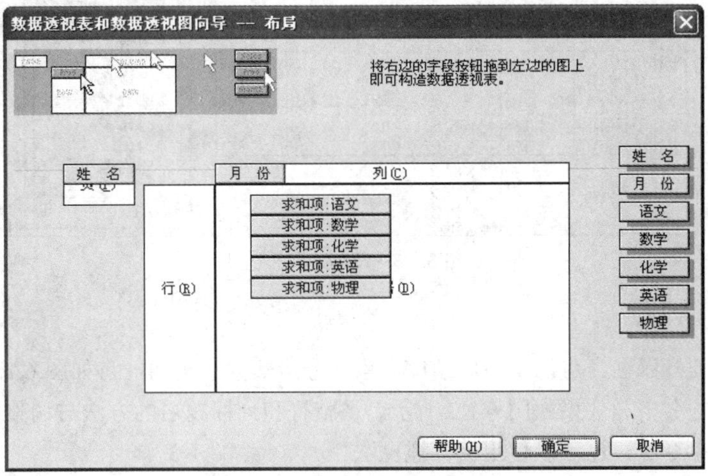

图 6.1.7 构造数据透视表结构

（8）设置完成以后，单击确定按钮返回至如图 6.1.5 所示的对话框中。

（9）单击该对话框中的完成(F)按钮，即可完成数据透视表的创建工作。创建数据透视表时显示“数据透视表”工具栏（见图 6.1.1），利用此工具栏中的按钮可以编辑已创建的数据透视表。

注意： 因为 Excel 将数据清单中的第一行的数据作为数据透视表的字段名称，所以作为数据源的数据清单或数据库中必须包含列标题。

在数据透视表中，Excel 会自动创建总计和分类汇总。如果源数据清单中已经包含了总计和分类汇总，那么在创建数据透视表之前也可以将其删除。

6.1.3 编辑数据透视表

在了解和创建了数据透视表后，还可以根据需要修改已创建的数据透视表。

1. 调整页标题名

源数据库清单中的标题名不仅可以用做行、列及数据标题名，还可以用做页标题名。并且对已经设置的页标题名还可以根据需要再做修改。这里以设置“月份”为页标题名为例，介绍设置页标题名的具体操作方法。

调整页标题名，可以直接在数据透视表上用鼠标将列标题名拖曳至页标题名处松开，也可以使用菜单命令进行操作，具体操作步骤如下：

（1）单击数据透视表中的任意单元格，然后选择数据(D)→数据透视表和数据透视图(P)...命令，弹出如图 6.1.5 所示的数据透视表和数据透视图向导 -- 3 步骤之 3对话框。

（2）单击该对话框中的布局(L)...按钮，弹出数据透视表和数据透视图向导 -- 布局对话框。在该对话框中将已经存在的“姓名”字段按钮拖出“页”区域，然后将“月份”字段按钮拖至“页”区域中。

（3）设置完毕后，单击确定和完成(F)按钮，即可完成页标题名的更换，更换后的效果如图 6.1.8 所示。

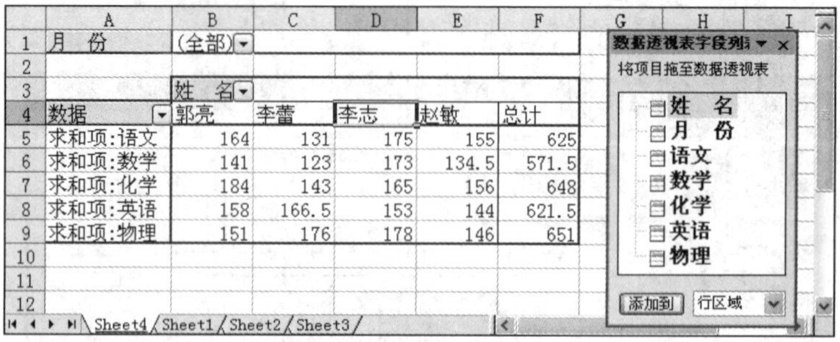

图 6.1.8 设置页标题名

2. 调整行和列标题名

通过调整行和列标题名，可以从不同角度观察并分析数据。例如，将如图 6.1.7 所示的“月份”页标题名调至行标题名下，效果如图 6.1.9 所示。调整行和列标题名的方法与调整页标题名的方法相同，可以使用菜单命令法，也可以使用鼠标拖曳法。

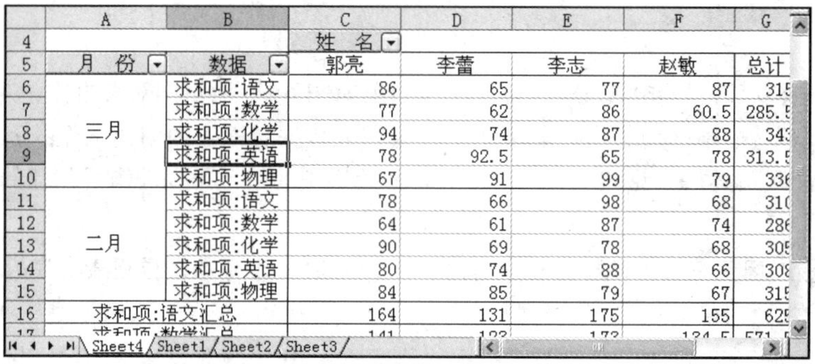

图 6.1.9 调整行和列标题名后的效果

使用鼠标拖曳法调整行或列标题名时，将鼠标指针指向要拖动的标题名，按住鼠标左键进行拖动，此时鼠标指针将变成形状，并且显示一个虚线方框或竖线指示该标题可放置的位置。

3. 显示或隐藏透视表中的数据

在如图 6.1.9 所示的数据透视表中，如果只显示“郭亮”三月份的“语文”和“数学”成绩，可以按下述操作步骤进行。

（1）单击“姓名”字段按钮右侧的下三角按钮，弹出如图 6.1.10 所示的列表框。

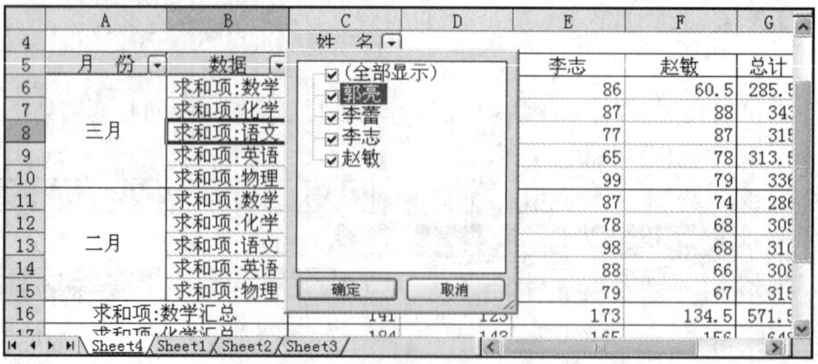

图 6.1.10 显示“姓名”字段列表框

（2）单击(全部显示)复选框前的“√”符号，以取消所有选项的选中状态，然后选中郭亮复选框，将该选项重新选中，单击 确定 按钮。

（3）单击“数据”字段按钮右侧的下三角按钮▼，弹出如图 6.1.11 所示的列表框。

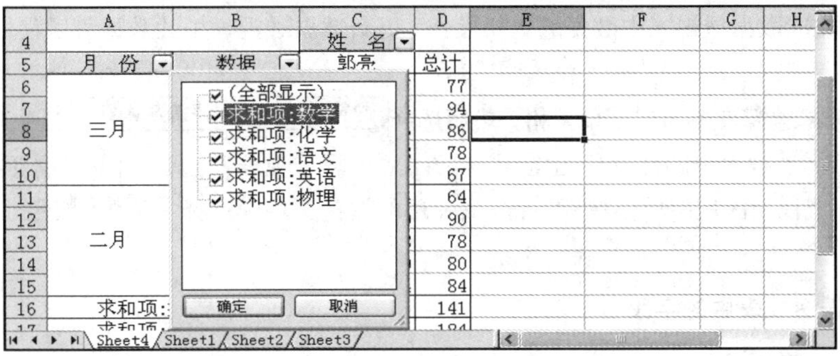

图 6.1.11 显示“数据”字段列表框

（4）单击☑(全部显示)复选框前的“√”符号，以取消所有选项的选中状态，然后依次选中☑求和项:语文和☑求和项:数学复选框，将这两个选项重新选中，单击 确定 按钮。

（5）按照以上的操作方法，单击“月份”字段按钮右侧的下三角按钮▼，然后在弹出的列表框中，选中☑三月复选框。设置后的最终效果如图 6.1.12 所示。

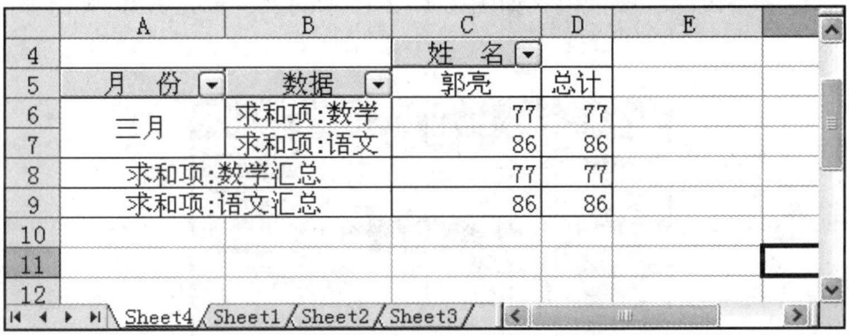

图 6.1.12 显示郭亮三月份的语文和数学成绩

4．添加字段

利用上述操作方法隐藏数据后，如果想要重新显示出其他数据项，则可以再次单击相应的字段名右侧的下三角按钮▼，然后在弹出的列表框中将其选中即可。如果想要重新显示出“数据”字段中的其他字段项，可以按下述操作步骤进行：

（1）单击数据透视表中的任意单元格，选择 数据(D) → 数据透视表和数据透视图(P)... 命令，或者单击鼠标右键，从弹出的快捷菜单中选择 数据透视表向导(W) 命令，弹出如图 6.1.5 所示的 数据透视表和数据透视图向导 -- 3 步骤之 3 对话框。

（2）在对话框中单击 布局(L)... 按钮，弹出 数据透视表和数据透视图向导 -- 布局 对话框。

（3）在该对话框中，将右侧需要的字段按钮重新拖入“数据”草图中，单击 确定 按钮，即可在数据透视表中重新显示其他数据项。

6.1.4 数据透视表操作

数据透视表编辑好后，还可以对其进行各种操作，如更新数据透视表中的数据、重命名字段及设置汇总方式等。

1. 数据更新

如果对源数据清单中的数据进行更改，则该清单的数据透视表数据不会自动更新，只能使用“更新数据”命令来完成数据透视表中数据的更新操作。更新数据透视表中的数据可以使用以下几种操作方法进行。

（1）单击数据透视表中的任意单元格，然后选择 数据(D) → 刷新数据(R) 命令。

（2）单击数据透视表中的任意单元格，然后单击“数据透视表”工具栏中的“刷新数据”按钮。

（3）在数据透视表区域中单击鼠标右键，从弹出的快捷菜单中选择 刷新数据(R) 命令。

2. 更改数据透视表中的字段名

用户可以使用源数据清单中的字段（如月份、姓名），也可以更改字段名。但需要注意的是，用户在更改字段名时，不要将数据透视表中的字段的标题名改成源数据中的另一字段的名称，因为，如果该字段没有显示在数据透视表中，Excel 将自动调用该字段。如果该字段已经在数据透视表中，Excel 将重新排列已有字段。

更改数据透视表中字段名的具体操作步骤如下：

（1）双击要重命名字段的字段按钮（如图 6.1.12 所示的 A5 单元格），弹出如图 6.1.13 所示的 数据透视表字段 对话框。

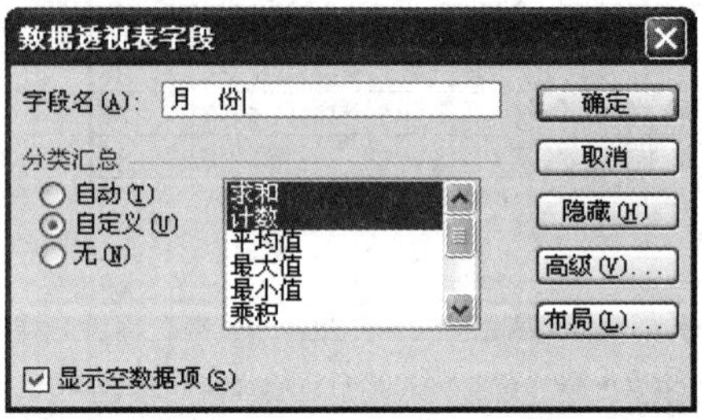

图 6.1.13 “数据透视表字段”对话框

（2）在该对话框中的“字段名”文本框中输入新字段名，单击 确定 按钮即可。

3. 更改汇总方式

数据透视表可以根据每个数据字段生成分类汇总行，但默认情况下，数据透视表中数据的汇总方式是求和，用户也可以根据需要使用其他的汇总方式。具体操作方法如下：

（1）在数据透视表中，单击数据区域中的单元格。

（2）单击“数据透视表”工具栏中的“字段设置”按钮，或者单击鼠标右键，从弹出的快捷菜单中选择 字段设置(N)... 命令。

（3）弹出如图 6.1.14 所示的 数据透视表字段 对话框，在“汇总方式”列表框中选择需要使用的汇总函数，如“计数”“平均值”及“乘积”等。如果要使用自定义计算，则单击 选项(O) >> 按钮，在其下方展开的“数据显示方式”下拉列表中选择所需的计算，再选择“基本字段”和“基本项”，如果这些选项可用于所选的计算方法，则提供计算所需数据。

注意： 对于一些类型的源数据、计算字段和具有计算项的字段，不能更改其汇总函数。

（4）如果数据透视表中有多个数据字段，则对每个要更改汇总方法的数据字段重复以上各操作步骤。

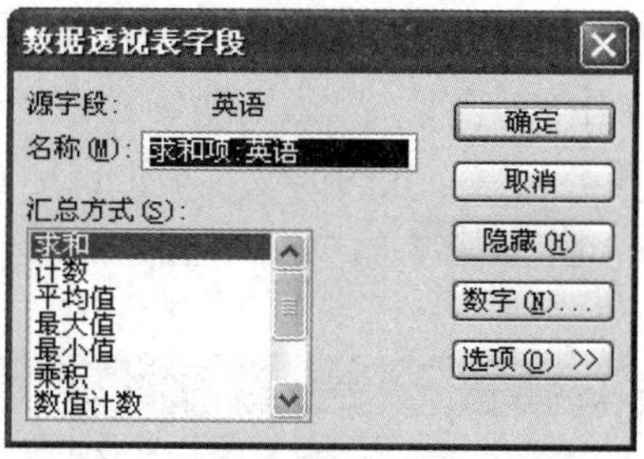

图 6.1.14　“数据透视表字段”对话框

（5）如果源数据允许更改汇总函数，可对同一字段应用多种汇总方法。可再次将字段从“数据透视表字段列表”窗口拖至数据区域，然后对要更改的第二个字段重复以上步骤。

4．取消数据透视表的总计

如果用户使用多个数据字段，则数据透视表为每个数据字段生成一个总计，并显示在数据透视表的最右列或者最底行。

如果要取消数据透视表中的总计列表，可以按下述操作步骤进行。

（1）选择数据透视表中任意一个单元格。

（2）单击“数据透视表”工具栏中的 数据透视表(P)▾ 按钮（如果“数据透视表”工具栏没有显示，可在数据透视表区域单击鼠标右键，然后从弹出的快捷菜单中选择 显示数据透视表工具栏(T) 命令），从弹出的下拉列表中选择 表选项(O)... 命令，如图 6.1.15 所示。或者单击鼠标右键，从弹出的快捷菜单中选择 表格选项(O)... 命令，均可弹出如图 6.1.16 所示的 数据透视表选项 对话框。

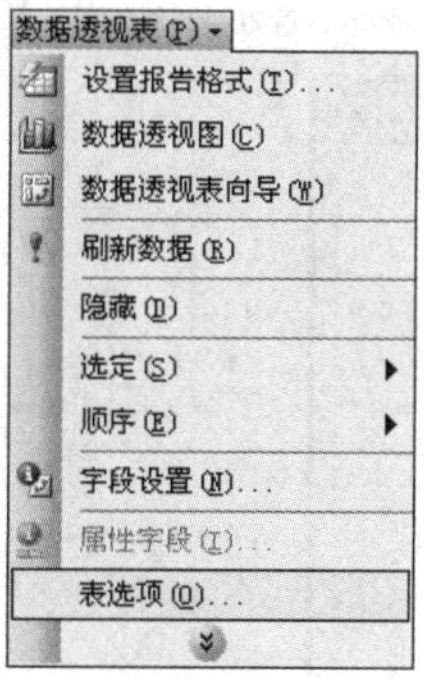

图 6.1.15　“数据透视表”下拉列表

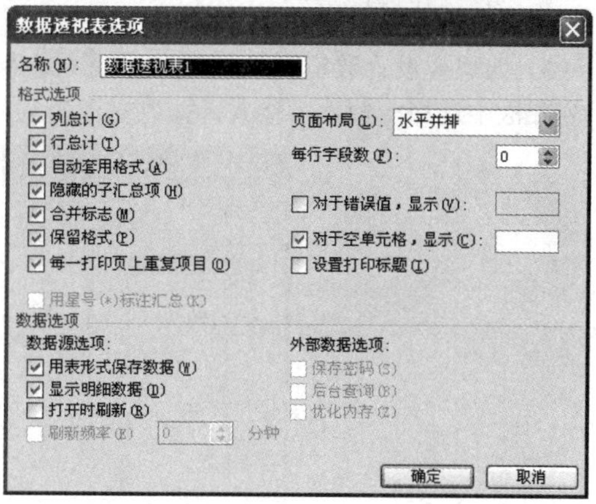

图 6.1.16　“数据透视表选项”对话框

（3）在该对话框中取消选中 □列总计(G) 和 □行总计(T) 复选框。

（4）单击 确定 按钮即可。

6.1.5　设置数据透视表格式

数据透视表与普通工作表数据一样，可以设置其格式，如数据透视表数据的字体、数字格式、对齐方式及图案等内容。

1．设置数据透视表数据的字体及数字格式

默认情况下，数据透视表中数据的字体为宋体，用户也可以根据需要设置数据透视表数据为其他字体及数字格式，具体操作步骤如下：

（1）在数据透视表中选择需要设置格式的区域，单击鼠标右键，从弹出的快捷菜单中选择 设置单元格格式(F)... 命令，弹出 单元格格式 对话框，单击 字体 标签，打开 字体 选项卡，如图 6.1.17 所示。

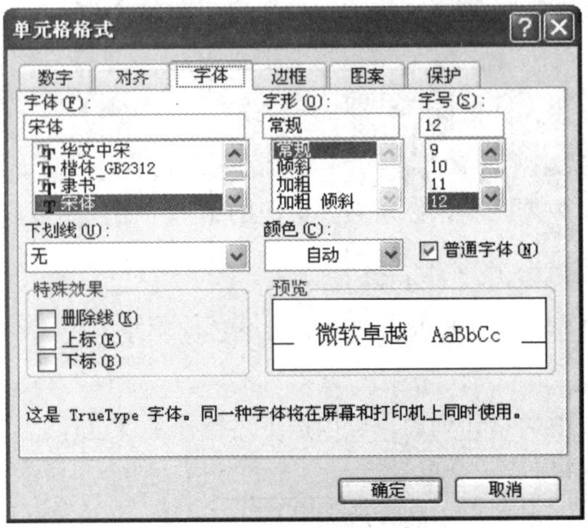

图 6.1.17 “字体”选项卡

（2）在“字形”列表框中选择一种字形格式，在“字体”列表框中选择一种字体，如“华文行楷”，然后在“字号”列表框中选择一种字号，如“16”；单击“颜色”下拉列表框，从弹出的下拉列表中选择一种字体颜色。

（3）如果要设置数字格式，则单击 数字 标签，打开 数字 选项卡，如图 6.1.18 所示。在“分类”列表框中选择一种数字格式，如“货币”，并且在对话框的右侧显示出示例及设置格式。

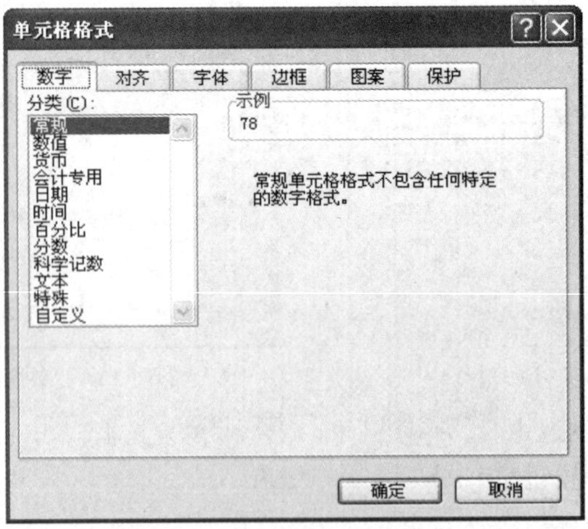

图 6.1.18 “数字”选项卡

（4）单击 确定 按钮，选择的数据透视表区域即可应用设置格式。

2．设置数据透视表报告模式

数据透视表被创建以后，用户不可以修改其中的某项数据，但可以改变数据报表的显示方式。在

Excel 2003 中，提供了一些自动套用版式供用户使用。若要使用自动套用版式可以按下述操作步骤进行。

（1）单击数据透视表中的任一单元格，单击“数据透视表”工具栏中的“设置报告格式”按钮，弹出如图 6.1.19 所示的“自动套用格式”对话框。

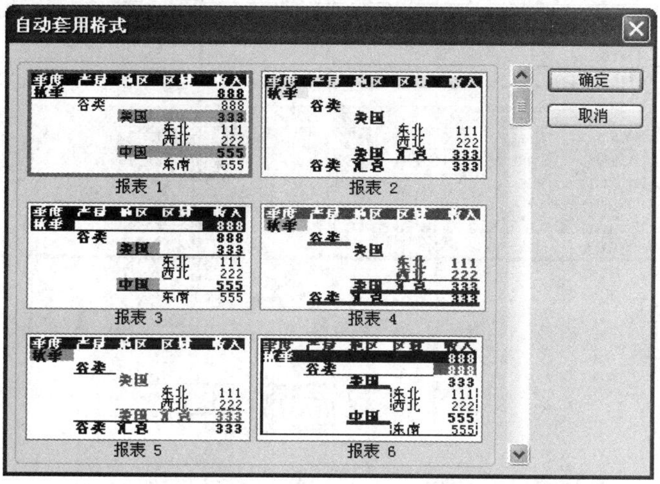

图 6.1.19　“自动套用格式”对话框

（2）从中选择需要的格式，单击“确定”按钮即可应用该格式，如图 6.1.20 所示即为应用了“报表 4”格式后的效果。

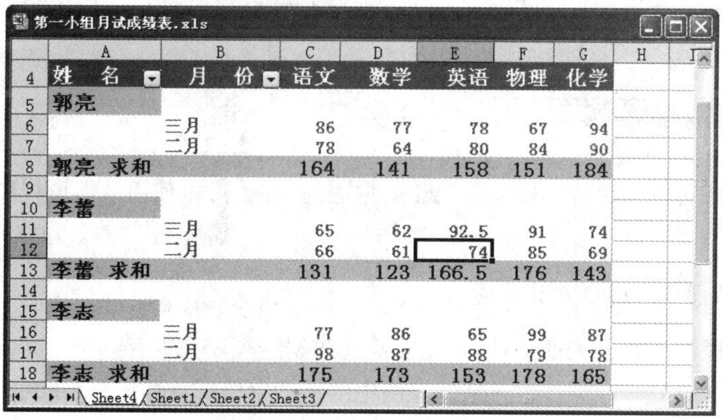

图 6.1.20　应用“报表 4”格式后的效果

6.1.6　删除数据透视表

如果数据透视表是以独立的工作表方式创建的，则可以使用删除工作表的方法来删除数据透视表。如果数据透视表是与源数据清单建立在一张工作表中的，则可以按以下操作步骤删除数据透视表。

（1）单击数据透视表中的任一单元格，然后单击鼠标右键，从弹出的快捷菜单中选择“选定(S)”→“整张表格(T)”命令，使整个数据透视表呈选中状态，如图 6.1.21 所示。

（2）将鼠标指针指向数据透视表区域，单击鼠标右键，从弹出的快捷菜单中选择“删除(D)...”命令，然后从弹出的对话框中单击“确定”按钮即可将整个透视表删除。

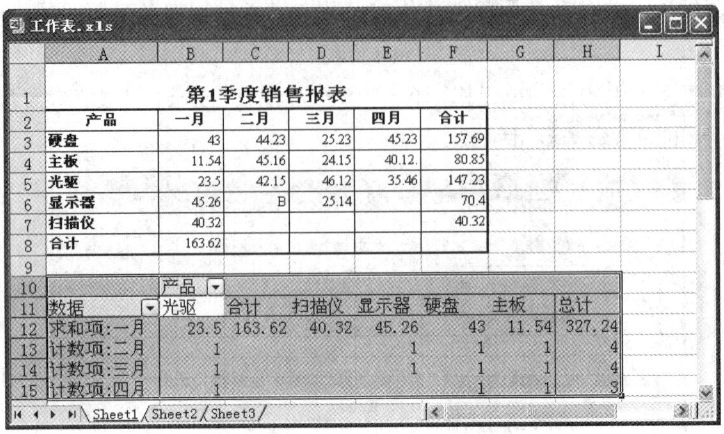

	A	B	C	D	E	F
1	第1季度销售报表					
2	产品	一月	二月	三月	四月	合计
3	硬盘	43	44.23	25.23	45.23	157.69
4	主板	11.54	45.16	24.15	40.12	80.85
5	光驱	23.5	42.15	46.12	35.46	147.23
6	显示器	45.26	B	25.14		70.4
7	扫描仪	40.32				40.32
8	合计	163.62				

		产品						
11	数据	光驱	合计	扫描仪	显示器	硬盘	主板	总计
12	求和项:一月	23.5	163.62	40.32	45.26	43	11.54	327.24
13	计数项:二月	1			1	1	1	4
14	计数项:三月	1			1	1	1	4
15	计数项:四月	1				1	1	3

图 6.1.21　选中整个数据透视表

6.2　数据透视图

数据透视图以图形形式表示数据透视表中的数据。与数据透视表一样，用户也可以更改数据透视图的布局和显示的数据。数据透视图常有一个相关联的数据透视表。两个报表中的字段相互对应。如果更改了某一报表的某个字段位置，则另一报表中的相应字段位置也会改变。

数据透视图除具有常规 Microsoft Excel 图表的系列、分类、数据标志和坐标轴外，数据透视图还有一些特殊的元素，如页字段、数据字段、系列字段、项及分类字段等。

6.2.1　创建数据透视图

在 Excel 2003 中可以使用数据透视表创建数据透视图，也可以使用数据透视图向导创建数据透视图报表。

1．使用数据透视表创建数据透视图

使用数据透视表创建数据透视图时，首先要确保数据透视表至少有一个行字段可作为数据透视图里的分类字段，有一个列字段可作为数据透视图中的系列字段。具体操作步骤如下：

（1）打开要创建数据透视图报表的数据透视表，然后隐藏不需要的字段。

（2）单击数据透视表区域中的任意单元格。

（3）单击“数据透视表”工具栏中的“图表向导”按钮，Excel 将自动在工作簿中添加一个名为 Chart1 的工作表，也就是当前的数据透视图工作表，如图 6.2.1 所示。

2．使用数据透视图向导创建数据透视图

如果用户使用数据透视图向导创建数据透视图，可以按下述操作步骤进行：

（1）打开要创建数据透视图报表的工作表，单击工作表中任意单元格。

（2）选择 数据(D) → 数据透视表和数据透视图(P)... 命令，弹出 数据透视表和数据透视图向导 -- 3 步骤之 1 对话框。

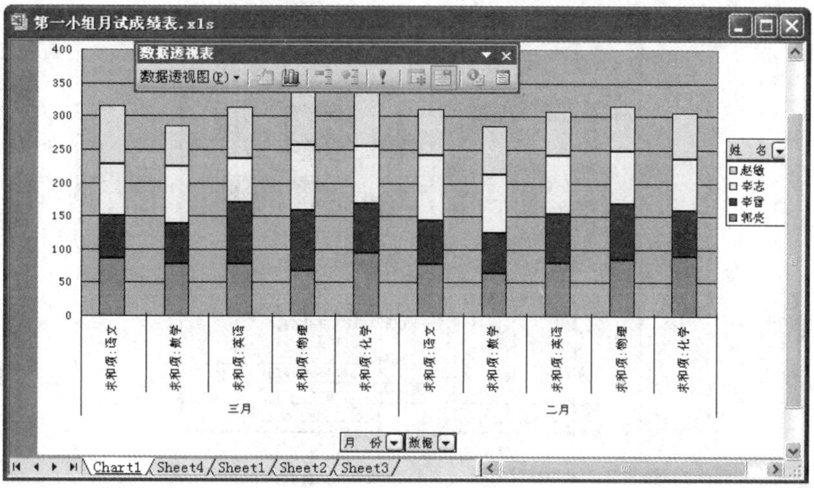

图 6.2.1　数据透视图

（3）在该对话框中，选中“所需创建的报表类型”选区中的 数据透视图(及数据透视表)(R) 单选按钮，然后单击 下一步(N) > 按钮，弹出 数据透视表和数据透视图向导 -- 3 步骤之 2 对话框，并且系统会自动选中光标所在工作表中的表格。

（4）单击 下一步(N) > 按钮，弹出 数据透视表和数据透视图向导 -- 3 步骤之 3 对话框，单击对话框中的 布局(L)... 按钮，在弹出的 数据透视表和数据透视图向导 -- 布局 对话框中设置数据透视表和数据透视图报表的构架。

（5）单击 确定 和 完成(F) 按钮，完成数据透视图的创建，并且在创建数据透视图的同时，系统将自动为工作表创建一个数据透视表。

6.2.2　编辑数据透视图

创建数据透视图时，将自动显示“数据透视表”工具栏，并且该工具栏中原来的 数据透视表(P) 按钮此时变成了 数据透视图(P) 按钮。如果要隐藏视图中的字段按钮，可以单击 数据透视图(P) 按钮，然后从弹出的下拉菜单中选择 隐藏数据透视图字段按钮(H) 命令。

1．更改数据透视图类型

默认情况下，创建的数据透视图为柱形图类型，如果要使用其他类型的图形，可以按下述操作步骤进行：

（1）在数据透视图工作表中，单击“数据透视表”工具栏中的“图表向导”按钮；或者单击鼠标右键，然后从弹出的快捷菜单中选择 图表类型(Y)... 命令。弹出如图 6.2.2 所示的 图表向导 - 4 步骤之 1 - 图表类型 对话框。

（2）在“图表类型”列表框中选择需要的图表类型，如“饼图”、“条形图”、“XY 散点图”及“面积图”等，然后在“子图类型”列表框中选择需要的子图类型。

（3）单击 下一步(N) > 按钮，弹出如图 6.2.3 所示的 图表向导 - 4 步骤之 3 - 图表选项 对话框，在该对话框中可以设置图表的标题、坐标轴、网格线、图例、数据标志及数据表等选项。

（4）单击 下一步(N) > 按钮，弹出 图表向导 - 4 步骤之 4 - 图表位置 对话框，在该对话框中单击 完成(F) 按钮即可完成数据透视图类型的更改。

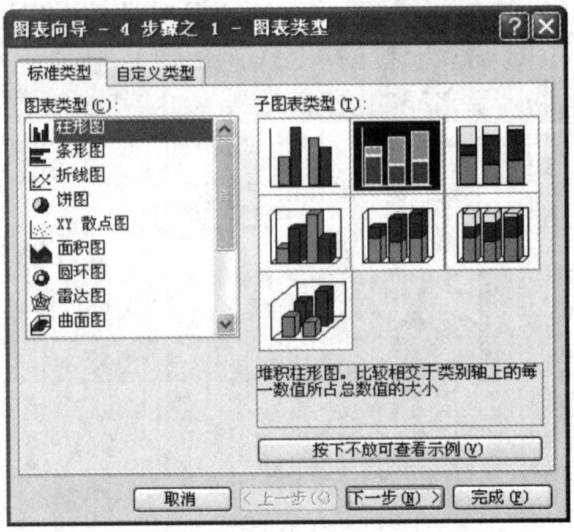

图 6.2.2 “图表向导 - 4 步骤之 1 - 图表类型”对话框

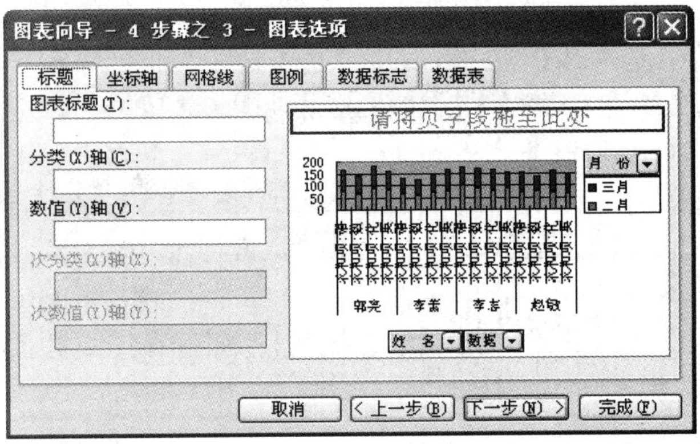

图 6.2.3 “图表向导 - 4 步骤之 3 - 图表选项”对话框

2. 编辑数据透视图的其他格式

数据透视图的一些格式编辑方法与数据透视表一样，如显示或隐藏字段中的项、更改汇总方式及刷新数据透视图报表中的数据等，这里就不再赘述。

6.3 单变量求解

单变量求解也叫假设分析。如果已知单个公式的预期结果，而用于确定此公式结果的输入值未知，则可使用单变量求解功能。当进行单变量求解时，Microsoft Excel 会不断改变特定单元格中的值，直到依赖于此单元格的公式返回所需的结果为止。

对于所有符合一定函数（如三角函数、指数函数、对数函数、双曲函数及幂函数等）关系的一元方程问题，均可以使用单变量求解功能。

例如，某公司要申请一笔抵押贷款，贷款的年利率是 8%，要求每年偿还等额的贷款和利息。贷款年限为 15 年，如果该公司按照上述条件现在要贷款 2 000 万元，则使用公式“=PMT(8%, 15, 2000)”可以得出该公司每年应该偿还的金额为 233.66 万元，如果该公司每年最多能够偿还 200 万元，那么，15 年后该公司能够偿还的最大贷款金额是多少？

使用单变量求解可以按下述操作步骤进行。

（1）选择工具(T)→单变量求解(G)...命令，弹出如图 6.3.1 所示的单变量求解对话框。

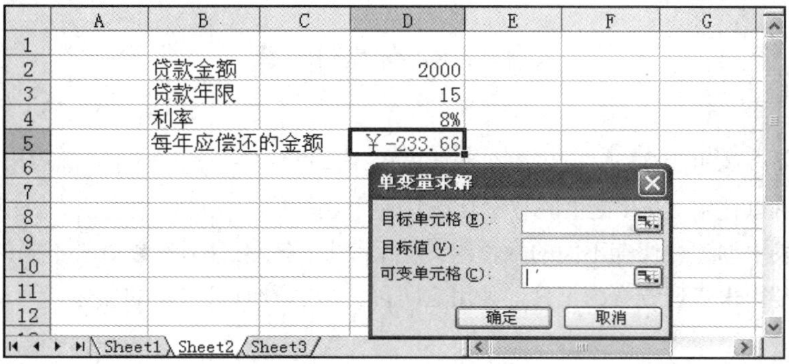

图 6.3.1　“单变量求解”对话框

（2）在对话框中的“目标单元格”文本框中，输入待求解公式所在单元格的地址或单元格的名字，如这里输入 D5 单元格；在“目标值”文本框中指定所要达到的新值，如 200；在“可变单元格”文本框中输入一个单元格的地址或单元格的名字，要求这个单元格被所要求解的公式直接或间接地引用，如这里输入 D2 单元格。设置后的单变量求解对话框如图 6.3.2 所示。

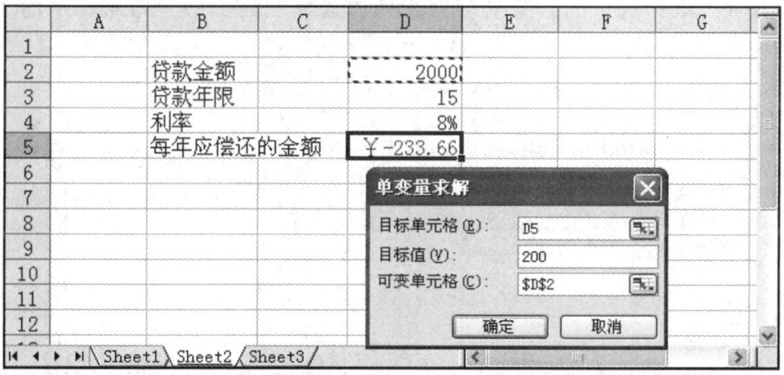

图 6.3.2　输入“单变量求解”对话框参数

（3）单击确定按钮，弹出单变量求解状态对话框，结果如图 6.3.3 所示。

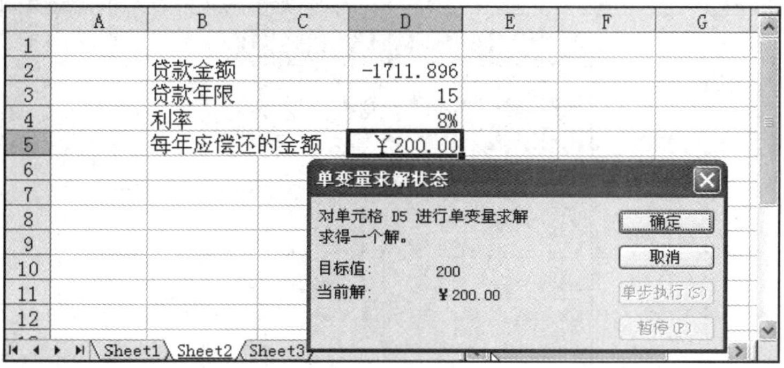

图 6.3.3　“单变量求解状态”对话框

（4）单击单变量求解状态对话框中的确定按钮，Excel 将运算结果显示在“可变单元格”文本框中输入的单元格中。如果不希望将运算结果显示在该单元格中，则在单变量求解状态对话框中单击取消按钮。

6.4 方案管理器

方案是一组命令的组成部分，这些命令有时也称作假设分析工具。如在实际应用中常常涉及多个未知因素，这时可以使用 Excel 提供的方案功能。使用该功能不仅可以预测工作表模型的输出结果，而且可以在工作表中创建并保存不同的数值组，然后切换到任意新方案以查看不同的结果。

方案管理器是用来管理方案的工具，使用它可以完成各种有关方案的操作。

1. 建立方案

例如，一位业务员去人才市场，经过面试后，有三家公司决定录用他，他们的工资是这样计算的：月工资=基本工资+销售额×提成，但是每家公司提供的工资额不同。这里暂且称呼这三家公司为公司 1、公司 2 和公司 3。其中，公司 1 给出的基本工资为 1 500 元，提成为 8%；公司 2 给出的基本工资为 1 200 元，提成为 10%；公司 3 给出的基本工资为 1 000 元，提成为 12%。那么，针对这三家公司的条件，如果该业务员每月能完成销售额为 30 000 元，那么他去哪家公司会比较好一些呢？

这时，就可以使用 Excel 提供的方案管理器来为每家公司建立一个方案，从而进行分析选择。

使用方案管理器创建方案，可以按下述操作步骤进行。

（1）新建一个工作表，在工作表中输入如图 6.4.1 所示的内容。

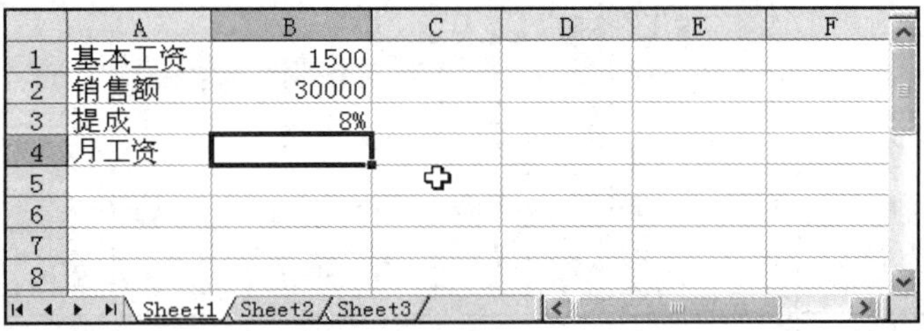

图 6.4.1　输入工作表内容

（2）在 B4 单元格中输入公式“=B1+B2*B3”，按“Enter”键确认，可得出月工资为 3 900 元。

（3）选择工具(T)→方案(E)...命令，弹出如图 6.4.2 所示的方案管理器对话框。

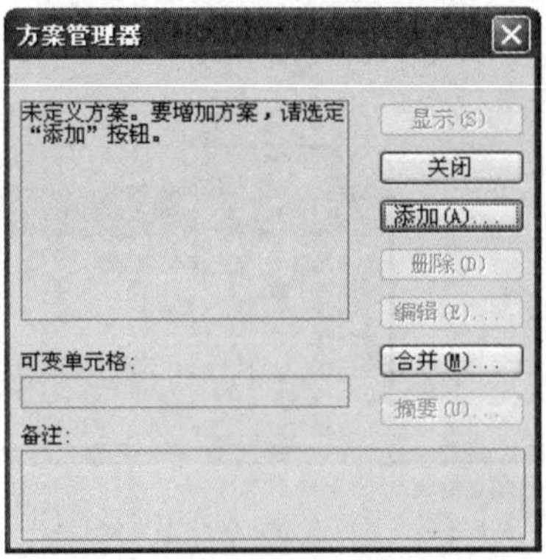

图 6.4.2　“方案管理器”对话框

（4）在方案管理器对话框中，单击添加(A)...按钮，弹出如图 6.4.3 所示的添加方案对话框。

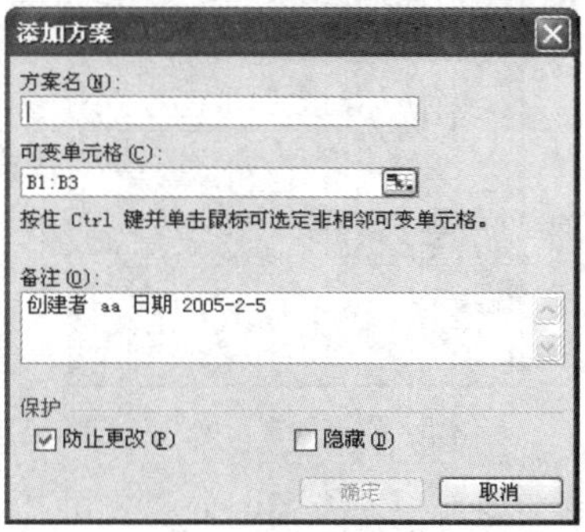

图 6.4.3　“添加方案”对话框

（5）在添加方案对话框中的“方案名”文本框中输入要建立的第一个方案的名称，如“公司 1”；在“可变单元格”文本框中输入或选择可反复修改的单元格区域，这里选择 B1:B3；在“备注”列表框中输入一些备注信息，如创建者和创建日期等；在“保护”选区中选择需要的选项。

提示：如果选中了“保护”选区下的☑防止更改(P)复选框，则只有在工作簿受保护的状态下才起作用。

（6）设置完成后，单击确定按钮，将弹出如图 6.4.4 所示的方案变量值对话框。要求输入每个可变单元格的值，这里由于在选择“可变单元格”区域时，单元格中已经含有数值，所以也就不必再输入了，单击确定按钮即可完成“公司 1”方案的建立，并返回至方案管理器对话框中。

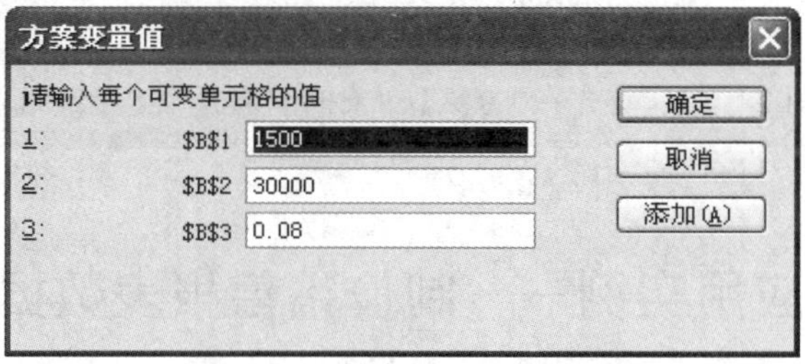

图 6.4.4　“方案变量值”对话框

（7）在方案管理器对话框中，单击添加(A)...按钮，弹出添加方案对话框，在这里为第二家公司创建方案。在“方案名”文本框中输入“公司 2”，“可变单元格”的引用区域不变，单击确定按钮，弹出方案变量值对话框。在该对话框中的第一个文本框中输入第二家公司给出的基本工资“1 200”，在第二个文本框中输入销售额“30 000”，在第三个文本框中输入提成“10%”。

（8）单击确定按钮即完成“公司 2”方案的建立。

（9）重复上述操作，创建“公司 3”方案。

2．显示方案

利用方案管理器对话框创建方案以后，用户可以随时显示各个方案并分析其结果。需要注意的是，要显示某个方案，则必须先进入到含有该方案的工作表中。例如，这里显示上面创建的“公司 1”方案，可以按下述操作步骤进行。

（1）切换至含有“公司 1”方案的工作表，然后选择工具(T)→方案(E)...命令，弹出方案管理器对话框，此时对话框如图 6.4.5 所示。

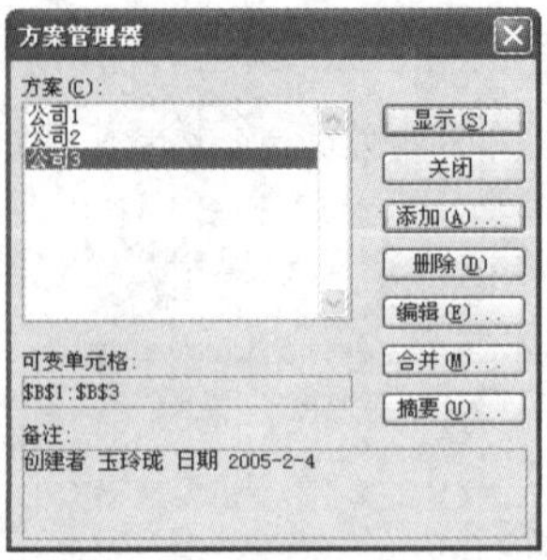

图 6.4.5 “方案管理器”对话框

（2）在“方案”列表框中选择需要显示的方案，如“公司 1”，单击 显示(S) 按钮，即可在 B1:B4 单元格区域中显示数据和分析结果，如图 6.4.6 所示。

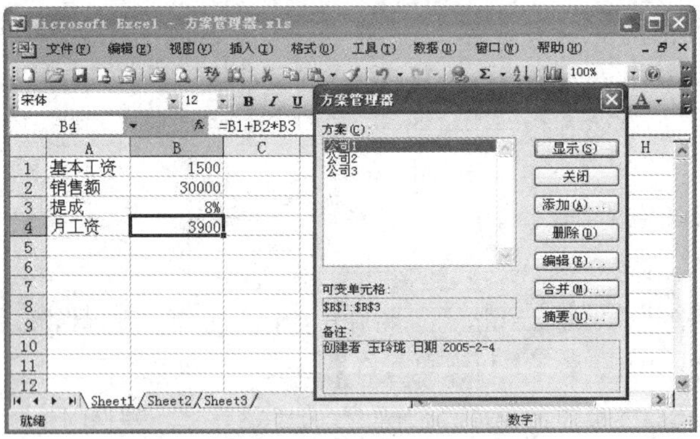

图 6.4.6 显示“公司 1”方案

（3）如果要显示“公司 2”方案，首先在“方案”列表框中选择“公司 2”选项，然后单击 显示(S) 按钮。从最后结果可以看出，方案“公司 3”的工资金额最多。

6.5 应用实例——制作销售报表数据分析

根据本章所学内容制作销售报表数据分析，最终效果如图 6.5.1 所示。

	A	B	C	D	E
1		光大公司第一季度销售报表			
2	销售员	一月	二月	三月	合计
3	李洁	￥4,562.54	￥65,623.33	￥65,235.00	￥135,420.87
4	张志强	￥3,485.50	￥52,457.02	￥65,327.00	￥121,269.52
5	刘文涛	￥5,657.10	￥5,632.55	￥5,635.12	￥16,924.77
6	李小鹏	￥7,898.00	￥4,568.00	￥5,648.00	￥18,114.00
7					
8					
9		销售员			
10	数据	李小鹏	总计		
11	求和项:一月	7898	7898		
12	求和项:二月	4568	4568		
13	求和项:合计	18114	18114		
14					

图 6.5.1 最终效果

操作步骤

（1）打开“销售报表”工作簿，并切换至如图 6.5.2 所示的“第一季度报表”工作表中。

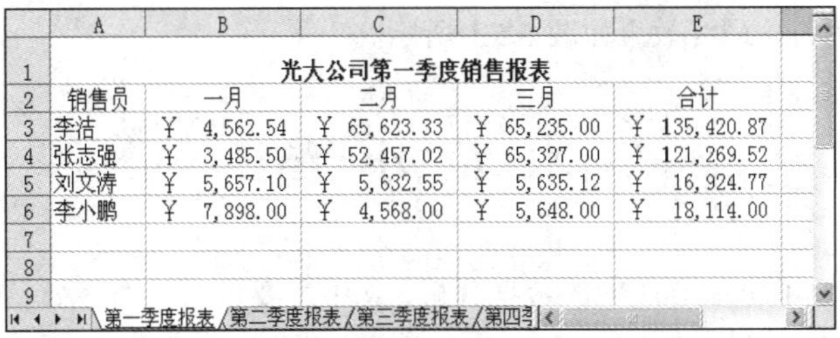

	A	B	C	D	E
1	光大公司第一季度销售报表				
2	销售员	一月	二月	三月	合计
3	李洁	¥ 4,562.54	¥ 65,623.33	¥ 65,235.00	¥ 135,420.87
4	张志强	¥ 3,485.50	¥ 52,457.02	¥ 65,327.00	¥ 121,269.52
5	刘文涛	¥ 5,657.10	¥ 5,632.55	¥ 5,635.12	¥ 16,924.77
6	李小鹏	¥ 7,898.00	¥ 4,568.00	¥ 5,648.00	¥ 18,114.00

图 6.5.2　“第一季度报表”工作表

（2）选择 数据(D) → 数据透视表和数据透视图(P)... 命令，弹出 数据透视表和数据透视图向导 -- 3 步骤之 1 对话框，在对话框中选中 Microsoft Office Excel 数据列表或数据库(M) 和 数据透视表(T) 单选按钮。

（3）单击 下一步(N) > 按钮，弹出 数据透视表和数据透视图向导 -- 3 步骤之 2 对话框。在工作表窗口中单击鼠标，选中 A2:E6 单元格区域，如图 6.5.3 所示。

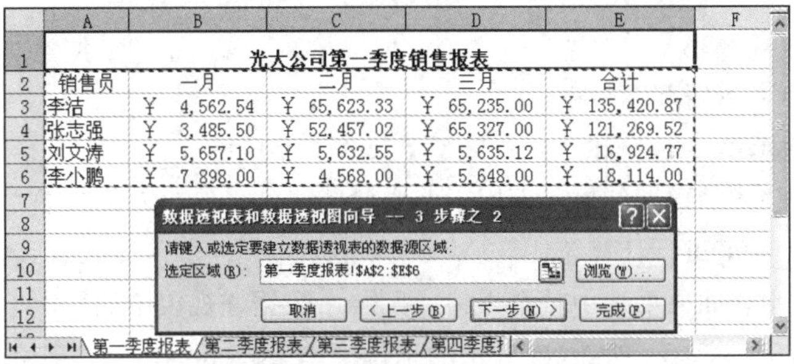

图 6.5.3　选择单元格区域

（4）单击对话框中的 下一步(N) > 按钮，弹出 数据透视表和数据透视图向导 -- 3 步骤之 3 对话框。在对话框中选中 现有工作表(E) 单选按钮，在工作表中选择放置数据透视表的单元格区域。然后单击对话框中的 布局(L)... 按钮，弹出 数据透视表和数据透视图向导 -- 布局 对话框，在该对话框中设置数据透视表的架构。

（5）设置完成后，单击 确定 按钮，返回到 数据透视表和数据透视图向导 -- 3 步骤之 3 对话框中。

（6）单击 完成(F) 按钮，完成数据透视表的创建工作，如图 6.5.4 所示。

	A	B	C	D	E	F
1	光大公司第一季度销售报表					
2	销售员	一月	二月	三月	合计	
3	李洁	¥ 4,562.54	¥ 65,623.33	¥ 65,235.00	¥ 135,420.87	
4	张志强	¥ 3,485.50	¥ 52,457.02	¥ 65,327.00	¥ 121,269.52	
5	刘文涛	¥ 5,657.10	¥ 5,632.55	¥ 5,635.12	¥ 16,924.77	
6	李小鹏	¥ 7,898.00	¥ 4,568.00	¥ 5,648.00	¥ 18,114.00	
9		销售员				
10	数据	李洁	李小鹏	刘文涛	张志强	总计
11	求和项:一月	4562.54	7898	5657.1	3485.5	21603.14
12	求和项:二月	65623.33	4568	5632.55	52457.02	128280.9
13	求和项:三月	65235	5648	5635.12	65327	141845.12
14	求和项:合计	135420.87	18114	16924.77	121269.52	291729.16

图 6.5.4　创建的数据透视表

（7）在数据透视表中，可以查看每位员工在第一季度销售的总成绩。此时，如果要查看“李小鹏”在一月份和二月份销售的总成绩，则单击“销售员”字段按钮右侧的向下按钮，然后从弹出的列表框中取消选中 ☑李小鹏 选项以外的其他选项。

（8）单击“数据”字段按钮右侧的向下按钮，从弹出的列表框中取消选中 □求和项:三月 复选框。单击 确定 按钮，最终效果如图 6.5.1 所示。

本 章 小 结

本章主要讲解了中文 Excel 2003 中的数据分析，其中主要包括数据透视表的组成、编辑数据透视表以及数据透视图的相关操作。通过本章的学习，用户应能够使用数据透视表以及数据透视图对工作表中的数据进行分析。

实 训 练 习

一、填空题

1．在数据透视表中，数据源是指____________________________________。

2．在数据透视表中，“一月”和“二月”是“月份”字段的____________。

3．如果已知单个公式的预期结果，而用于确定此公式结果的输入值未知，则可使用 Excel 提供的__________________功能进行计算。

4．在数据透视表中，如果要选中整个表格，则单击数据透视表中的任意单元格，然后单击“数据透视表”工具栏中的__________按钮，在弹出的下拉菜单中选择__________中的______________命令。

5．在 Excel 2003 中，如果要对某组数据进行单变量求解，则可以选择__________菜单中的______________命令进行操作。

二、简答题

1．什么是数据透视表？如何创建数据透视表？

2．在 Excel 中，哪些数据类型可以作为数据透视表的源数据？

3．如何更改数据透视表的汇总方式？

4．数据透视表中的数据是否可以更改？

5．为数据清单创建数据透视图时，Excel 是否可以为该数据清单自动创建数据透视表？

6．在什么情况下，可以使用方案管理器？

三、上机操作题

利用 Excel 提供的单变量求解功能，计算出如题图 6.1 所示的 C6 单元格中的值。

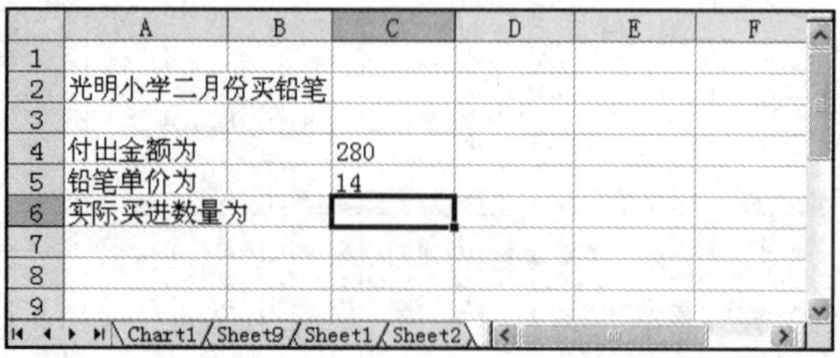

题图 6.1

第 7 章　图　　表

图表可以将 Excel 表格中的数据以柱形、饼图、散点图等形式生动地表现出来，它可以直接对数据进行更加直观的分析。本章主要介绍图表的基本概念、图表的创建、图表的基本操作、三维图表格式以及应用实例等方面的知识。

知识要点

- 图表的基本概念
- 创建图表
- 图表的基本操作
- 三维图表格式

7.1　图表的基本概念

本节主要介绍图表的基本概念和基本知识。

7.1.1　基本概念

Excel 2003 提供了多种样式的图表类型，例如：柱形图、条形图、饼图、折线图、XY（散点）、面积图、圆环图、曲面图、股市图、气泡图、圆锥和圆柱图等基本图表样式。

通过图表可以快速说明工作表数据，图表可以将工作表中的一行行数字变为非常直观的图形格式，然后直观地观察和分析数据的变化趋势。而且图表与生成它们的工作表数据相链接，当更改工作表数据时，图表会自动被更新。

图表不仅可以放在工作表中，也可以放在图表工作表中。直接放在工作表中的图表被称为嵌入图表。工作簿中只包含图表的工作表称为图表工作表。

7.1.2　图表的基本知识

图表分为两大部分，一部分是图表区，另一部分是图形区。图表区包含图表中的所有组件，而图形区是图表的一部分，即显示图形的矩形区域。如图 7.1.1 所示为一个典型的柱形图表，下面介绍其组成。

数据系列：在数据区域中，同一列数据或同一行数据的集合构成一组数据系列，也就是图表中相关数据点的集合，一个图表中可以有一组或多组数据列，不同的数据列通常用不同的颜色、图案或符号来区分。如在图 7.1.1 中，成绩表中的语文、高数和总分成绩分别用不同的颜色来表示。

图例：图例一般为数据清单中的列标题。它包含图例标示和图例项。图例标示，即字段前面不同颜色的小方块，代表数据系列的图案；图例项是与图例标示相对应的数据系列名称，即一种图例项对应的一种图例标示，而图例标示的小方块颜色即该图例项在图表中数据列的颜色。

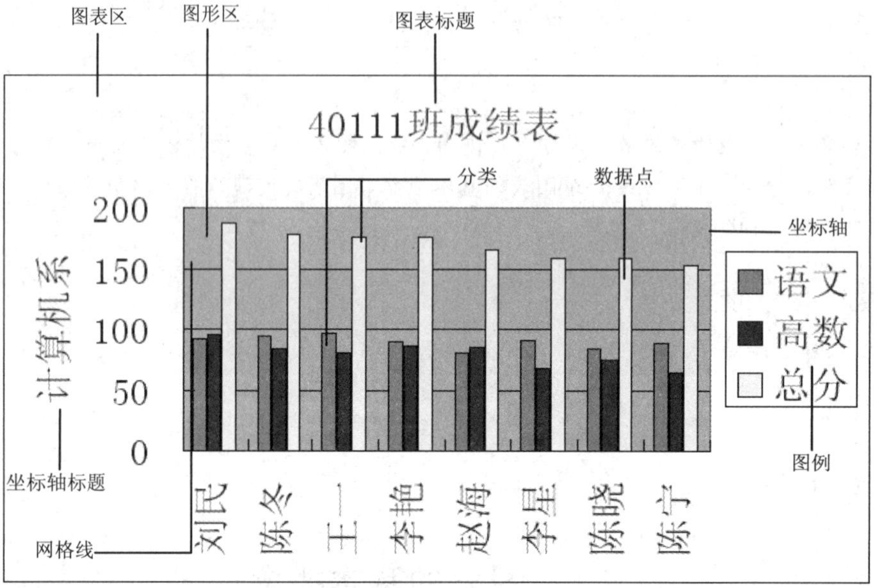

图 7.1.1　图表

数据点：当工作表中的数据以图表形式显示时，这些数值就作为数据点来体现，并以图形方式显示，也就是说一个数据点对应于一个单元格中的数值。在如图 7.1.1 所示的图表中，一个柱形条代表着一个数值，即一个数据点。数据点的样式有多种，如条形、折线形、曲面形、股市形等。

坐标轴：坐标轴是标识数值大小及分类的水平线和垂直线，上面有标定数据值的标志，即刻度，如图 7.1.1 所示的“0，50，100，150，200”。应该注意的是，有的图表使用了三维立体图表，还包含有 Z 轴，三维图表可以在两个方向上表示分类，而饼图、圆环图等图表不含有坐标轴。

分类：分类是指同一数据系列中不同的数据列，在如图 7.1.1 所示的图表中，一名学生包括 3 个数据列，分别表示“语文”“高数”和“总分”。

网格线：将坐标轴的刻度记号向上对 X 轴，或向右对 Y 轴，延伸到整个绘图区的直线。网格线可以使用户更清楚数据点与坐标轴的相对位置，以便更容易地估计图表上数据点的实际数值。

图表文字：图表文字分为 3 种，图表标题、分类 X 轴和数值 Y 轴。图表标题为该图表的标题，如“40111 班成绩表”；分类 X 轴为数据的分类；而数值 Y 轴表示显示在图表左侧的内容，如“计算机系”。

背景墙和基底：背景墙和基底是三维图表的组成部分，它以 X 轴、Y 轴和 Z 轴所构成的平面为背景墙，以 X 轴和 Y 轴所构成的平面为基底。

7.2 创 建 图 表

Excel 2003 可以用两种方式创建图表，一种是创建嵌入式图表，即将表格直接插入到现有工作表中，以显示图表及其相关数据；而另一种是在工作表之外建立独立的图表作为特殊的工作表，这种创建图表的方式被称为图表工作表。

7.2.1　创建默认的图表工作表

通过创建默认的图表工作表可以快速地创建图表，具体操作步骤如下：

（1）打开一个数据清单，如图 7.2.1 所示。

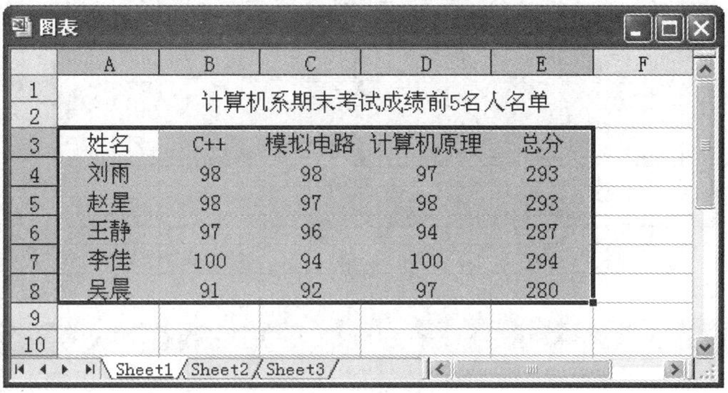

	A	B	C	D	E	F
1	计算机系期末考试成绩前5名人名单					
2						
3	姓名	C++	模拟电路	计算机原理	总分	
4	刘雨	98	98	97	293	
5	赵星	98	97	98	293	
6	王静	97	96	94	287	
7	李佳	100	94	100	294	
8	吴晨	91	92	97	280	
9						
10						

图 7.2.1　数据清单

（2）选中要创建图表的数据区域（如图 7.2.1 所示）。

（3）按“F11”键，快速创建的图表如图 7.2.2 所示。

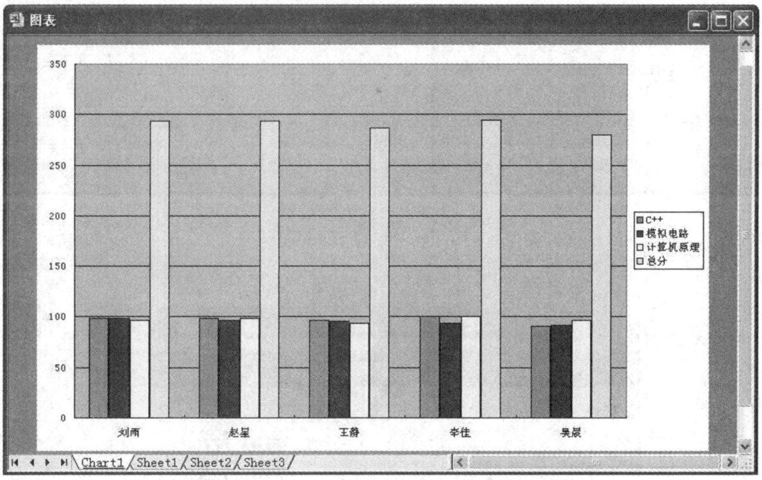

图 7.2.2　创建默认的图表工作表

7.2.2　使用图表向导创建图表

使用向导创建图表，其具体操作步骤如下：

（1）打开一个数据清单，选中要创建图表的数据区域，如图 7.2.3 所示。

（2）选择 插入(I) → 图表(H)... 命令，或者单击“常用”工具栏中的“图表向导”按钮，弹出 图表向导 - 4 步骤之 1 - 图表类型 对话框，如图 7.2.4 所示。

（3）单击 标准类型 标签，打开 标准类型 选项卡，在“图表类型”下拉列表中选择“折线图”选项，如图 7.2.5 所示。

图 7.2.3　打开数据清单

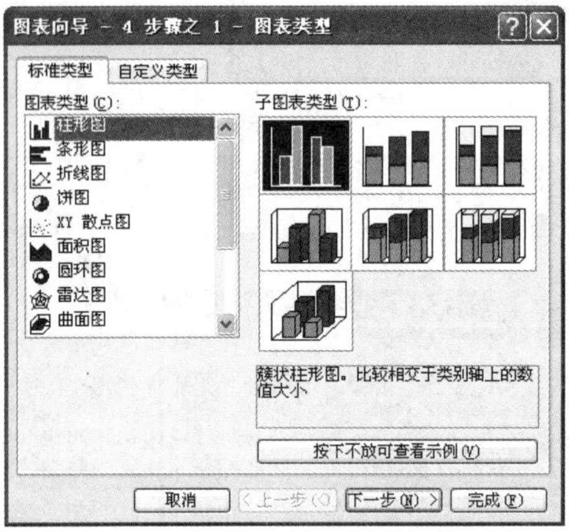

图 7.2.4　“图表向导 - 4 步骤之 1 - 图表类型”对话框

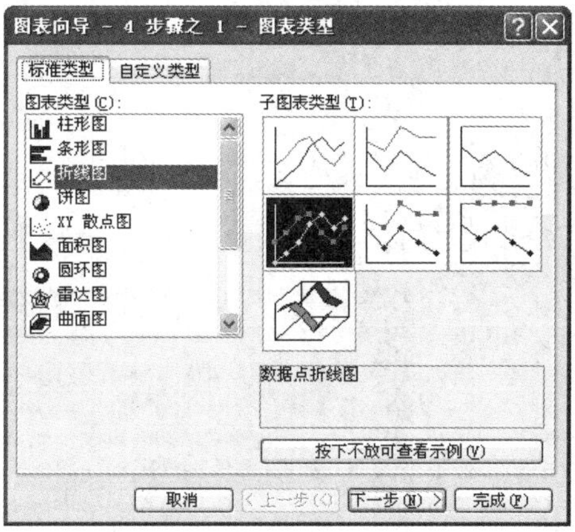

图 7.2.5　“标准类型”选项卡

（4）在该对话框中的“子图表类型”列表框中选择一种图表类型。

（5）单击下一步(N) >按钮，弹出图表向导 - 4 步骤之 2 - 图表源数据对话框，如图 7.2.6 所示。

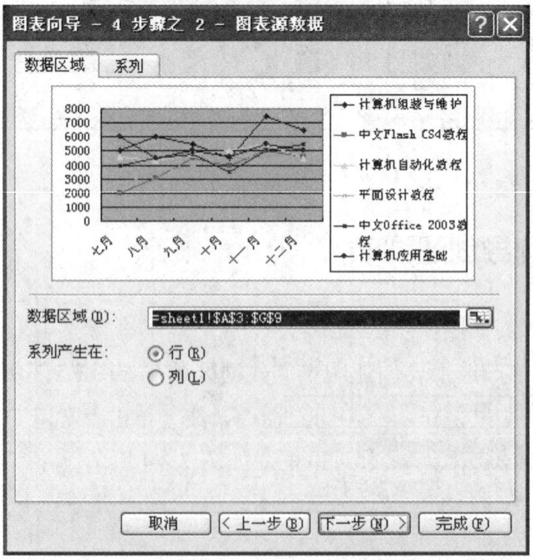

图 7.2.6　“图表向导 - 4 步骤之 2 - 图表源数据”对话框

（6）在如图 7.2.6 所示的对话框中，如果要指定数据系列在行，在“系列产生在”选项组中选中 行(R) 单选按钮；如果要指定数据系列在列，则选中 列(L) 单选按钮。

提示：在如图 7.2.6 所示的对话框中，系列 选项卡用于修改系列的名称和数值以及分类轴标志。

（7）单击 下一步(N) > 按钮，弹出 图表向导 - 4 步骤之 3 - 图表选项 对话框，在“图表标题”文本框中输入“2011 年下半年计算机图书销售汇总表”字样，效果如图 7.2.7 所示。

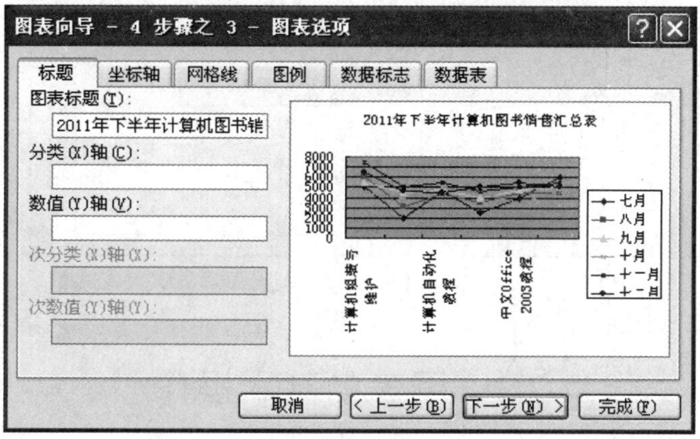

图 7.2.7　“图表向导 - 4 步骤之 3 - 图表选项”对话框

注意：在如图 7.2.7 所示的对话框中有 6 个选项卡，分别为 标题 、坐标轴 、网格线 、图例 、数据标志 和 数据表 。

（1）标题 选项卡：主要用于确定是否在图表中添加图表标题、分类 X 轴标题和数值 Y 轴标题。

（2）坐标轴 选项卡：主要用于确定是否在图表中显示分类 X 轴和数值 Y 轴。

（3）网格线 选项卡：主要用于确定是否在图表中显示网格线。

（4）图例 选项卡：主要用于确定是否在图表中显示图例以及图例的位置。

（5）数据标志 选项卡：主要用于确定是否在图表中显示数据标志以及显示数据标志的方式。

（6）数据表 选项卡：主要用于确定是否在图表底部的网格中显示工作表图表数据。

（8）单击 下一步(N) > 按钮，弹出 图表向导 - 4 步骤之 4 - 图表位置 对话框，如图 7.2.8 所示。

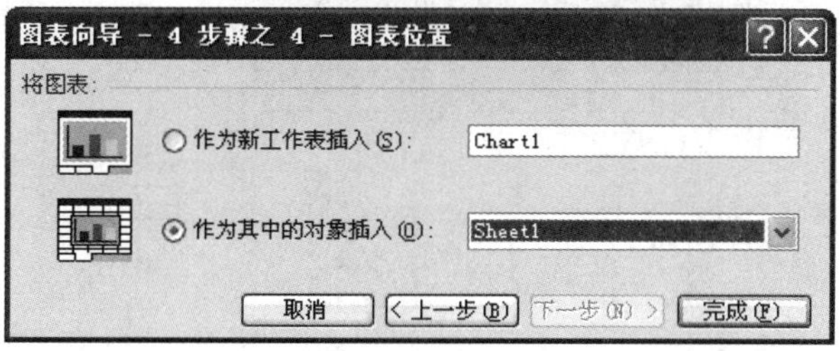

图 7.2.8　“图表向导 - 4 步骤之 4 - 图表位置”对话框

（9）在“将图表”选项组中设置图表产生的位置，如果选中 作为新工作表插入(S): 单选按钮，即可将图表作为图表工作表放在新的工作表中；如果选中 作为其中的对象插入(O): 单选按钮，则可将图表作为嵌入式图表放在当前工作表中。

（10）单击 完成(F) 按钮，创建的图表将显示在工作表中，如图 7.2.9 所示。

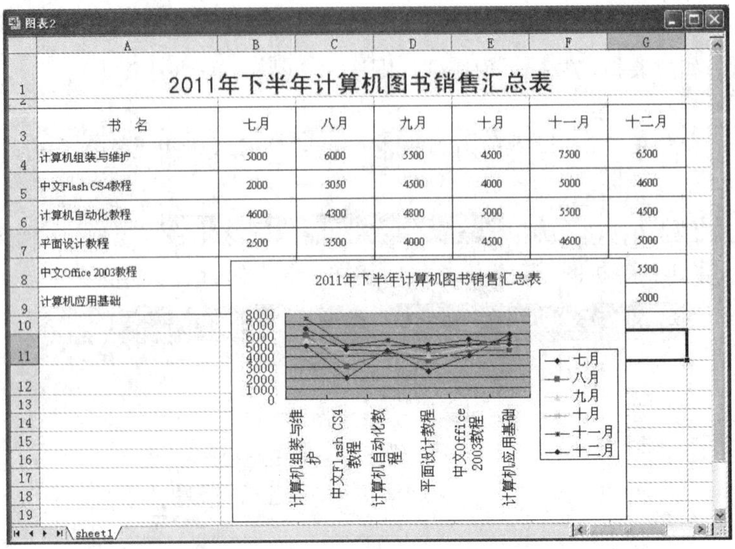

图 7.2.9　创建图表

7.3　图表的基本操作

本节主要介绍图表的基本操作，如编辑图表、修饰图表和在图表中使用图形。

7.3.1　编辑图表

编辑图表主要包括更改图表类型、移动、改变图表大小及删除图表。

1．更改图表类型

更改图表类型，其具体操作步骤如下：

（1）打开需要更改图表类型的图表，如图 7.3.1 所示。

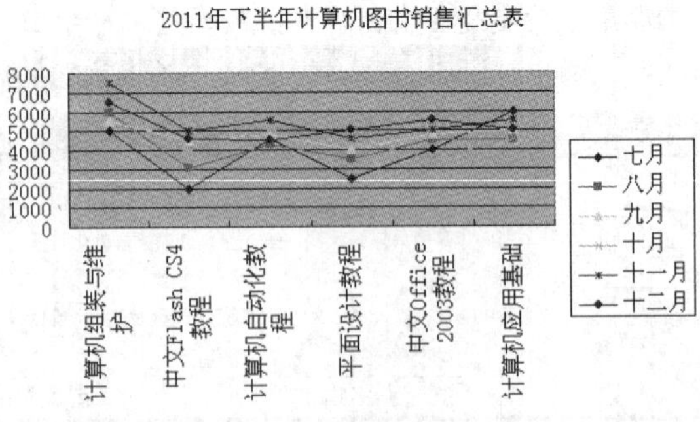

图 7.3.1　图表

（2）单击该图表将其选中，然后选择 图表(C) → 图表类型(Y)... 命令，或者单击鼠标右键，从弹出的快捷菜单中选择 图表类型(Y)... 命令。

（3）弹出 图表类型 对话框，在 标准类型 选项卡的“图表类型”下拉列表框中选择一种图表类型，在“子图表类型”列表框中选择一种子图表类型，如图 7.3.2 所示。

提示：用户也可以在 图表类型 对话框的 自定义类型 选项卡中选择图表类型。

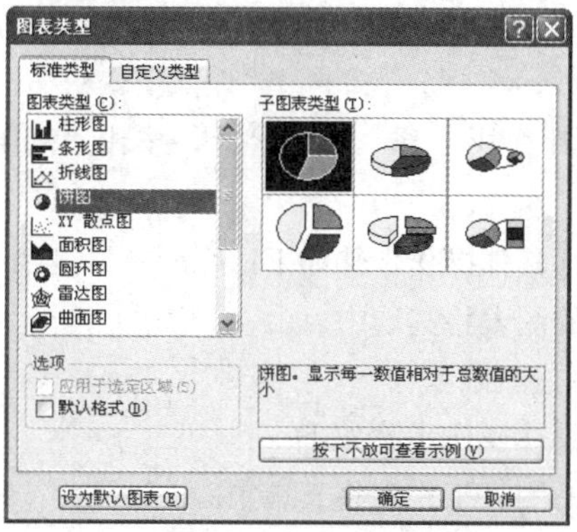

图 7.3.2 “标准类型”选项卡

（4）图表类型设置完成后，单击 确定 按钮，更改后的图表类型如图 7.3.3 所示。

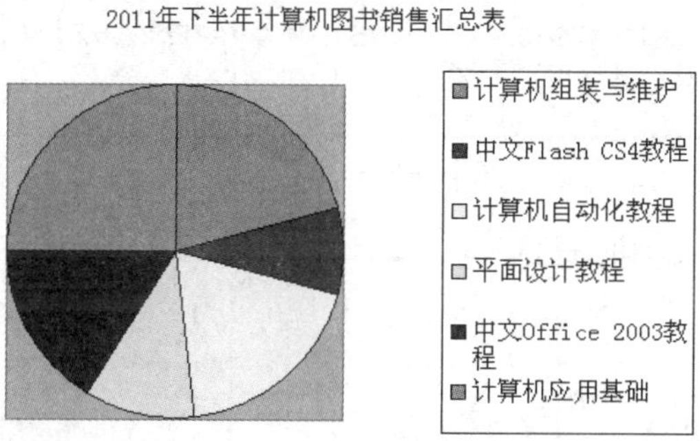

图 7.3.3 更改后的图表类型

2．移动、改变大小及删除图表

（1）移动图表只能是针对嵌入式图表进行的操作，其具体操作步骤如下：

1）单击图表中的空白区域，选中图表。

2）在图表的四周会出现 8 个控制柄，如图 7.3.4 所示。

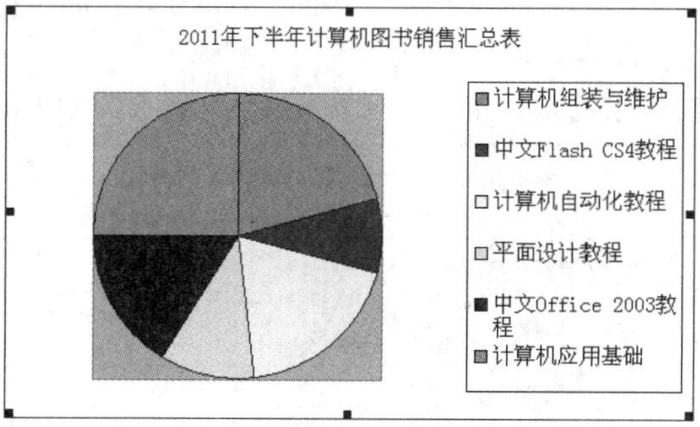

图 7.3.4 选中图表

3）将鼠标放置在图表的空白区域，单击鼠标并拖动，此时鼠标指针会变成 ✥ 形状，将图表拖动至新的位置即可。

（2）改变图表的大小，其具体操作步骤如下：

1）用鼠标单击需要改变大小的图表，此时图表的四周会出现 8 个控制柄。

2）将鼠标指针放在任意一个控制柄上，当鼠标指针变成↗、↘或↔形状时，单击鼠标并拖动，即可改变图表的大小。

提示：当鼠标指针变成↗或↘形状时，按住“Shift”键并拖动鼠标，即可等比例缩放图表。

（3）删除内嵌式工作表，其具体操作步骤如下：

1）用鼠标单击需要删除的图表将其选中。

2）按“Delete”键即可完成删除操作。

（4）删除图表工作表，其具体操作步骤如下：

1）用鼠标单击需要删除的图表工作表将其选中。

2）选择 编辑(E) → 删除工作表(L) 命令，此时弹出如图 7.3.5 所示的警告框。

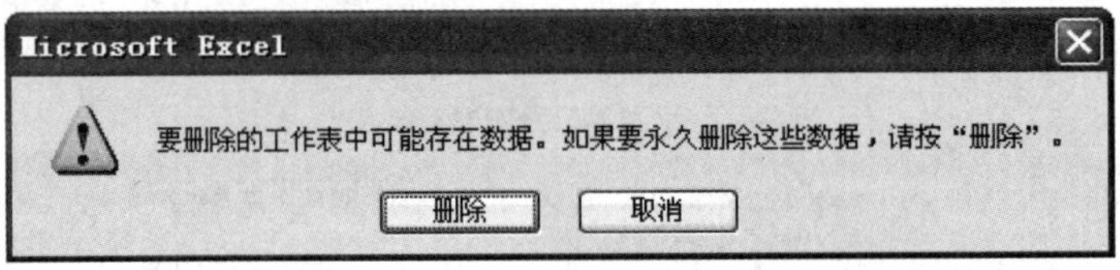

图 7.3.5　警告框

3）如果要进行永久性删除操作，单击 删除 按钮即可。

7.3.2　修饰图表

修饰图表包括给图表添加标题、设置字体和颜色或增加底纹等。

1．添加标题

（1）单击图表将其选中。

（2）选择 图表(C) → 图表选项(I)... 命令，或者单击鼠标右键，从弹出的快捷菜单中选择 图表选项(I)... 命令。

（3）弹出 图表选项 对话框，在 标题 选项卡中的“图表标题”选项组中输入相应的标题，如在“数值 Y 轴”文本框中输入“方圆书店”字样。

（4）设置完成后单击 确定 按钮，在图表中添加标题后的效果如图 7.3.6 所示。

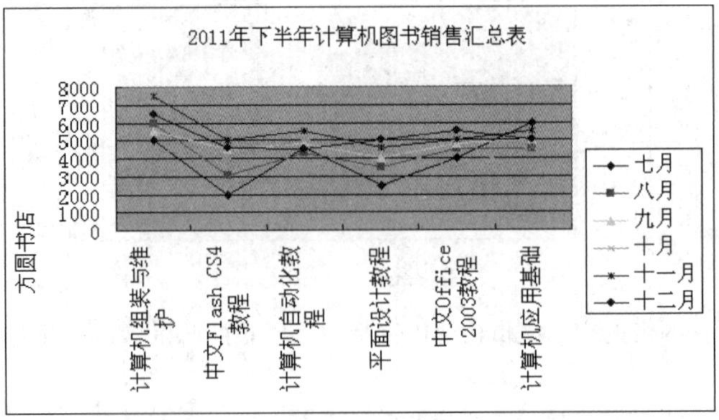

图 7.3.6　添加标题

2. 改变图表文本的字体和颜色

（1）用鼠标单击图表将其选中。

（2）选择 格式(O) → 图表区(E)... Ctrl+1 命令，或者单击鼠标右键，从弹出的快捷菜单中选择 图表区格式(O)... 命令。

（3）在弹出的 图表区格式 对话框中，打开 字体 选项卡，在“字体”下拉列表框中选择字体为“方正楷体简体”；在“字形”下拉列表框中选择“倾斜”；在“字号”下拉列表框中选择字号为“14”；在“颜色”下拉列表框中选择字体颜色为“蓝色”，如图 7.3.7 所示。

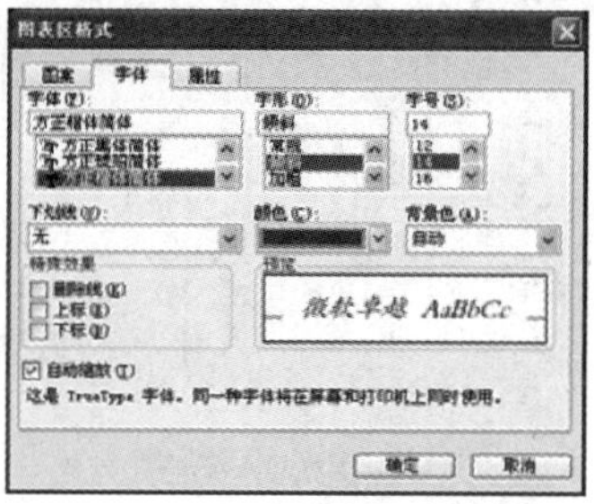

图 7.3.7 “字体”选项卡

（4）设置完成后单击 确定 按钮，此时的图表如图 7.3.8 所示。

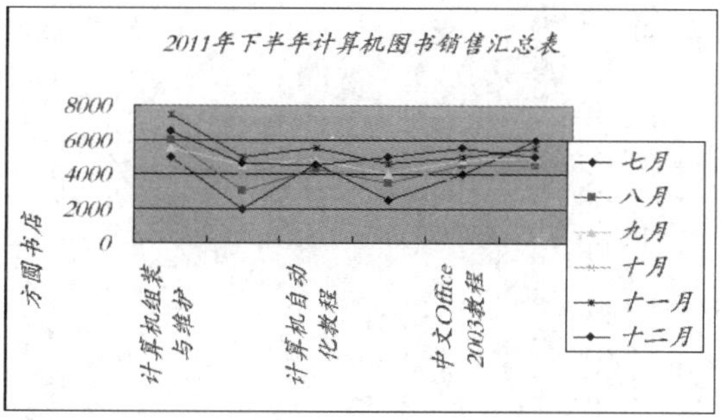

图 7.3.8 设置字体

3. 改变图表区的填充图案

（1）用鼠标单击图表将其选中。

（2）在图表的空白区域双击鼠标左键，弹出 图表区格式 对话框，单击 图案 标签，打开 图案 选项卡，如图 7.3.9 所示。

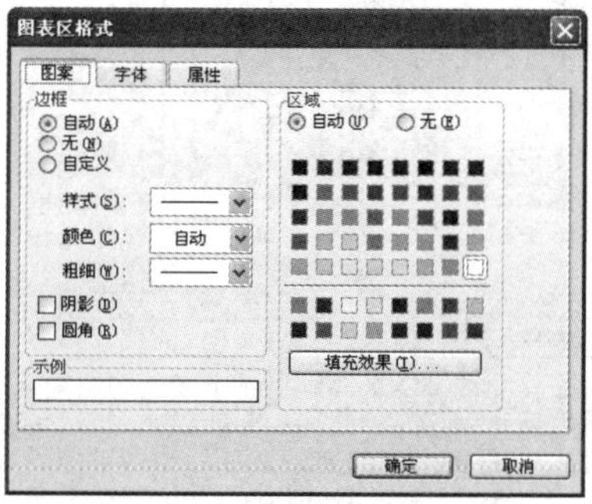

图 7.3.9 “图案”选项卡

（3）在“边框”选项组可以设置图表的边框，如果需要自定义边框，在“样式”“颜色”和“粗细”下拉列表框中设置边框。

（4）在“区域”选项组中可以设置图表区的颜色，也可以单击 填充效果(I)... 按钮，在弹出的 填充效果 对话框中选择需要的背景颜色。

（5）设置完成后单击 确定 按钮，设置图表背景后的效果如图 7.3.10 所示。

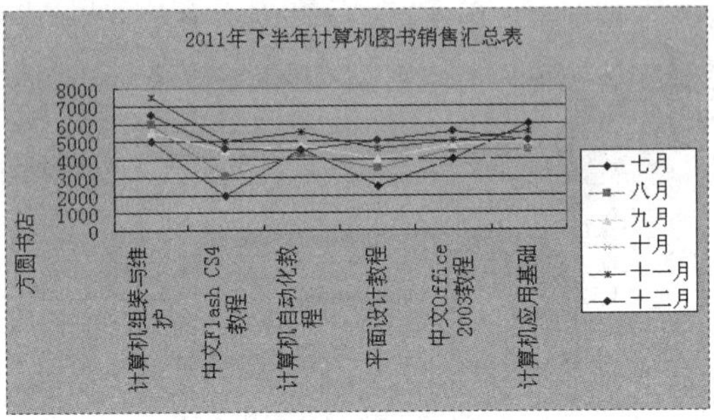

图 7.3.10　设置背景

4．更改图例格式

（1）单击图表中的图例部分，如图 7.3.11 所示。

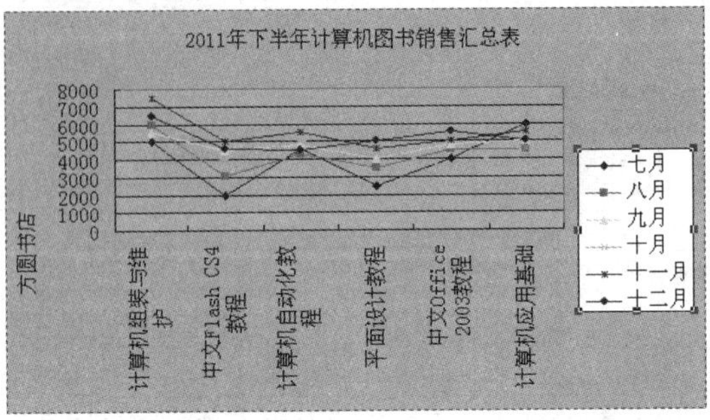

图 7.3.11　选中图表中的一个组成部分

（2）单击“图表”工具栏中的“图例格式”按钮，弹出 图例格式 对话框，可以在其“边框”和“区域”等选项组中设置图表中各组成部分的格式，如图 7.3.12 所示。

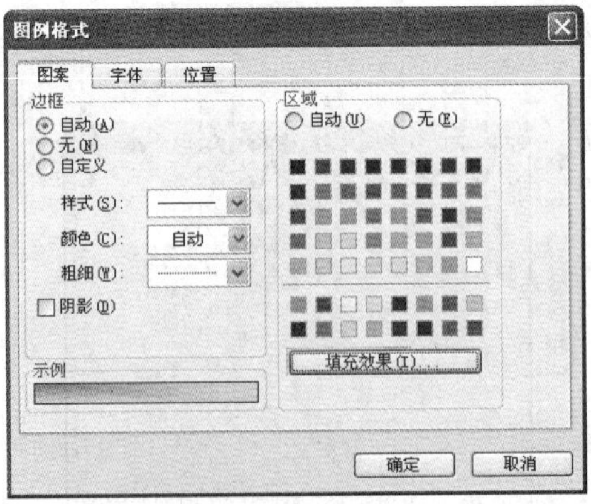

图 7.3.12　“图例格式”对话框

（3）设置完成后单击 确定 按钮，其最终效果如图 7.3.13 所示。

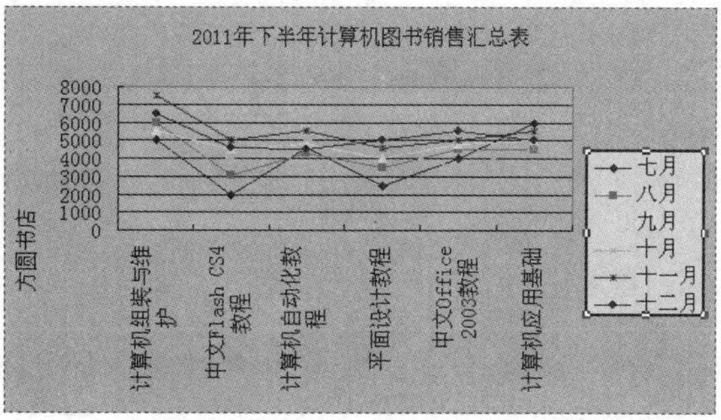

图 7.3.13　设置图例格式

5. 更改背景墙格式

（1）单击图表中的背景墙部分，将其选中。

（2）单击鼠标右键，从弹出的快捷菜单中选择 背景墙格式(O) 命令，弹出 背景墙格式 对话框，在其对话框中设置背景墙图案。

（3）设置完成后单击 确定 按钮，效果如图 7.3.14 所示。

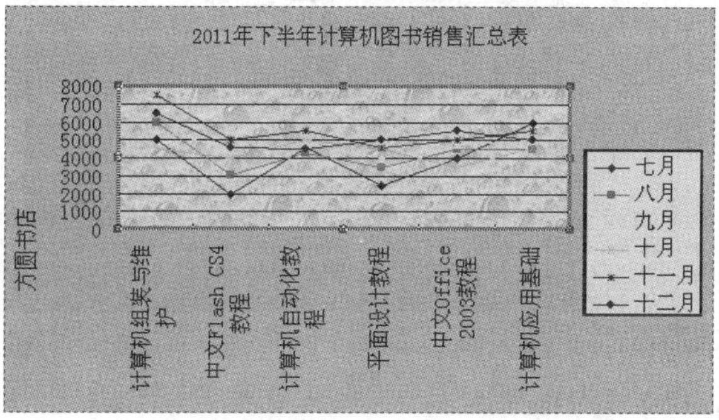

图 7.3.14　设置背景墙格式

7.3.3　在图表中使用图形

下面主要介绍在图表中直接插入图形和利用剪贴画插入图形，删除图表中插入的图形等内容。

1. 直接插入图形

（1）打开一个图表，选中其数据列，如图 7.3.15 所示。

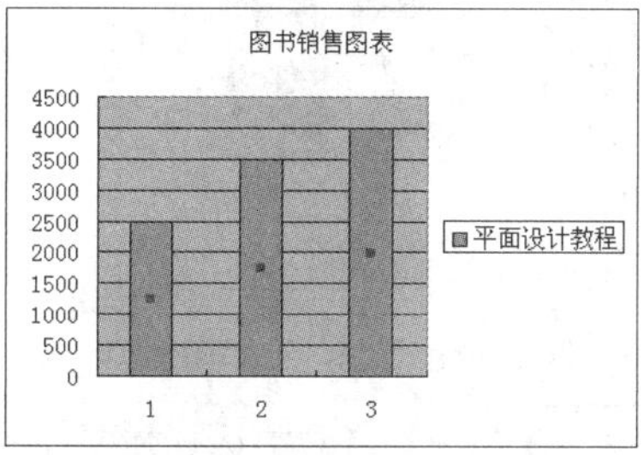

图 7.3.15　选中数据列

（2）选择 插入(I) → 图片(P) → 来自文件(F)... 命令，弹出 插入图片 对话框，如图 7.3.16 所示。

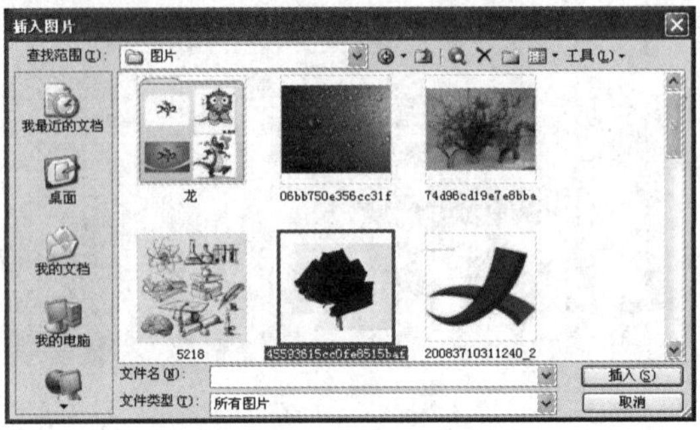

图 7.3.16 “插入图片”对话框

（3）在该对话框中选择需要插入的图片，单击 插入(S) 按钮，在图表的数据列中插入图片后的效果如图 7.3.17 所示。

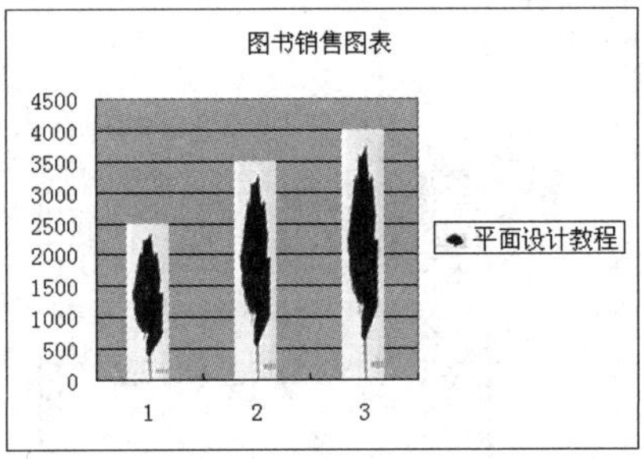

图 7.3.17 插入图片

2．利用剪贴画插入图形

（1）打开一个图表，选中其数据列。

（2）选择 插入(I) → 图片(P) → 剪贴画(C)... 命令，打开 剪贴画 任务窗格，如图 7.3.18 所示。

图 7.3.18 “剪贴画”任务窗格

（3）在 剪贴画 任务窗格中选择需要插入的图片，并单击鼠标即可将此图片应用到数据列中。

（4）如果任务窗格中显示的图片不能满足用户的要求，也可以单击任务窗格下方的管理剪辑...超链接，在打开的如图 7.3.19 所示的剪辑管理器窗口中选择需要的图片。

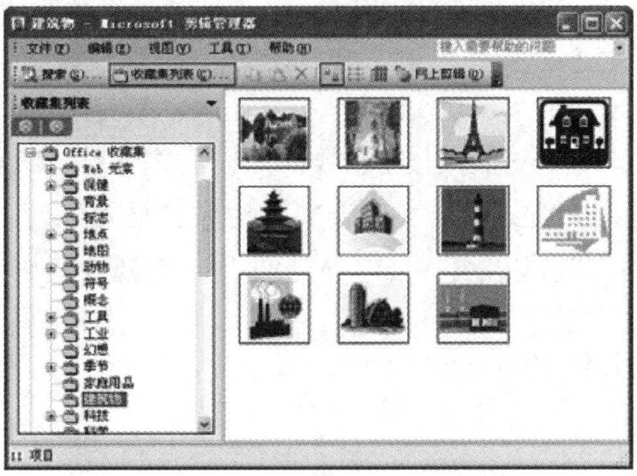

图 7.3.19　“剪辑管理器”窗口

（5）选中要插入的图片，单击鼠标右键，从弹出的快捷菜单中选择复制(C)命令。

（6）最小化剪辑管理器对话框，返回到图表中，按“Ctrl+V”快捷键粘贴图片。

（7）在图表中插入剪贴画后的效果如图 7.3.20 所示。

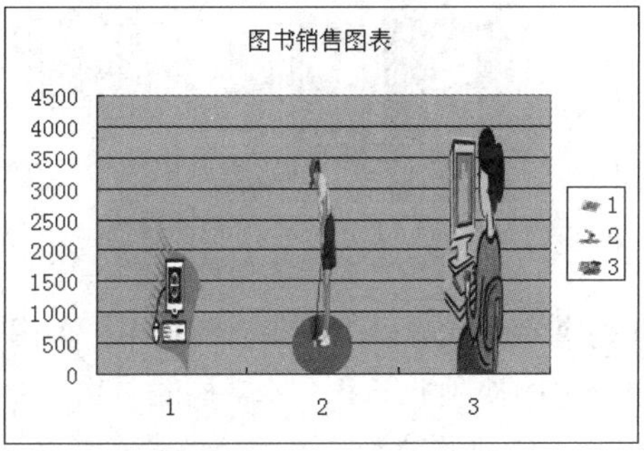

图 7.3.20　插入剪贴画

3．删除插入的图形

（1）选中要删除的图形。

（2）单击鼠标右键，从弹出的快捷菜单中选择数据点格式(O)命令。

（3）弹出数据点格式对话框，打开图案选项卡，如图 7.3.21 所示。

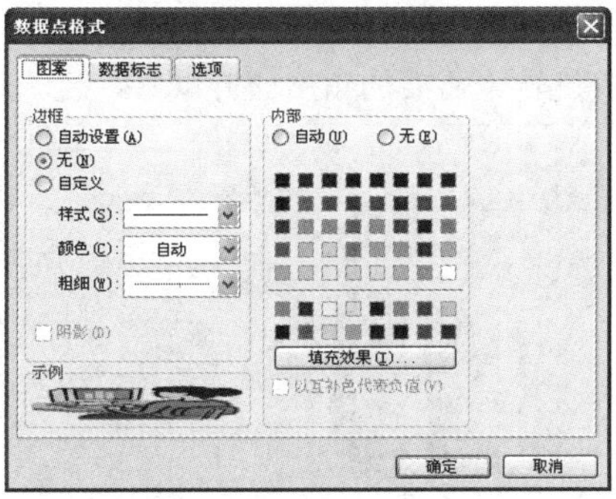

图 7.3.21　“图案”选项卡

（4）在“内部”选项组中选中自动(U)单选按钮，然后单击确定按钮，即可返回为系统默认的颜色。

7.4 三维图表格式

使用三维图表可以在两个不同的维数上描述数据变化，三维比二维具有更多的特征。在图表中，由 X，Z 和 Y，Z 组成的平面称为背景墙；由 X，Y 轴组成的平面称为基底。

创建三维柱形图表时，可以通过改变图表的上下仰角、透视以及旋转角度来旋转三维图表。

7.4.1 直接用鼠标进行旋转

用鼠标直接旋转三维图表，其具体操作步骤如下：

（1）打开一个三维图表，如图 7.4.1 所示。

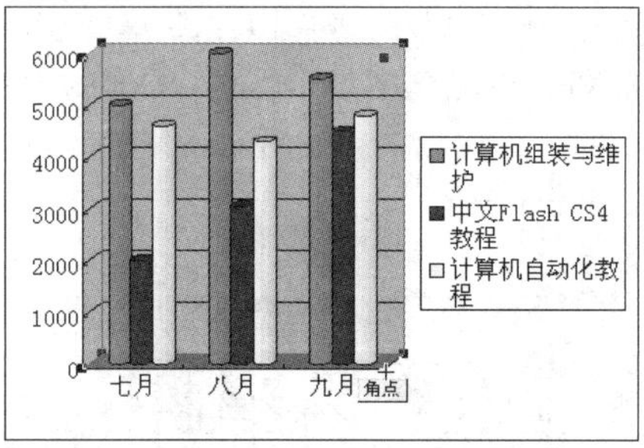

图 7.4.1　三维图表

（2）用鼠标单击背景墙和基底的交点部位，将其全部选中，如图 7.4.1 所示。

（3）此时图表中出现 8 个黑色的控制柄，并在编辑栏的名称框中出现“角点”字样，按住任意控制柄不放并拖动鼠标即可旋转图表，如图 7.4.2 所示。

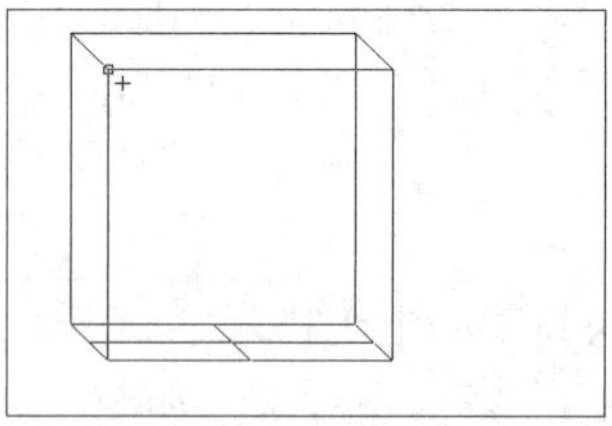

图 7.4.2　旋转图表

（4）通过步骤（3），将图表旋转至需要的角度松开鼠标，旋转后的图表效果如图 7.4.3 所示。

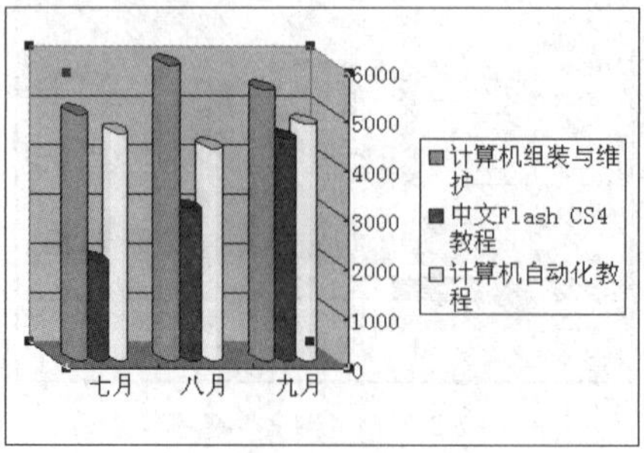

图 7.4.3　旋转后的图表

7.4.2　精确改变三维图表视图

如果通过旋转不能达到用户的要求，可以通过精确设置来改变三维图表视图，其具体操作步骤如下：

（1）打开一个三维图表，并选中其背景墙和基底，如图 7.4.4 所示。

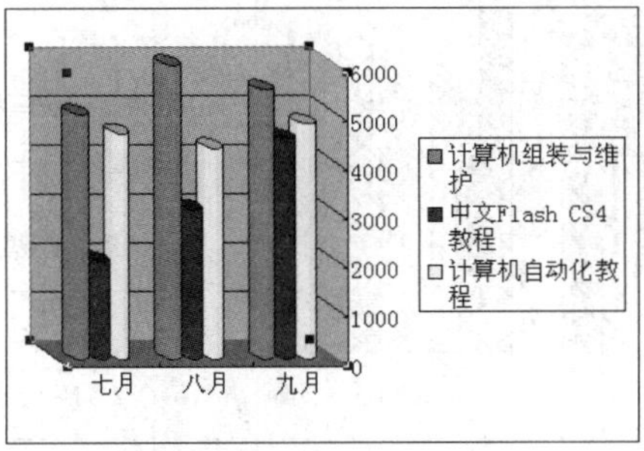

图 7.4.4　三维图表

（2）在背景墙或基底中单击鼠标右键，从弹出的快捷菜单中选择 设置三维视图格式(V)... 命令，弹出 设置三维视图格式 对话框，如图 7.4.5 所示。

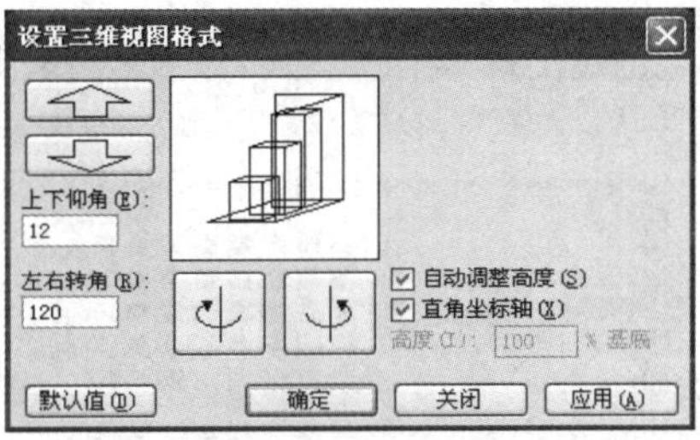

图 7.4.5　“设置三维视图格式”对话框

（3）在“上下仰角”数值框中输入图表的俯仰高度，它以度为单位，图表的仰度范围是－90 度～90 度。单击其文本框的两个按钮可以使视图仰角一次增大或减少 5 度。

（4）“左右转角”用于控制图形区域沿 Z 轴（垂直轴）为旋转中心，左右旋转图形，它以度为单位，图表的转角是 0 度～360 度，可以单击其文本框右边的两个按钮来一次向左或右旋转 10 度。

（5）设置完成后单击 确定 按钮，精确旋转图表后的效果如图 7.4.6 所示。

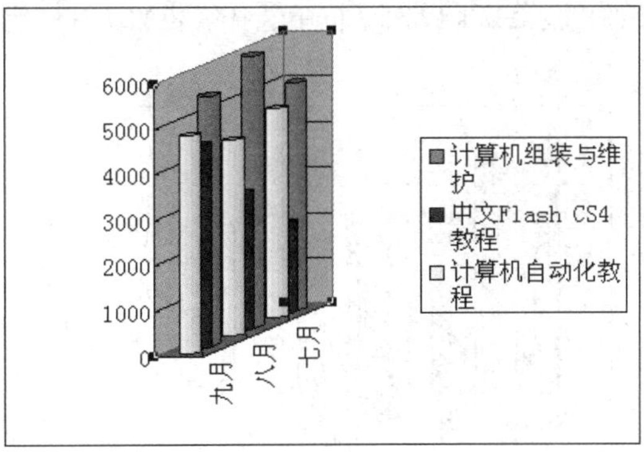

图 7.4.6　精确旋转图表

7.4.3 设置基底格式

设置基底格式，其具体操作步骤如下：

（1）打开一个三维图表，选中其基底，如图 7.4.7 所示。

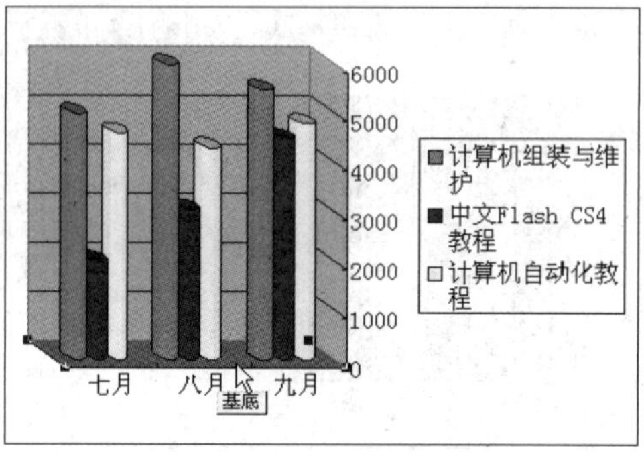

图 7.4.7 选中基底

（2）单击鼠标右键，从弹出的快捷菜单中选择 基底格式(O) 命令，弹出**基底格式**对话框，如图 7.4.8 所示。

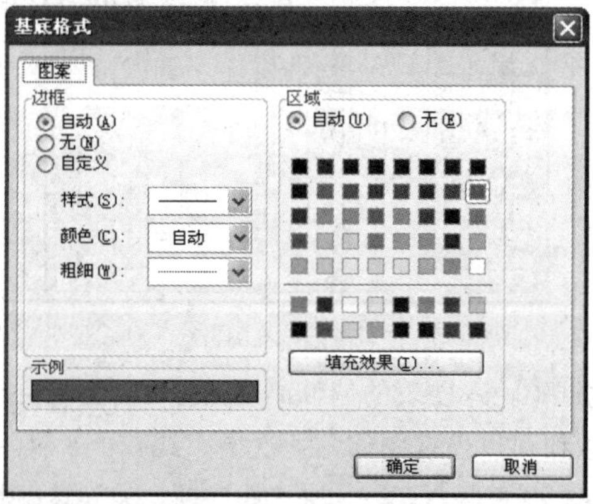

图 7.4.8 “基底格式”对话框

（3）单击 填充效果(I)... 按钮，弹出**填充效果**对话框，在 图片 选项卡中单击 选择图片(L)... 按钮，在弹出的**选择图片**对话框中选择需要的图片，为图表的基底设置图片背景，效果如图 7.4.9 所示。

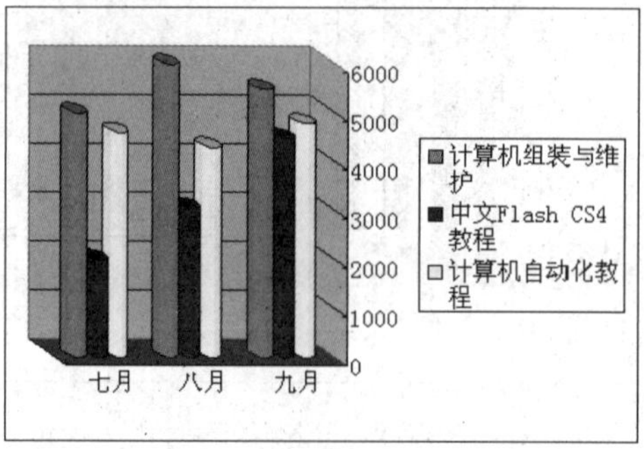

图 7.4.9 设置基底背景

7.5　应用实例——制作学生成绩明细表

本例利用 Excel 2003 制作学生成绩明细表，最终效果如图 7.5.1 所示。

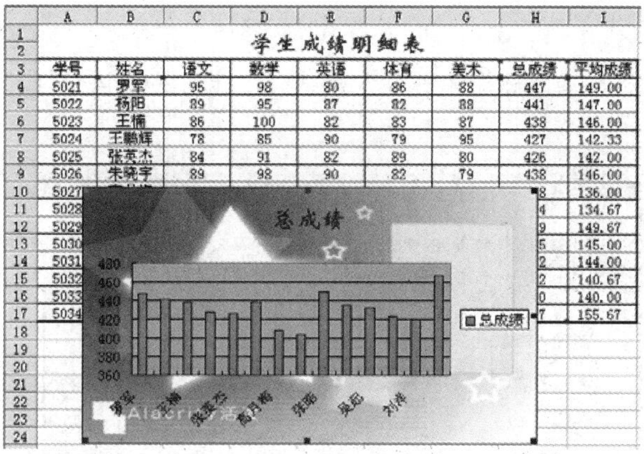

图 7.5.1　最终效果图

操作步骤

（1）启动 Excel 2003 应用程序，单击“常用”工具栏中的“新建”按钮，新建一个空白 Excel 表格。

（2）选中 A1:I2 单元格，单击“常用”工具栏中的“合并及居中”按钮，并在其中输入文本“学生成绩明细表”。设置其字体为“华文新魏”，字号为“20 磅”，字体颜色为“蓝色”，效果如图 7.5.2 所示。

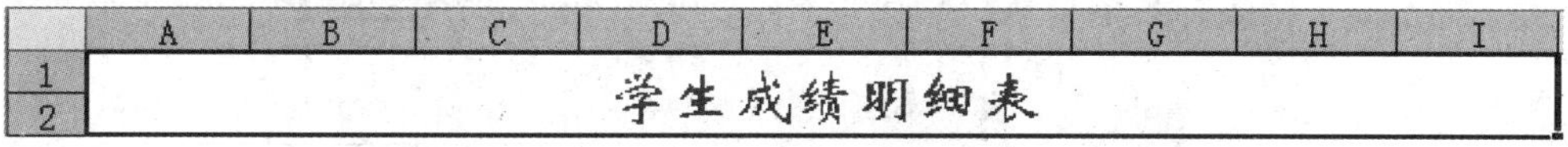

图 7.5.2　设置标题文本

（3）在工作表中的其他单元格中输入数据。在输入学号时，先输入 A4 和 A5 单元格中的序号，然后选中 A4:A5 单元格，当鼠标指针变为**+**形状，拖动鼠标至 A17 单元格添加序号，如图 7.5.3 所示。

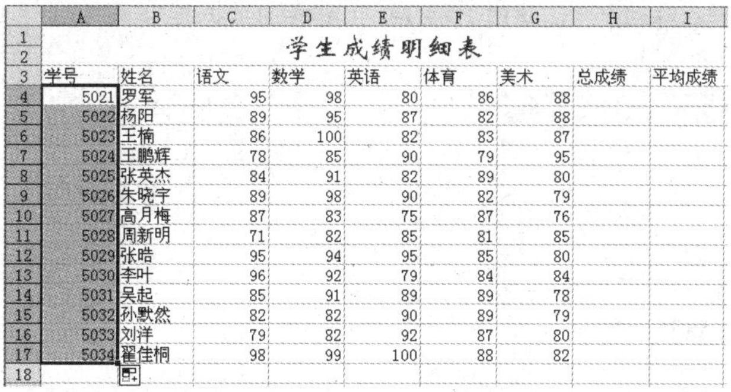

学生成绩明细表

学号	姓名	语文	数学	英语	体育	美术	总成绩	平均成绩
5021	罗军	95	98	80	86	88		
5022	杨阳	89	95	87	82	88		
5023	王楠	86	100	82	83	87		
5024	王鹏辉	78	85	90	79	95		
5025	张英杰	84	91	82	89	80		
5026	朱晓宇	89	98	90	82	79		
5027	高月梅	87	83	75	87	76		
5028	周新明	71	82	85	81	85		
5029	张晧	95	94	95	85	80		
5030	李叶	96	92	79	84	84		
5031	吴起	85	91	89	89	78		
5032	孙默然	82	82	90	89	79		
5033	刘洋	79	82	92	87	80		
5034	翟佳桐	98	99	100	88	82		

图 7.5.3　输入其他数据

（4）选中 H4 单元格，单击“常用”工具栏中的“自动求和”按钮，然后在工作表中选中求和区域，按回车键，结果如图 7.5.4 所示。

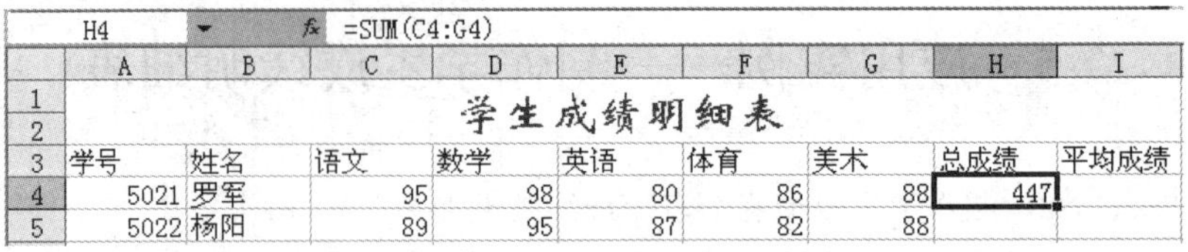

H4 =SUM(C4:G4)

	A	B	C	D	E	F	G	H	I
1	学生成绩明细表								
2									
3	学号	姓名	语文	数学	英语	体育	美术	总成绩	平均成绩
4	5021	罗军	95	98	80	86	88	447	
5	5022	杨阳	89	95	87	82	88		

图 7.5.4 计算求和结果

（5）选中 H4 单元格，当鼠标指针变为+形状时，拖动鼠标至“H17”单元格，计算其他学生的总成绩，如图 7.5.5 所示。

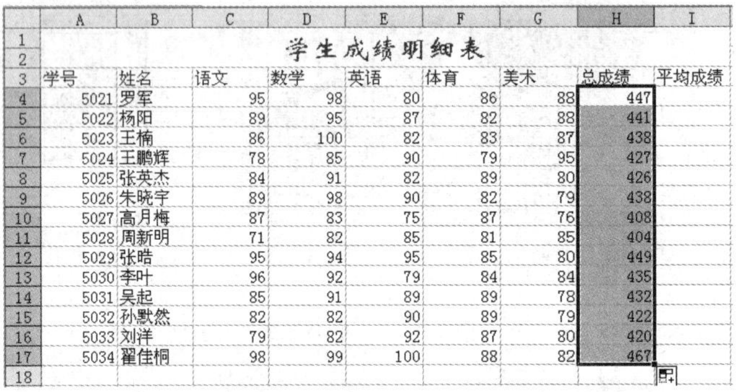

	A	B	C	D	E	F	G	H	I
1	学生成绩明细表								
2									
3	学号	姓名	语文	数学	英语	体育	美术	总成绩	平均成绩
4	5021	罗军	95	98	80	86	88	447	
5	5022	杨阳	89	95	87	82	88	441	
6	5023	王楠	86	100	82	83	87	438	
7	5024	王鹏辉	78	85	90	79	95	427	
8	5025	张英杰	84	91	82	89	80	426	
9	5026	朱晓宇	89	98	90	82	79	438	
10	5027	高月梅	87	83	75	87	76	408	
11	5028	周新明	71	82	85	81	85	404	
12	5029	张晧	95	94	95	85	80	449	
13	5030	李叶	96	92	79	84	84	435	
14	5031	吴起	85	91	89	89	78	432	
15	5032	孙默然	82	82	90	89	79	422	
16	5033	刘洋	79	82	92	87	80	420	
17	5034	翟佳桐	98	99	100	88	82	467	
18									

图 7.5.5 计算其他学生的总成绩

（6）选中 I4 单元格，单击“常用”工具栏中的“自动求和”按钮右侧的小三角Σ ▾，在弹出的下拉列表中选择 平均值(A) 命令，按回车键，得到学生的平均成绩，如图 7.5.6 所示。

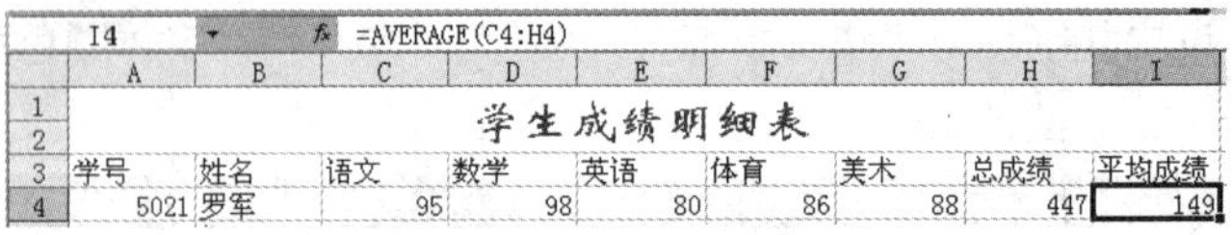

I4 =AVERAGE(C4:H4)

	A	B	C	D	E	F	G	H	I
1	学生成绩明细表								
2									
3	学号	姓名	语文	数学	英语	体育	美术	总成绩	平均成绩
4	5021	罗军	95	98	80	86	88	447	149

图 7.5.6 计算平均成绩

（7）在 I4 单元格中单击鼠标右键，在弹出的快捷菜单中选择 设置单元格格式(F)... 命令，弹出**单元格格式**对话框。打开 数字 选项卡，在“分类”列表中选择“数值”，设置小数位数为 2，如图 7.5.7 所示。

（8）单击 确定 按钮完成设置。将 I4 单元格的数据复制到 I5:I17 单元格中，计算其他学生的平均成绩，如图 7.5.8 所示。

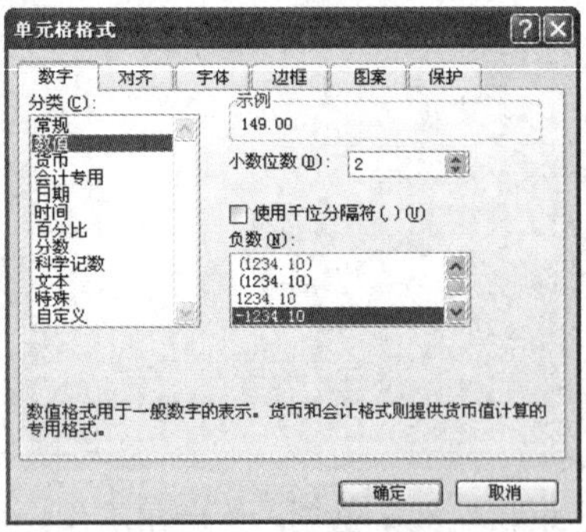

图 7.5.7 设置小数位数

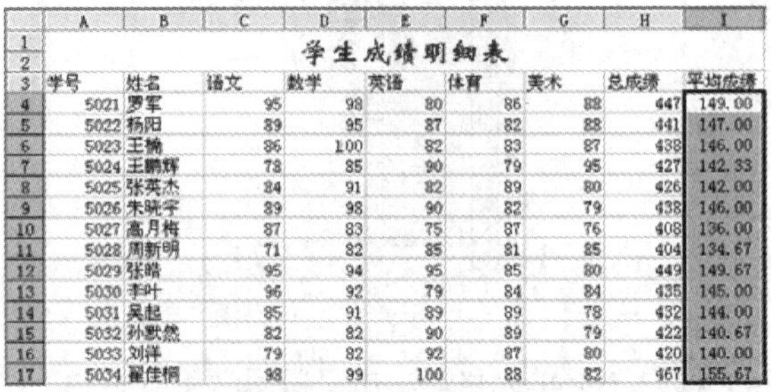

	A	B	C	D	E	F	G	H	I
1	学生成绩明细表								
2									
3	学号	姓名	语文	数学	英语	体育	美术	总成绩	平均成绩
4	5021	罗军	95	98	80	86	88	447	149.00
5	5022	杨阳	89	95	87	82	88	441	147.00
6	5023	王楠	86	100	82	83	87	438	146.00
7	5024	王鹏辉	78	85	90	79	95	427	142.33
8	5025	张英杰	84	91	82	89	80	426	142.00
9	5026	朱晓宇	89	98	90	82	79	438	146.00
10	5027	高月梅	87	83	75	87	76	408	136.00
11	5028	周新明	71	82	85	81	85	404	134.67
12	5029	张晧	95	94	95	85	80	449	149.67
13	5030	李叶	96	92	79	84	84	435	145.00
14	5031	吴起	85	91	89	89	78	432	144.00
15	5032	孙默然	82	82	90	89	79	422	140.67
16	5033	刘洋	79	82	92	87	80	420	140.00
17	5034	翟佳桐	98	99	100	88	82	467	155.67

图 7.5.8 计算其他学生的平均成绩

（9）选中 A3:I17 单元格，单击“格式”工具栏中的“居中”按钮，使其居中显示，效果如图

7.5.9 所示。

（10）选中 A3:I17 单元格，单击鼠标右键，在弹出的快捷菜单中选择 设置单元格格式(F)... 命令，弹出**单元格格式**对话框。单击 边框 选项卡，在“线条”下拉列表中选择一种较粗的线，然后单击“外边框”按钮，同样选择一种较细的线作为内部边框，如图 7.5.10 所示。

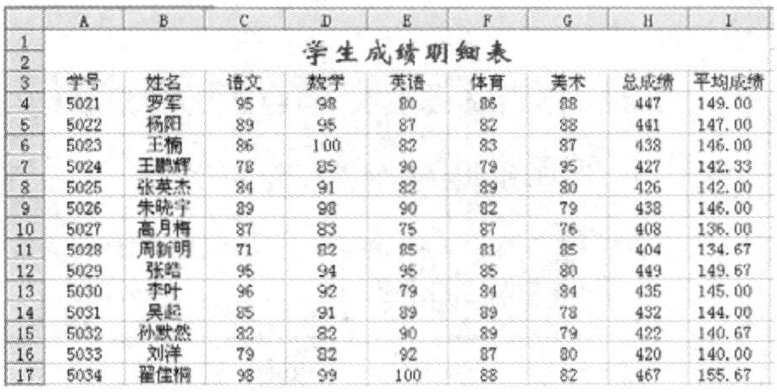

学号	姓名	语文	数学	英语	体育	美术	总成绩	平均成绩
5021	罗军	95	98	80	86	88	447	149.00
5022	杨阳	89	95	87	82	88	441	147.00
5023	王楠	86	100	82	83	87	438	146.00
5024	王鹏辉	78	85	90	79	95	427	142.33
5025	张英杰	84	91	82	89	80	426	142.00
5026	朱晓宇	89	98	90	82	79	438	146.00
5027	高月梅	87	83	75	87	76	408	136.00
5028	周新明	71	82	85	81	85	404	134.67
5029	张皓	95	94	95	85	80	449	149.67
5030	李叶	96	92	79	84	84	435	145.00
5031	吴起	85	91	89	89	78	432	144.00
5032	孙默然	82	82	90	89	79	422	140.67
5033	刘洋	79	82	92	87	80	420	140.00
5034	翟佳桐	98	99	100	88	82	467	155.67

图 7.5.9　设置单元格格式

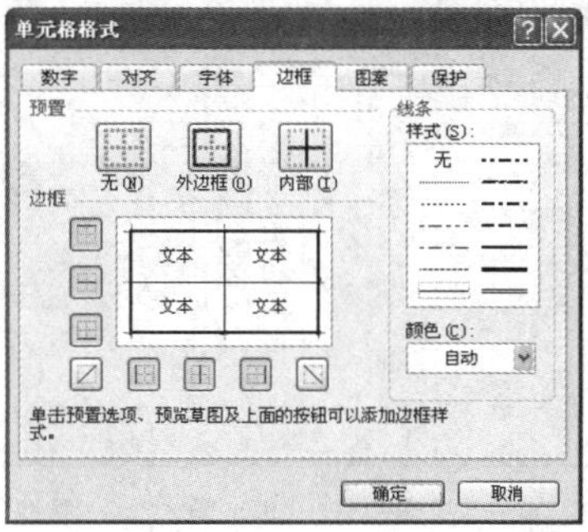

图 7.5.10　设置表格边框

（11）单击 确定 按钮完成边框线设置，如图 7.5.11 所示。

学生成绩明细表

学号	姓名	语文	数学	英语	体育	美术	总成绩	平均成绩
5021	罗军	95	98	80	86	88	447	149.00
5022	杨阳	89	95	87	82	88	441	147.00
5023	王楠	86	100	82	83	87	438	146.00
5024	王鹏辉	78	85	90	79	95	427	142.33
5025	张英杰	84	91	82	89	80	426	142.00
5026	朱晓宇	89	98	90	82	79	438	146.00
5027	高月梅	87	83	75	87	76	408	136.00
5028	周新明	71	82	85	81	85	404	134.67
5029	张皓	95	94	95	85	80	449	149.67
5030	李叶	96	92	79	84	84	435	145.00
5031	吴起	85	91	89	89	78	432	144.00
5032	孙默然	82	82	90	89	79	422	140.67
5033	刘洋	79	82	92	87	80	420	140.00
5034	翟佳桐	98	99	100	88	82	467	155.67

图 7.5.11　表格边框效果

（12）选定“B3:I17”单元格中的数据，单击“常用”工具栏中的“图表向导”按钮，弹出**图表向导 － 4 步骤之 1 － 图表类型**对话框。从中选择“柱形图”选项，在“子图表类型”列表框中选择“簇状柱形图”选项，如图 7.5.12 所示。

（13）单击 下一步(N) > 按钮，弹出**图表向导 － 4 步骤之 2 － 图表源数据**对话框，打开 系列 选项卡。单击 删除(R) 按钮，删除除了“总成绩”之外的其他选项，如图 7.5.13 所示。

图 7.5.12　“图表向导 － 4 步骤之 1 － 图表类型”对话框

图 7.5.13　“图表向导 － 4 步骤之 2 － 图表源数据”对话框

（14）单击下一步(N) >按钮，弹出图表向导 － 4 步骤之 3 － 图表选项对话框。在“图表标题”文本框中输入文本“总成绩”，如图 7.5.14 所示。

（15）单击下一步(N) >按钮，弹出图表向导 － 4 步骤之 4 － 图表位置对话框，选中作为其中的对象插入(O):单选按钮，如图 7.5.15 所示。

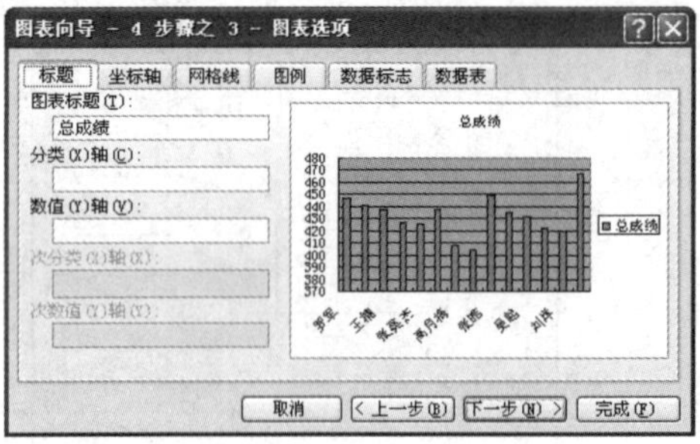

图 7.5.14 “图表向导 － 4 步骤之 3 － 图表选项”对话框

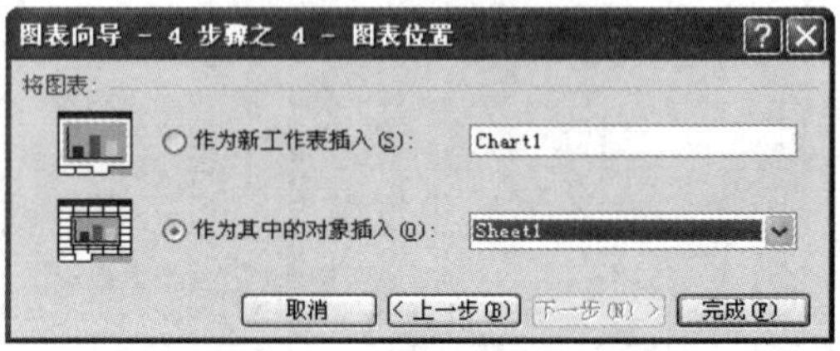

图 7.5.15 “图表向导 － 4 步骤之 4 － 图表位置”对话框

（16）单击完成(F)按钮，效果如图 7.5.16 所示。

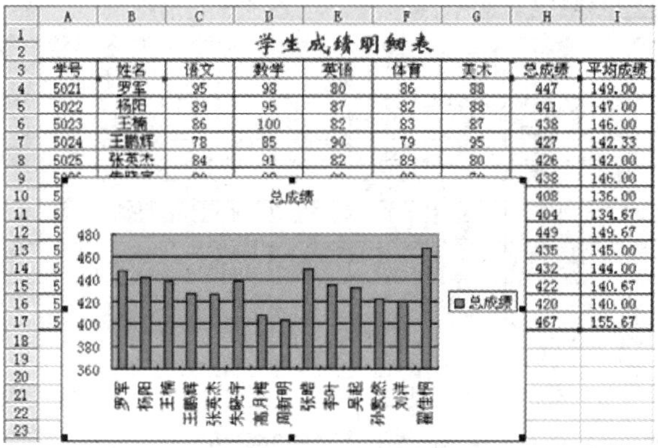

图 7.5.16 创建数据图表

（17）选中图表标题，设置其字体为“华文新魏”，“字号”为“20 磅”，“字体颜色”为“蓝色”。

（18）在图表区中单击鼠标右键，从弹出的快捷菜单中选择图表区格式(O)...命令，弹出图表区格式对话框。打开图案选项卡，单击填充效果(I)...按钮，如图 7.5.17 所示。

（19）在弹出的填充效果对话框中，打开图片选项卡，单击选择图片(L)...按钮，弹出选择图片对话框，从中选择合适的图片，如图 7.5.18 所示。

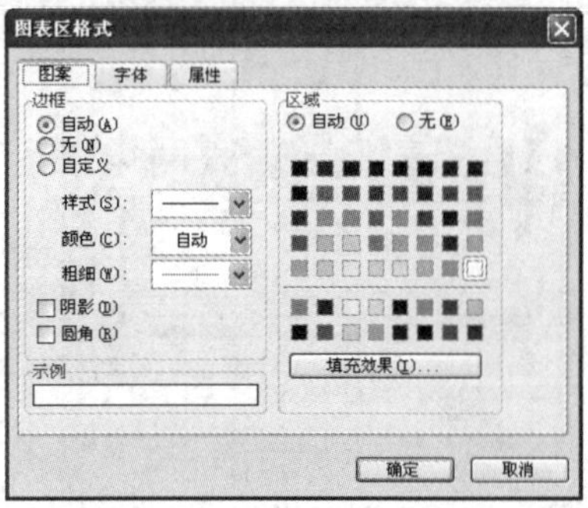

图 7.5.17 “图表区格式”对话框

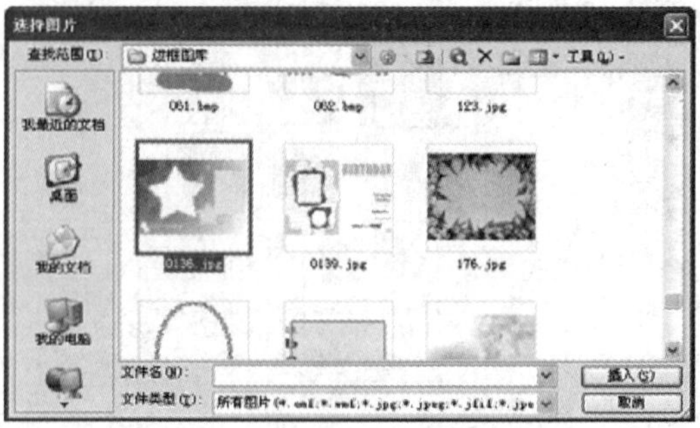

图 7.5.18 选择图片

（20）单击「插入(S)」按钮返回到「填充效果」对话框中，单击「确定」按钮，返回到「图表区格式」对话框中，单击「确定」按钮，最终效果如图 7.5.1 所示。

本章小结

本章主要讲解了图表的相关操作，具体包括图表的基本概述、创建图表、图表的基本操作以及三维图表格式等内容。通过本章的学习，用户应该能根据工作表中的数据创建各种不同类型的图表。

实训练习

一、填空题

1．图表分为两大部分，一部分是＿＿＿＿＿，另一部分是＿＿＿＿＿。

2．在图表中由 X，Z 和 Y，Z 组成的平面称为＿＿＿＿＿；由 X，Y 轴组成的平面称为＿＿＿＿＿。

3．图表的仰度范围是＿＿＿＿＿。

二、简答题

1．图表由哪几部分组成？

2．嵌入式图表和图表工作表的概念是什么？

三、上机操作题

新建一个数据清单，并进行如下操作：

（1）为该数据清单创建图表。

（2）对图表进行字体设置。

（3）设置图表区、图例格式。

（4）为图表中的数据列插入图片。

（5）为该数据清单创建三维图表。

（6）设置三维图表的背景墙和基底格式。

第 8 章　屏幕显示与打印

在 Excel 中，所有表格都是在当前窗口中显示的，如果表格很大，不能将其所有内容显示在屏幕上时，可以通过调整窗口显示比例及隐藏不必要的窗口元素来扩大窗口显示区域。

在 Excel 中编辑的所有电子表格和其他软件一样都可以打印出来，但在打印之前有必要进行一些打印设置。

知识要点

- 设置屏幕显示
- 打印工作表

8.1　设置屏幕显示

为了尽可能多地利用屏幕显示工作表数据，用户可以隐藏大多数窗口元素。这些窗口元素包括状态栏、编辑栏、工具栏、工作表、行和列等。

8.1.1　隐藏编辑栏、状态栏和工具栏

如果要隐藏编辑栏和状态栏，可以按下述操作步骤进行：

（1）在当前编辑的工作表环境下，选择 工具(T) → 选项(O)... 命令，弹出 选项 对话框，打开 视图 选项卡，如图 8.1.1 所示。

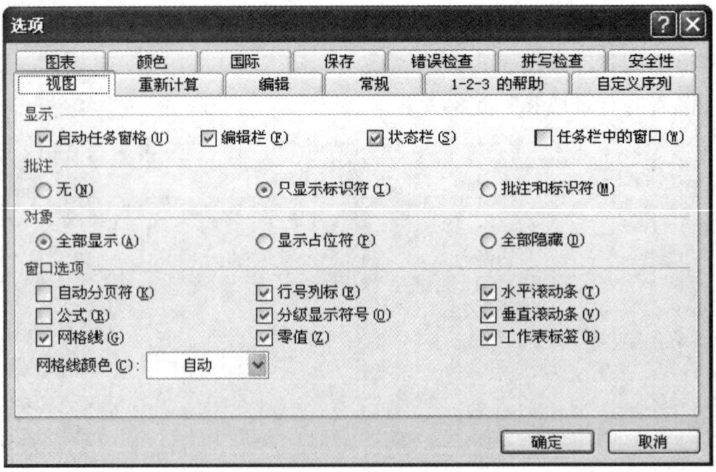

图 8.1.1　“视图”选项卡

（2）在 视图 选项卡中，取消选中“显示”选区中的 编辑栏(F) 和 状态栏(S) 复选框。

（3）单击 确定 按钮，此时就可以看到窗口中的编辑栏和状态栏消失了。

如果要隐藏工具栏，可以选择视图(V)→工具栏(T)命令，然后在展开的级联菜单中取消相应工具栏前的选中状态，即可隐藏工具栏；也可以将鼠标指针放在当前显示的工具栏区域中的任何位置，单击鼠标右键，从弹出的快捷菜单中直接取消相应工具栏的选中状态隐藏工具栏。

8.1.2　显示与隐藏工作表

如果当前工作簿中的工作表数量较多，用户可以将存有重要数据或暂时不使用的工作表隐藏起来，这样不仅可以减少屏幕上工作表的数量，还可以防止工作表中重要数据因错误操作而丢失。在隐藏工作表之后，如果想要对工作表重新进行编辑，还可以恢复其显示。

1．隐藏工作表

隐藏工作表可以按下述操作步骤进行。

（1）单击要隐藏的工作表标签，切换到该工作表中。

（2）选择格式(O)→工作表(H)→隐藏(H)命令，此时该工作表即被隐藏。

2．显示工作表

如果要恢复被隐藏的工作表，可以按下述操作步骤进行。

（1）在工作簿的任意工作表中，选择格式(O)→工作表(H)→取消隐藏(U)...命令，弹出如图 8.1.2 所示的取消隐藏对话框。

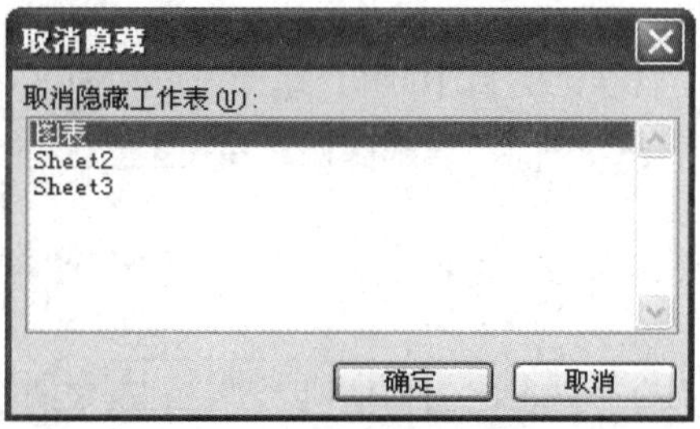

图 8.1.2　“取消隐藏”对话框

（2）在对话框中的“取消隐藏工作表”列表框中选择要恢复显示的工作表。

（3）单击确定按钮即可。

8.1.3　显示与隐藏行或列

通过隐藏行与列可以给用户带来很大的方便。如对当前暂时不使用的行或列，可以将其隐藏起来以空出更大的区域来显示正在编辑的数据。如果要再次使用被隐藏的数据，也可以将其恢复显示。

1．隐藏行或列

隐藏行或列可以使用鼠标拖动法，也可以使用菜单命令法。因为，将行或列隐藏实际上就是将行高或列宽设置为零。将鼠标指针放在要隐藏的行或列下方或右方的边框上，按住鼠标左键拖动至其行号或列标消失即可。

如果要使用菜单命令法隐藏行或列，可以按下述操作步骤进行。

（1）选择需要隐藏的行或列。

（2）选择格式(O)→行(R)→隐藏(H)命令，或者选择格式(O)→列(C)→隐藏(H)命令。

2．显示行或列

如果要重新显示行或列，可以按下述操作步骤进行。

（1）选择希望显示的行或列两侧的行或列。

（2）选择格式(O)→行(R)→取消隐藏(U)命令，或者选择格式(O)→列(C)→取消隐藏(U)命令。

8.1.4 全屏显示

全屏显示是以保留“菜单栏”的方式来显示工作表的，并且在该状态下将自动显示“全屏显示”工具栏。如果要切换到全屏显示状态，可以选择视图(V)→全屏显示(U)命令。单击“全屏显示”工具栏中的关闭全屏显示(C)按钮，即可恢复到普通视图状态下。

提示： 如果在全屏显示状态下没有显示“全屏显示”工具栏，也可以通过选择视图(V)→全屏显示(U)命令恢复到普通视图状态下。

8.1.5 改变显示比例

在 Excel 中，工作表的默认显示比例为 100%。在操作过程中，可以改变显示比例来放大或缩小工作表的显示。使用“常用”工具栏中的“显示比例”按钮 100% 和菜单命令，均可以改变显示比例。

1．使用“显示比例”按钮

如果使用“常用”工具栏中的“显示比例”按钮 100% 来调整工作表的显示比例，其操作步骤如下：

（1）单击“显示比例”按钮 100% 右边的向下箭头，弹出其下拉列表，其中显示了各种比例选项。

（2）在列表中选择需要的比例选项，单击鼠标即可完成显示比例的改变。

如果在“显示比例”下拉列表中没有找到用户需要的比例值，也可以在“显示比例”文本框 100% 中单击鼠标，然后直接输入需要的显示比例值即可。

2．使用菜单命令

使用菜单命令，也可以改变工作表的显示比例，其操作方法如下：

（1）选择视图(V)→显示比例(Z)...命令，弹出如图 8.1.3 所示的显示比例对话框。

（2）在对话框中选中用户需要的显示比例单选按钮，或者选中⊙自定义(C):单选按钮，然后在其右侧的文本框中输入自定义的比例值。

（3）单击确定按钮即可改变工作表的显示比例。

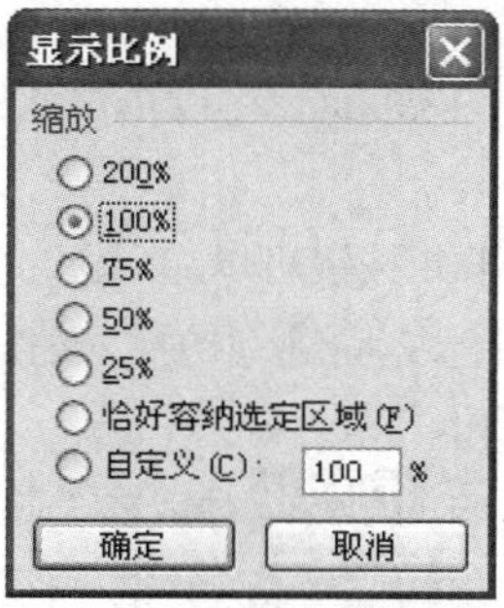

图 8.1.3 “显示比例”对话框

提示：改变屏幕的显示比例并不影响打印。除非更改了“页面设置”对话框（选择“文件”菜单中的“页面设置”命令即可打开“页面设置”对话框）中“页面”选项卡中的缩放比例，否则工作表将按照 100%的比例打印。

8.2 打印工作表

编辑完工作表后，需要将其打印出来，在打印之前可以预览打印效果，也可以设置打印选项。

8.2.1 打印预览

打印预览就是在实际打印之前，把工作表的打印效果显示在屏幕上，使用户可以预先浏览一下，以便决定是否修改打印参数，从而避免造成打印浪费。

如果要进入到打印预览视图，可以直接单击“常用”工具栏中的“打印预览”按钮，也可以选择 文件(F) → 打印预览(V) 命令。

进入到打印预览视图，如图 8.2.1 所示。

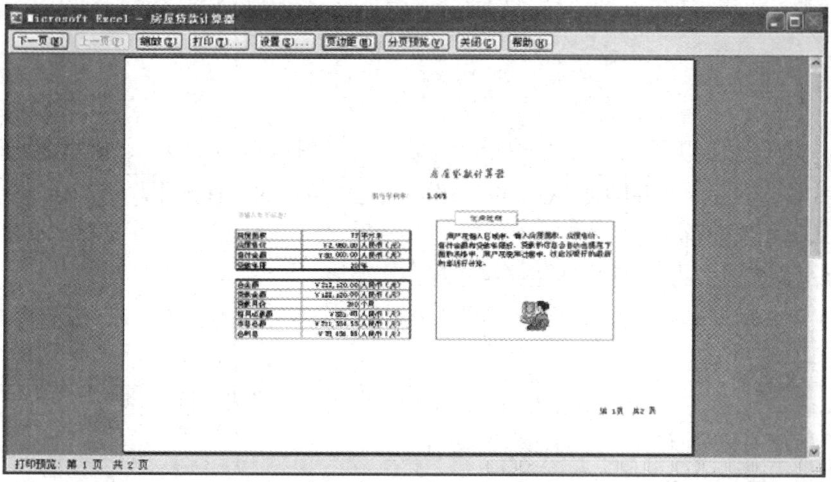

图 8.2.1 “打印预览”视图模式

其中各按钮的含义说明如下：

下一页(N)按钮：如果要打印的工作表有多页，可以单击此按钮看到下一页的打印效果（使用滚动条也可以快速查看其他页面的打印效果）。

上一页(P)按钮：如果有上一页，单击此按钮可以显示上一页的打印效果。

缩放(Z)按钮：在放大显示和全页显示之间进行切换。缩放不影响打印的大小，在当前预览页上的任一位置单击鼠标相当于选择缩放按钮。

打印(T)...按钮：单击此按钮，将弹出**打印内容**对话框，并返回到正常显示状态下。

设置(S)...按钮：单击此按钮，将弹出**页面设置**对话框（有关页面设置在接下来的内容中将讲到），可对页面进行设置。

页边距(M)按钮：页边距设置的控制开关，单击此按钮，可以显示或隐藏页边距设置，如图 8.2.2 所示。

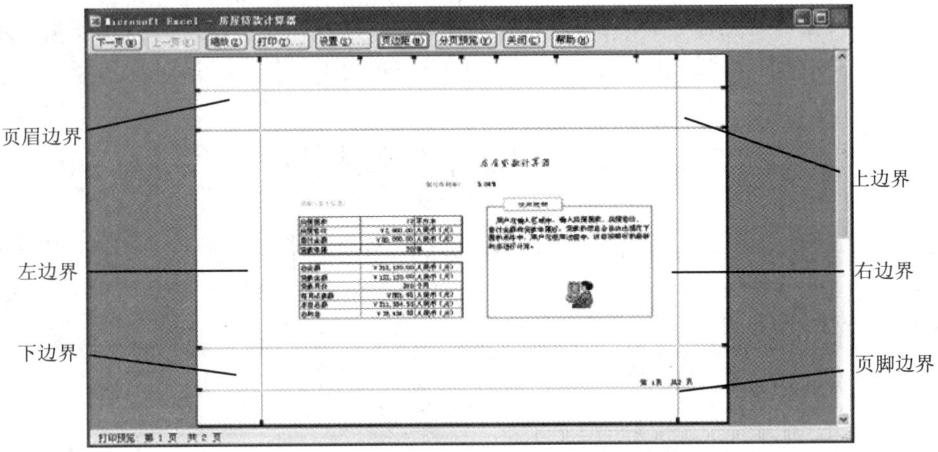

图 8.2.2　显示页边距设置

分页预览(V)按钮：单击此按钮，可以返回到"分页预览"视图模式下，并且再次进入到"打印预览"视图模式，此按钮变为普通视图(V)按钮。

关闭(C)按钮：单击该按钮，可关闭打印预览窗口，返回到正常显示状态。

8.2.2　打印设置

为了能够打印出页面美观、符合要求的工作表，可以对打印的页面、页边距及页眉/页脚等诸多项目进行设置。利用 Excel 的**页面设置**对话框可以完成这些项目的设置操作。

打开**页面设置**对话框的方法有以下两种：

（1）选择 文件(F) → 页面设置(U)... 命令。

（2）单击"常用"工具栏中的"打印预览"按钮，进入到"打印预览"视图模式，然后单击该视图中的设置(S)...按钮。

弹出的**页面设置**对话框，如图 8.2.3 所示。在图中可以看到，对话框中有页面、页边距、页眉/页脚及工作表 4 个选项卡，下面逐一介绍各选项卡的作用。

1."页面"选项卡

在如图 8.2.3 所示的页面选项卡中，可以对页面纸张的方向、缩放比例、纸张大小及打开质量等选项进行设置。

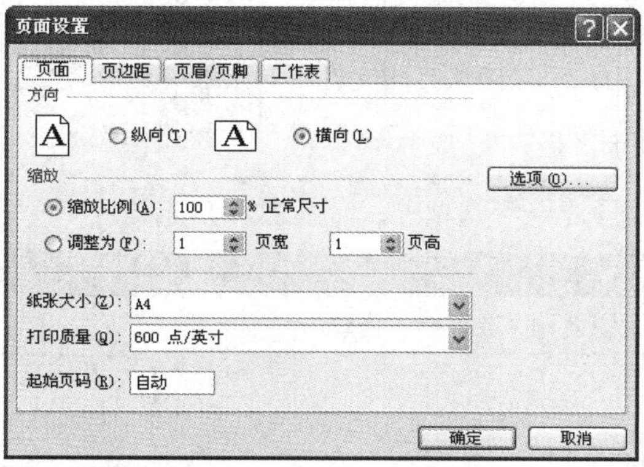

图 8.2.3　“页面设置”对话框

在“方向”选区中包括纵向(T)和横向(L)两个单选按钮，用户可以从中选择打印纸张的页面方向。其中，纵向(T)是默认的打印选项。

在“缩放”选区中包括缩放比例(A):和调整为(F):两个单选按钮，用于放大或缩小要打印的工作表。通常情况下，采用 100%的比例打印工作表，有时工作表末页只有一行，应该将该行合并到上一页。为此，可以采用缩小比例打印，在“正常尺寸”微调框中输入要缩放的比例（10%～400%）即可。在调整为(F):右侧的微调框中分别输入“页宽”和“页高”值，可以将打印页数按照指定的数值进行打印输出。例如，如果需要打印 3 页多几行的工作表，可以将其压缩到 3 页内进行打印，以便节省纸张和增强信息的完整性，方法是：选中调整为(F):单选按钮，然后在“页宽”微调框中输入 3 即可。

在“纸张大小”列表框中可以指定打印纸的类型。

在“打印质量”列表框中可以指定当前工作表的打印质量，如 600 点/英寸和 300 点/英寸。打印分辨率越高（分辨率是指在打印页上每英寸的点数），打印出的文件显示效果越好。但是高分辨率打开时，打印速度会减慢。

在“起始页码”文本框中可以输入工作表打印时的起始页码。默认情况下是“自动”，表示起始页码为 1，如果不希望从第 1 页开始打印，也可以在该文本框中输入具体的数值。

2. “页边距”选项卡

打开页面设置对话框中的页边距选项卡，如图 8.2.4 所示。

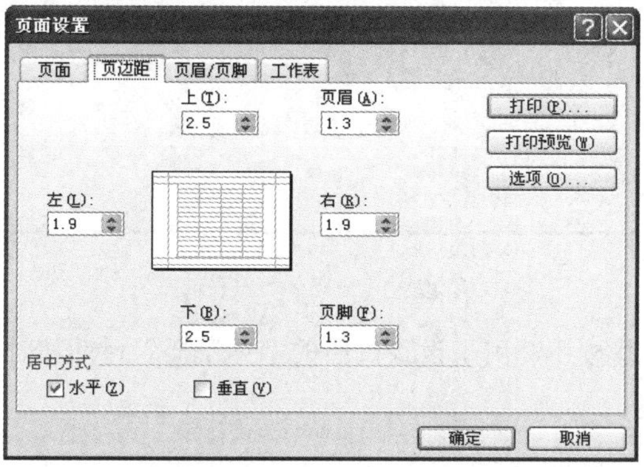

图 8.2.4　“页边距”选项卡

在“上”“下”“左”及“右”4 个微调框中可以调整打印数据与页边之间的距离。在“页眉”和“页脚”两个微调框中，可以调整或输入具体的数据来设置页眉与页脚距离纸张的上边缘和下边缘的位置。在“居中方式”选区中，可以确认打印文件在一张纸中是否需要水平或垂直居中。

3.“页眉和页脚”选项卡

打开页面设置对话框中的页眉/页脚选项卡，如图 8.2.5 所示。

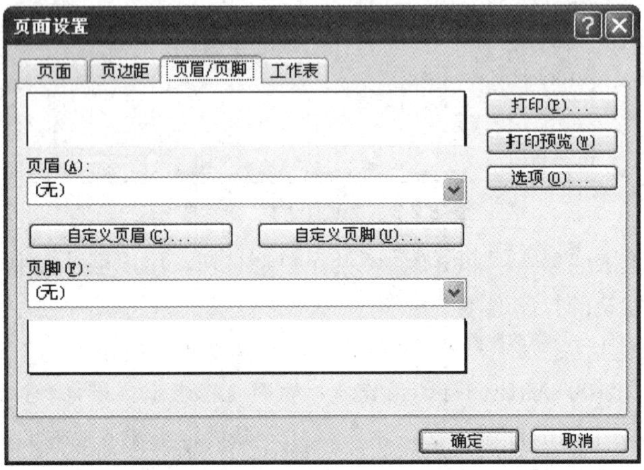

图 8.2.5 “页眉/页脚”选项卡

页眉位于页面的最顶端，通常用来标明工作表的标题、显示日期和时间等信息。页脚位于页面的最底端，通常用来指明工作表的页码。用户可以根据需要来添加页眉和页脚中的内容，单击“页眉”和“页脚”下拉列表按钮，从弹出的下拉菜单中可以选择需要的信息，如“第 ？页”、“第 ？页 共 ？页”等，如果选择“无”选项，可以取消页眉或页脚中的信息显示。

如果用户觉得内置的页眉及页脚格式不能够满足需要，则可以单击自定义页眉(C)...或自定义页脚(U)...按钮，将弹出相应的对话框。如单击自定义页眉(C)...按钮，弹出如图 8.2.6 所示的页眉对话框，在对话框中的“左”“中”及“右”3 个列表框中输入页眉的内容，它们将显示在页眉相应的位置。

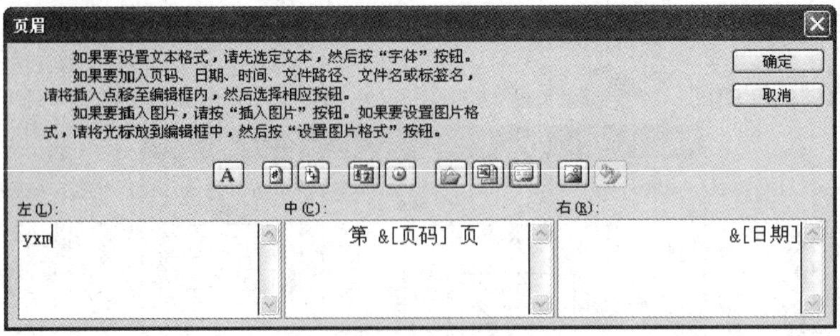

图 8.2.6 “页眉”对话框

在页眉对话框中还有一些按钮，用于设置页眉的字体及插入日期和时间等信息。

4.“工作表”选项卡

打开页面设置对话框中的工作表选项卡，如图 8.2.7 所示。

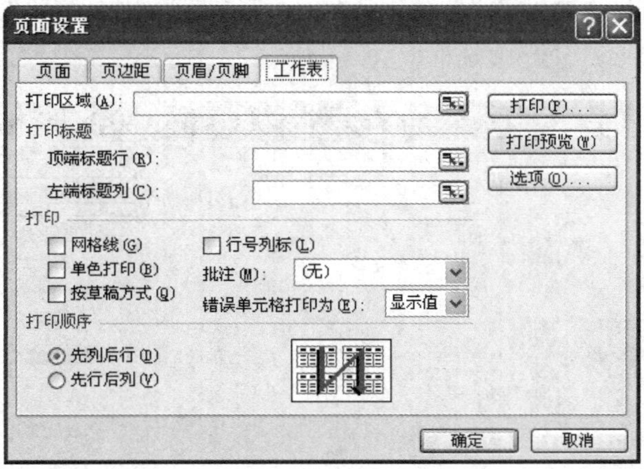

图 8.2.7　“工作表”选项卡

在该对话框中可以设置工作表的打印区域、打印标题及打印顺序等项目。如果用户要对工作表定义一个特定的打印区域，可以单击“打印区域”文本框右侧的“折叠”按钮，此时对话框如图 8.2.8 所示。单击工作表，在工作表中按住鼠标左键选择打印区域。选定打印区域后，再次单击“折叠”按钮，即可返回到对话框的正常显示。

图 8.2.8　折叠后的效果

如果要在每一页中都打印相同的行或列作用标题，那么可以在“打印标题”选区中进行设置。如果要在打印文件每页的顶端打印相同的标题，可以单击“顶端标题行”文本框右侧的“折叠”按钮，像选择打印区域一样，在工作表中选择需要的标题行；如果要在打印文件每页的左端打印相同的标题列，则单击“左端标题列”文本框右侧的“折叠”按钮，然后在工作表中选择需要的标题列。

如果用户希望在打印文件时打印出工作表自带的网格线和行号列标，则可以在对话框中的“打印”选区中选中☑网格线(G)和☑行号列标(L)复选框。

如果工作表中的数据不能在一页中完整打印时，用户还可以控制打印顺序。在“打印顺序”选区中，有⊙先列后行(D)和⊙先行后列(V)两个单选按钮。选中⊙先列后行(D)单选按钮，可由上向下再由左至右打印；选中⊙先行后列(V)单选按钮，可由左至右再由上至下打印。选择了选项后，可以在示例图中预览文档的方向。

8.2.3　打印

完成了打印设置以后，就可以打印输出了。如果要使用默认打印机打印工作表中所有的内容，只需单击“常用”工具栏中的“打印”按钮即可。如果要设置打印页数及打印份数，可以按照下述操作步骤打印文件：

（1）选择 文件(F) → 打印(P)... Ctrl+P 命令，弹出如图 8.2.9 所示的 打印内容 对话框。

（2）单击对话框中的“名称”下拉列表按钮，可以从弹出的下拉列表中选择需要的打印机。

（3）在“打印范围”选区中，如果选中⊙全部(A)单选按钮，则打印当前工作表中所有的内容；如果选中⊙页(G)单选按钮，则可以在“从”和“到”微调框中分别输入打印文件的页码范围。

（4）在“份数”选区中的“打印份数”微调框中可以设置文件的打印份数。如果需要多份，为了便于整理，可以选中☑逐份打印(O)复选框。

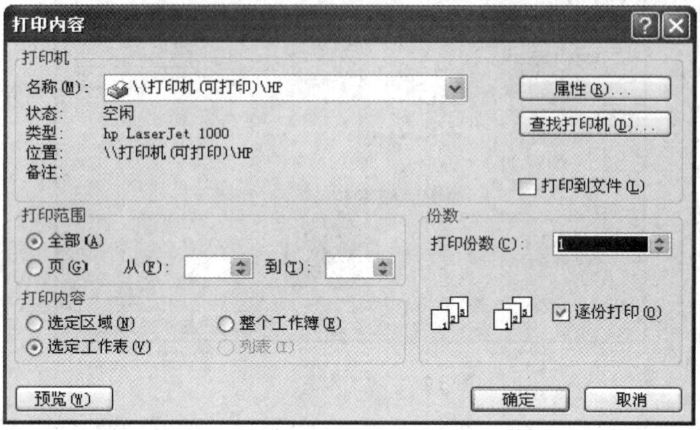

图 8.2.9 “打印内容”对话框

（5）在“打印内容”选区中，选择需要打印的对象。

（6）单击确定按钮即可开始打印工作表。

8.3 应用实例——打印输出

本例练习对工作表的页面设置和打印操作。具体操作步骤如下：

（1）在 Excel 2003 窗口中，打开光盘文件，单击“常用”工具栏中的“打印预览”按钮，进入到“打印预览”视图模式，如图 8.3.1 所示。

图 8.3.1 “打印预览”视图

（2）单击“打印预览”工具栏中的设置(S)...按钮，弹出页面设置对话框，在页面选项卡中选中“方向”选区中的 横向(L) 单选按钮。

（3）在“纸张大小”下拉列表中选择纸张的大小，如这里选择“A4”；在“打印质量”下拉列表中选择“600 点/英寸”选项。

（4）单击 页边距 标签，打开 页边距 选项卡，在“居中方式”选区中选中 水平(Z) 和 垂直(V) 复选框。

（5）单击 页眉/页脚 标签，打开 页眉/页脚 选项卡，然后单击 自定义页脚(U)... 按钮，弹出 页脚 对话框。

（6）在 页脚 对话框中，单击“右”列表框，输入“第 页，共 页”，然后将光标移至“第”和“页”字的中间，单击“插入页码”按钮，再将光标移至“共”和“页”字的中间，单击“插入总页码”按钮，设置完成后，单击 确定 按钮返回至 页面设置 对话框。

（7）在“页脚”预览框中即可看到设置的页脚效果，单击 页面设置 对话框中的 确定 按钮，效果如图 8.3.2 所示。

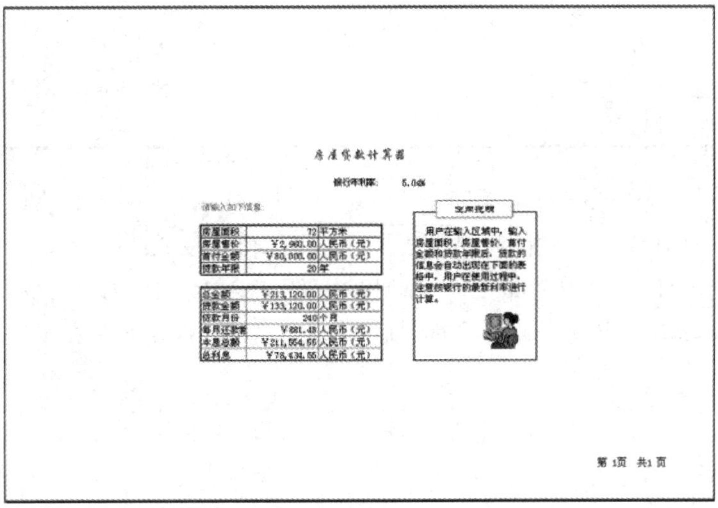

图 8.3.2　设置后预览效果

（8）单击“打印预览”工具栏中的 页边距(M) 按钮，显示出页边距控制框，如图 8.3.3 所示。

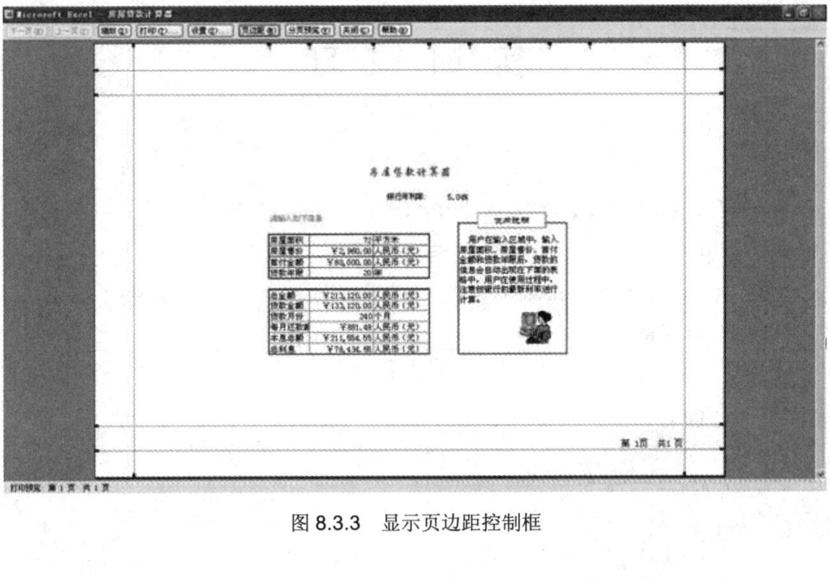

图 8.3.3　显示页边距控制框

（9）将鼠标指针放在页边距控制框中，待指针变成✚或✚形状，按住鼠标左键拖动鼠标即可调整工作表的页边距或列宽，调整后的效果如图 8.3.4 所示。

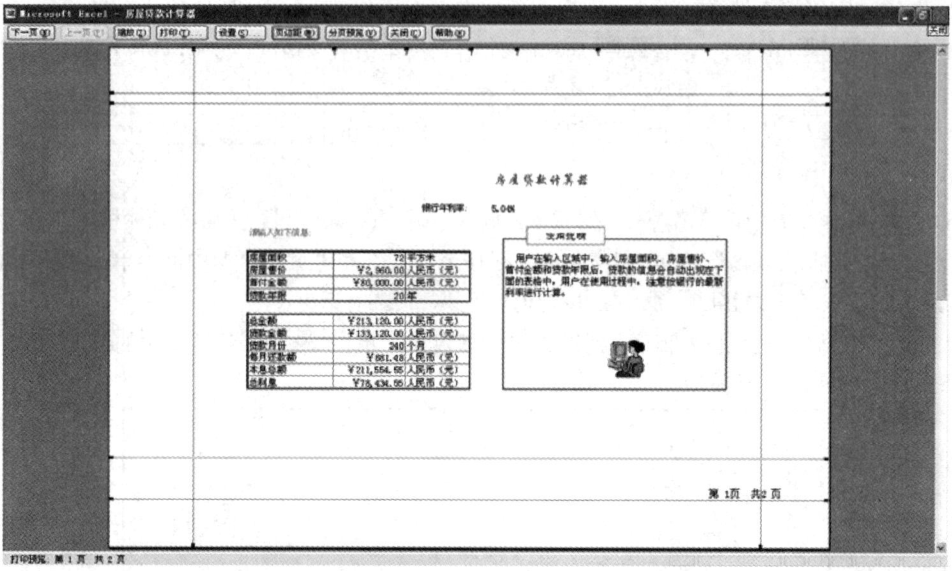

图 8.3.4　工作表设置后的效果

（10）单击“打印预览”工具栏中的 打印(T)... 按钮，弹出 打印内容 对话框，选中“打印范围”选区中的 ⊙页(G) 单选按钮，在“从”和“到”微调框中分别输入 1，在“打印份数”微调框中输入 1。

（11）单击 确定 按钮将当前工作表打印输出。

本 章 小 结

本章主要讲解了屏幕显示与打印输出，其中主要包括设置屏幕显示、打印预览和打印工作表。通过本章的学习，用户应学会根据纸张大小设置页面以及打印工作表。

实 训 练 习

一、填空题

1．在 Excel 2003 中，要显示或隐藏工具栏和编辑栏，可以选择_________→__________命令，然后在弹出的对话框中打开_______________选项卡进行操作。

2．在 Excel 2003 中，如果要全屏显示工作表，可以选择_________菜单中的______________命令。

3．在“页面设置”对话框中，有___________、___________、___________和__________4 个选项卡。

4．工作表的打印方向有___________和____________两种。

二、简答题

1．如何设置页边距？

2．如何自定义页眉和页脚？如何取消页眉和页脚的显示？

3．如何设置打印区域？

4．如果要在工作表的每一页中都打印相同的列标题和行标题，应该如何设置？

5．如何打印工作表？

三、上机操作题

1．设置页面的打印方向。

2．自定义页眉和页脚。

3．设置打印区域。

第 9 章　综合应用实例

为了更好地了解并掌握 Excel 2003 的应用，本章讲解了一些具有代表性的综合应用实例。所举实例由浅入深地贯穿本书的知识点，使读者能够深入了解 Excel 的相关功能和具体应用。

知识要点

- 通信录
- 超市收费系统
- 家庭支出表
- 员工工资管理
- 制作自动评分计算表
- 建立小型人事数据管理系统

综合实例 1　通　信　录

实例内容

本例制作通信录实例，最终效果如图 9.1.1 所示。

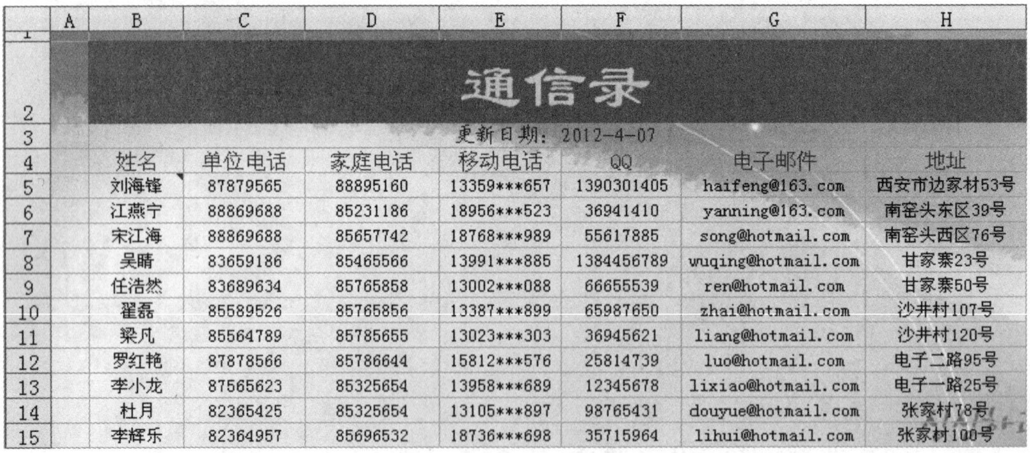

	A	B	C	D	E	F	G	H
1								
2		通信录						
3		更新日期：2012-4-07						
4		姓名	单位电话	家庭电话	移动电话	QQ	电子邮件	地址
5		刘海锋	87879565	88895160	13359***657	1390301405	haifeng@163.com	西安市边家村53号
6		江燕宁	88869688	85231186	18956***523	36941410	yanning@163.com	南窑头东区39号
7		宋江海	88869688	85657742	18768***989	55617885	song@hotmail.com	南窑头西区76号
8		吴晴	83659186	85465566	13991***885	1384456789	wuqing@hotmail.com	甘家寨23号
9		任浩然	83689634	85765858	13002***088	66655539	ren@hotmail.com	甘家寨50号
10		翟磊	85589526	85765856	13387***899	65987650	zhai@hotmail.com	沙井村107号
11		梁凡	85564789	85785655	13023***303	36945621	liang@hotmail.com	沙井村120号
12		罗红艳	87878566	85786644	15812***576	25814739	luo@hotmail.com	电子二路95号
13		李小龙	87565623	85325654	13958***689	12345678	lixiao@hotmail.com	电子一路25号
14		杜月	82365425	85325654	13105***897	98765431	douyue@hotmail.com	张家村78号
15		李辉乐	82364957	85696532	18736***698	35715964	lihui@hotmail.com	张家村100号

图 9.1.1　效果图

设计思路

在制作过程中，主要用到表格的制作、单元格格式设置、日期函数的使用、添加批注、图案填充等操作。

操作步骤

（1）单击“常用”工具栏中的“新建”按钮，新建一个工作簿。

（2）在 B2 单元格中输入“通信录”，选定 B2:H2 单元格区域，单击“格式”工具栏中的“合并及居中”按钮，并在“字体”下拉列表中选择“隶书”，在“字号”下拉列表中选择“36”，在“填充颜色”下拉列表中选择“灰色-50”选项，在“字体颜色”下拉列表中选择“黄色”，如图 9.1.2 所示。

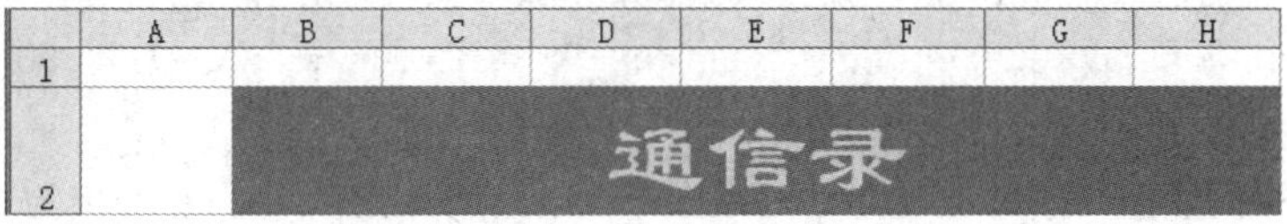

图 9.1.2　格式化标题

（3）将鼠标指针移至 1、2 行之间的分界线上，待鼠标指针变为形状后按下鼠标左键，并向上拖动至“高度：6.00（8 像素）”位置；将鼠标指针移到 A、B 列之间的分界线上，待鼠标指针变为形状后按下鼠标左键，并向左拖动至“宽度：3.00（29 像素）”位置，效果如图 9.1.3 所示。

图 9.1.3　用鼠标调整行高和列宽

（4）选定 B3:H3 单元格区域，单击“格式”工具栏中的“合并及居中”按钮，然后单击鼠标右键，从弹出的快捷菜单中选择 设置单元格格式(F)... 命令，弹出 单元格格式 对话框。

（5）单击 数字 选项卡，在“分类”列表框中选择“自定义”选项，在“类型”文本框中输入“"更新日期:"yyyy-mm-dd”，如图 9.1.4 所示。

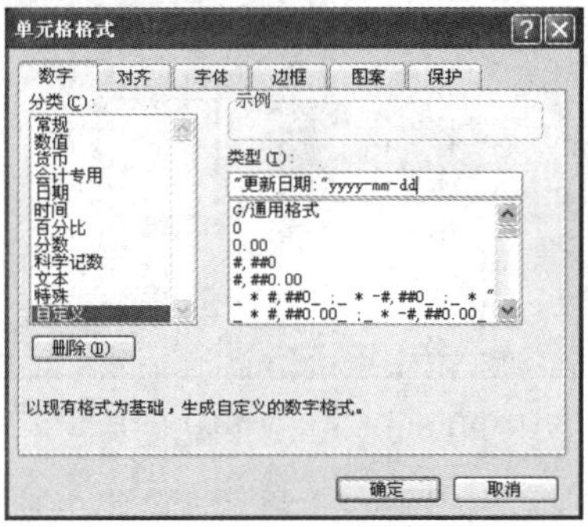

图 9.1.4　自定义日期类型

（6）在 B3:H3 单元格区域中输入函数“=NOW()”后按回车键，则在该单元格区域内自动显示当前的日期和时间，如图 9.1.5 所示。

图 9.1.5　显示日期和时间

（7）选中 B3:H3 单元格区域，设置其字体为“楷体_2312”，字号为“12”，字体颜色为“红色”。在其他单元格中输入相关数据信息，并进行适当的格式化，如图 9.1.6 所示。

姓名	单位电话	家庭电话	移动电话	QQ	电子邮件	地址
通信录						
更新日期：2012-4-07						
刘海锋	87879565	88895160	13359***657	1390301405	haifeng@163.com	西安市边家村53号
江燕宁	88869688	85231186	18956***523	36941410	yanning@163.com	南窑头东区39号
宋江海	88869688	85657742	18768***989	55617885	song@hotmail.com	南窑头西区76号
吴晴	83659186	85465566	13991***885	1384456789	wuqing@hotmail.com	甘家寨23号
任浩然	83689634	85765858	13002***088	66655539	ren@hotmail.com	甘家寨50号
翟磊	85589526	85765856	13387***899	65987650	zhai@hotmail.com	沙井村107号
梁凡	85564789	85785655	13023***303	36945621	liang@hotmail.com	沙井村120号
罗红艳	87878566	85786644	15812***576	25814739	luo@hotmail.com	电子二路95号
李小龙	87565623	85325654	13958***689	12345678	lixiao@hotmail.com	电子一路25号
杜月	82365425	85325654	13105***897	98765431	douyue@hotmail.com	张家村78号
李辉乐	82364957	85696532	18736***698	35715964	lihui@hotmail.com	张家村100号

图 9.1.6　输入相关数据信息并格式化

（8）选定 B5 单元格，选择 插入(I) → 批注(M) 命令，在弹出的文本框中输入相关的文字说明，如图 9.1.7 所示。用同样的方法给其他人名添加批注，以示提醒。

图 9.1.7　添加批注

提示：一般情况下，添加的批注是隐藏的，当鼠标指针移到该单元格右上角的红色三角形处，批注就会显示出来。

（9）选择 格式(O) → 工作表(H) → 背景(B)... 命令，弹出 **工作表背景** 对话框，在其中选择一张图片，如图 9.1.8 所示。

图 9.1.8　“工作表背景”对话框

（10）单击 插入(S) 按钮，效果如图 9.1.1 所示。至此，通信录实例制作完成。

综合实例 2　超市收费系统

实例内容

本例制作超市收费系统，最终效果如图 9.2.1 所示。

	A	B	C	D	E	F	G	H
1	营业日期	2011-12-9						
2	货物代码	货物名称	单价	数量	小计	应收款	付款	找零
3	A001	联众米奇铁笔盒	15.90	1.00	15.90			
4	A002	爱菊特一中筋粉10kg	39.90	1.00	39.90			
5	A003	油茶（谊发）	6.40	1.00	6.40			
6	A004	软抄本	2.40	5.00	12.00			
7	A005	数学本	1.20	5.00	6.00			
8	A006	昆虫记	10.80	1.00	10.80			
9	A007	草莓酸牛奶饮品（银桥）	21.00	1.00	21.00	254.40	300.00	45.60
10	A008	黑牛豆奶粉	13.50	1.00	13.50			
11	A009	汇源果汁	3.50	2.00	7.00			
12	A010	娃哈哈矿泉水	0.80	3.00	2.40			
13	A011	deli厚层订书钉	3.50	1.00	3.50			
14	A012	红牛	5.50	10.00	55.00			
15	A013	冰纯浓缩红葡萄酒	61.00	1.00	61.00			

图 9.2.1　效果图

设计思路

在制作过程中，主要用到表格的制作、单元格格式设置、条件格式命令的应用、日期函数的应用、逻辑判断函数的应用等操作。

操作步骤

（1）单击“常用”工具栏中的“新建”按钮，新建一个工作簿。

（2）用鼠标右键单击工作表标签 Sheet1，在弹出的快捷菜单中选择 重命名(R) 命令，将工作表标签更名为“账目”，用同样的方法将工作表标签 Sheet2 更名为“货物”。

（3）单击“货物”标签，在“货物”工作表中输入相关数据信息，如图 9.2.2 所示。

	A	B	C	D	E	F	G	H
1	货物代码	货物名称	单价					
2	A001	联众米奇铁笔盒	15.90					
3	A002	爱菊特一中筋粉10kg	39.90					
4	A003	油茶（谊发）	6.40					
5	A004	软抄本	2.40					
6	A005	数学本	1.20					
7	A006	昆虫记	10.80					
8	A007	草莓酸牛奶饮品（银桥）	21.00					
9	A008	黑牛豆奶粉	13.50					
10	A009	汇源果汁	3.50					
11	A010	娃哈哈矿泉水	0.80					
12	A011	deli厚层订书钉	3.50					
13	A012	红牛	5.50					
14	A013	冰纯浓缩红葡萄酒	61.00					
15								

账目 货物 Sheet3

就绪　数字

图 9.2.2　输入相关数据信息

（4）单击“账目”工作表标签，使之成为当前工作表，并为其制作表头，如图 9.2.3 所示。其中，在 B1 单元格中输入函数公式“=TODAY()”并按回车键，此时，Excel 将取当前的系统日期作为 B1 单元格中的日期。

（5）在 B3 单元格中输入函数式“=IF(ISERROR(VLOOKUP(A3,货物!A:C,2)),"",VLOOKUP(A3,货物!A:C,2))”，并按回车键，结果如图 9.2.4 所示。

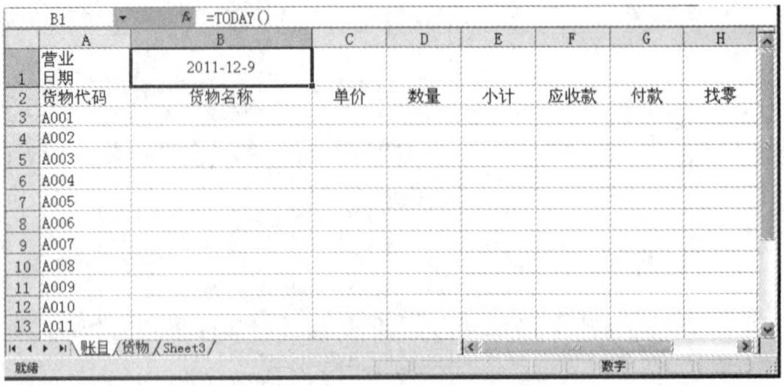

图 9.2.3 制作工作表表头

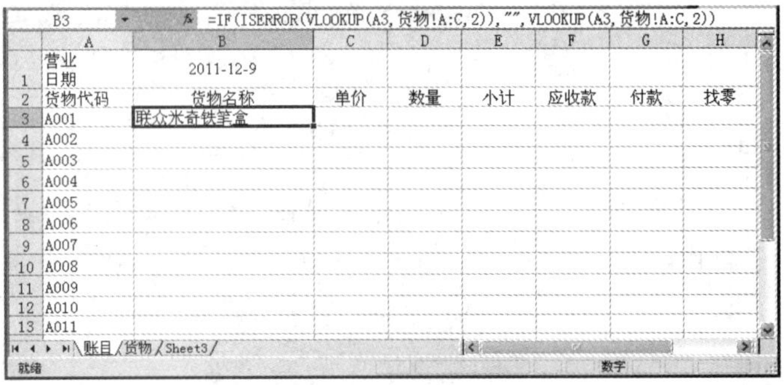

图 9.2.4 引用货物名称

提示：上述函数式的意义是：首先在“货物”工作表的 A 至 C 列中查找 A3 单元格的货物序号，找到后，返回该货物对应的第 2 列中的内容，即货物名称。如果在该单元格中没有数据或返回数据错误，则相应单元格中显示为空。

（6）在 C3 单元格中输入函数式“=IF(ISERROR(VLOOKUP(A3,货物!A:C,3)),"",VLOOKUP(A3,货物!A:C,3))”，并按回车键。该函数式的意义与上一步中的函数式意义类似，将返回与 A3 单元格中的货物代码相对应的第 3 列中的内容，即单价，如图 9.2.5 所示。

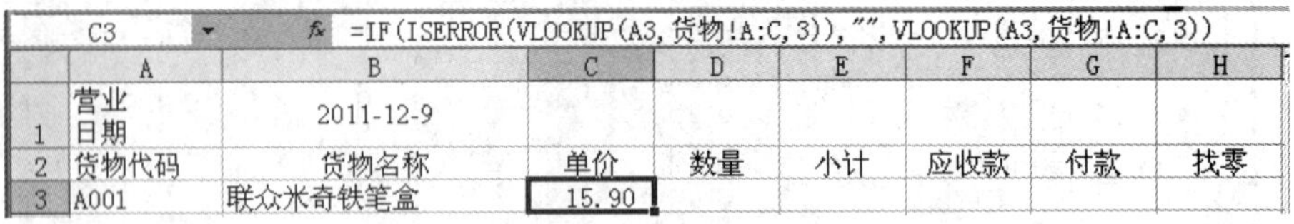

图 9.2.5 引用货物单价

（7）在 E3 单元格中输入函数式“=IF(ISERROR(C3*D3),"", C3*D3)”，并按回车键，结果如图 9.2.6 所示。此函数式用来计算相应货物的价格，即货物的单价乘以货物的数量。

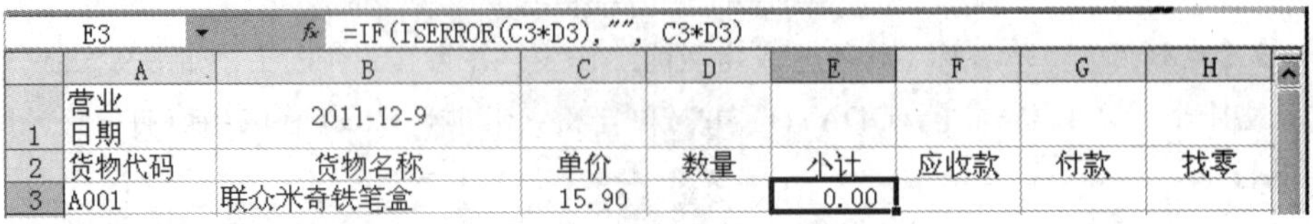

图 9.2.6 计算相应货物的价格

（8）在 F3 单元格中输入函数式“=SUM(E3:E15)”，并按回车键，结果如图 9.2.7 所示。此函数式是用来计算所购物品的总金额，即小计的总和。

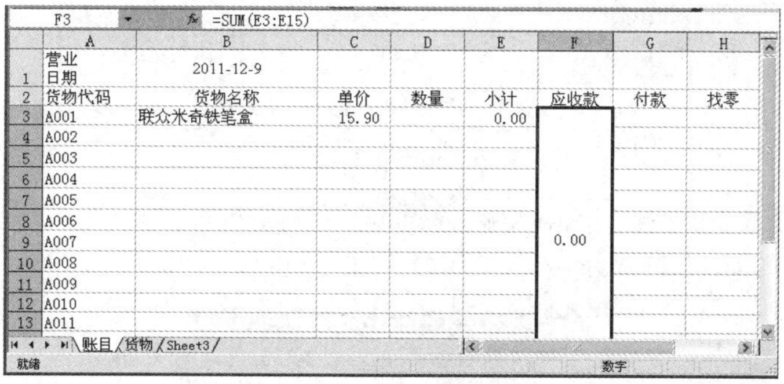

F3 =SUM(E3:E15)

	A	B	C	D	E	F	G	H
1	营业日期	2011-12-9						
2	货物代码	货物名称	单价	数量	小计	应收款	付款	找零
3	A001	联众米奇铁笔盒	15.90		0.00	0.00		
4	A002							
5	A003							
6	A004							
7	A005							
8	A006							
9	A007							
10	A008							
11	A009							
12	A010							
13	A011							

账目 / 货物 / Sheet3 / 就绪 数字

图 9.2.7 计算所购物品的总金额

（9）在 H3 单元格中输入函数式“=G3-F3”，按回车键后程序将自动计算出找零额。

（10）选定 B3:E3 单元格区域，将鼠标指针移至该单元格区域右下角的填充柄上，待鼠标指针变为✚形状时，按住鼠标左键并向下拖动至 E15 单元格后释放鼠标左键，相应的数值将会自动填充单元格，如图 9.2.8 所示。

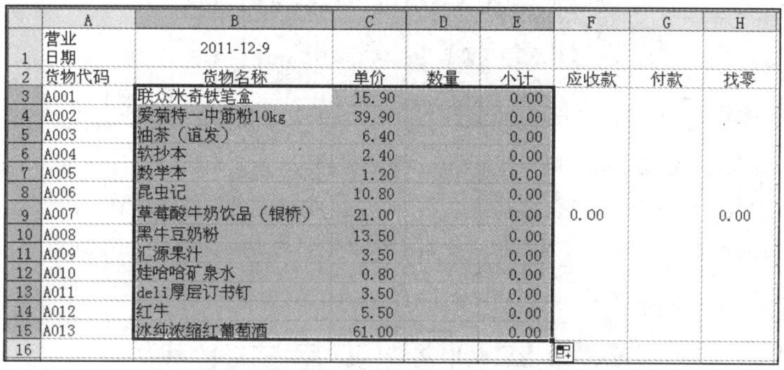

	A	B	C	D	E	F	G	H
1	营业日期	2011-12-9						
2	货物代码	货物名称	单价	数量	小计	应收款	付款	找零
3	A001	联众米奇铁笔盒	15.90		0.00	0.00		0.00
4	A002	爱菊特一中筋粉10kg	39.90		0.00			
5	A003	油茶（谊发）	6.40		0.00			
6	A004	软抄本	2.40		0.00			
7	A005	数学本	1.20		0.00			
8	A006	昆虫记	10.80		0.00			
9	A007	草莓酸牛奶饮品（银桥）	21.00		0.00			
10	A008	黑牛豆奶粉	13.50		0.00			
11	A009	汇源果汁	3.50		0.00			
12	A010	娃哈哈矿泉水	0.80		0.00			
13	A011	deli厚层订书钉	3.50		0.00			
14	A012	红牛	5.50		0.00			
15	A013	冰纯浓缩红葡萄酒	61.00		0.00			
16								

图 9.2.8 自动填充单元格

（11）先选定 D 列的所有单元格，然后在按住“Ctrl”键的同时选中 F 列、G 列的所有单元格，并在“格式”工具栏中的“字体颜色”下拉列表中选择“蓝色”；选定 H 列的所有单元格，将其“字体颜色”设置为“红色”，如图 9.2.9 所示。

	A	B	C	D	E	F	G	H
1	营业日期	2011-12-9						
2	货物代码	货物名称	单价	数量	小计	应收款	付款	找零
3	A001	联众米奇铁笔盒	15.90		0.00	0.00		0.00
4	A002	爱菊特一中筋粉10kg	39.90		0.00			
5	A003	油茶（谊发）	6.40		0.00			
6	A004	软抄本	2.40		0.00			
7	A005	数学本	1.20		0.00			
8	A006	昆虫记	10.80		0.00			
9	A007	草莓酸牛奶饮品（银桥）	21.00		0.00			
10	A008	黑牛豆奶粉	13.50		0.00			
11	A009	汇源果汁	3.50		0.00			
12	A010	娃哈哈矿泉水	0.80		0.00			
13	A011	deli厚层订书钉	3.50		0.00			
14	A012	红牛	5.50		0.00			
15	A013	冰纯浓缩红葡萄酒	61.00		0.00			

图 9.2.9 设置字符颜色

（12）选定 H3 单元格，选择 格式(O) → 条件格式(D)... 命令，弹出 条件格式 对话框。在条件 1 中设置单元格数值小于 0，如图 9.2.10 所示。

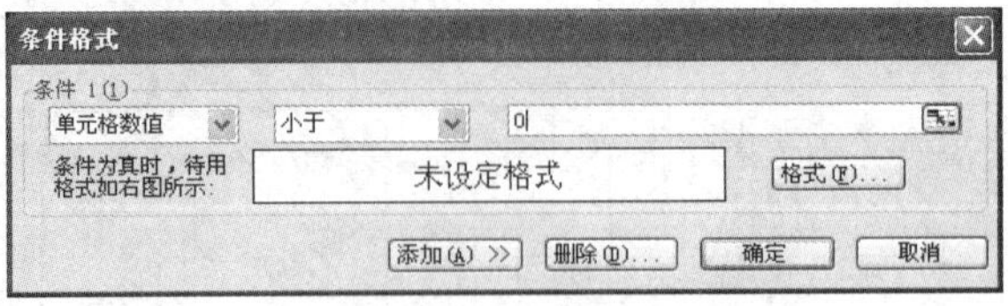

图 9.2.10　设置条件格式

（13）单击格式(F)...按钮，弹出单元格格式对话框，选择字体选项卡，在“颜色”下拉列表中选择“白色”，如图 9.2.11 所示。

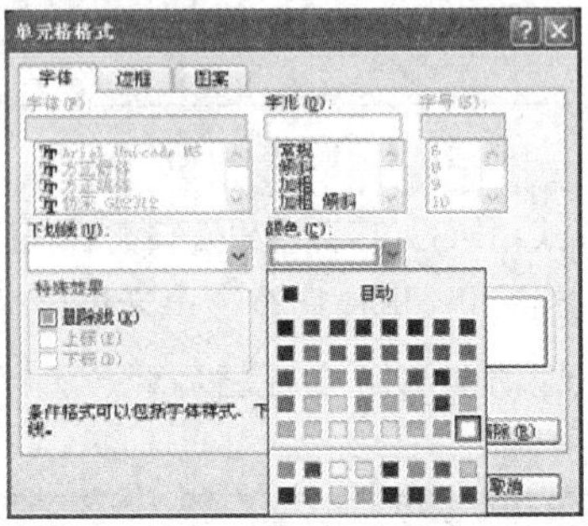

图 9.2.11　“字体”选项卡

（14）单击确定按钮返回条件格式对话框，再次单击确定按钮，应用条件格式。

（15）如果此时在“数量”列中输入购买货物的数量，在“付款”列中输入顾客所付的金额，则在“找零”单元格中显示出找给顾客的零钱。当付款额小于应收款时，在 H3 单元格将以白色显示，最终效果如图 9.2.1 所示。

综合实例 3　家庭支出表

实例内容

本例制作家庭支出表，效果如图 9.3.1 所示。

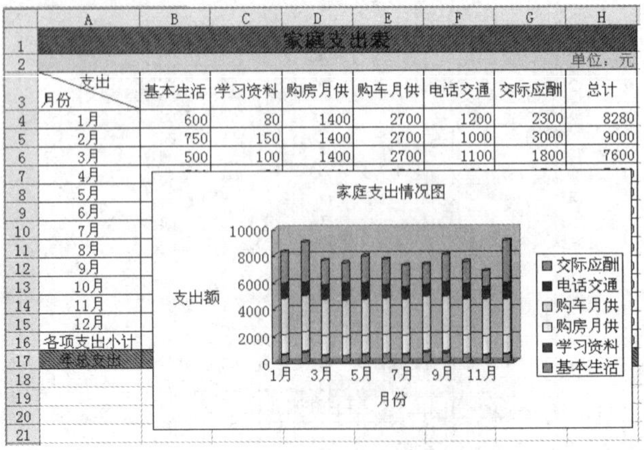

图 9.3.1　家庭支出表

设计思路

在制作过程中，主要用到表格的制作、边框设置、单元格底纹设置、公式和函数的应用、图表的创建、图表的编辑等操作。

操作步骤

（1）单击“常用”工具栏中的“新建”按钮，新建一个工作簿。

（2）在 A1 单元格中输入标题“家庭支出表”，选定 A1:H1 单元格区域，单击“格式”工具栏中的“合并及居中”按钮，并设置其字体为“黑体”，字号为“16”，字形为“加粗”。

（3）选定 A3 单元格，选择 格式(O) → 单元格(E)... Ctrl+1 命令，弹出 单元格格式 对话框。打开 边框 选项卡，在“边框”选项区中选择“左斜线”按钮，如图 9.3.2 所示。

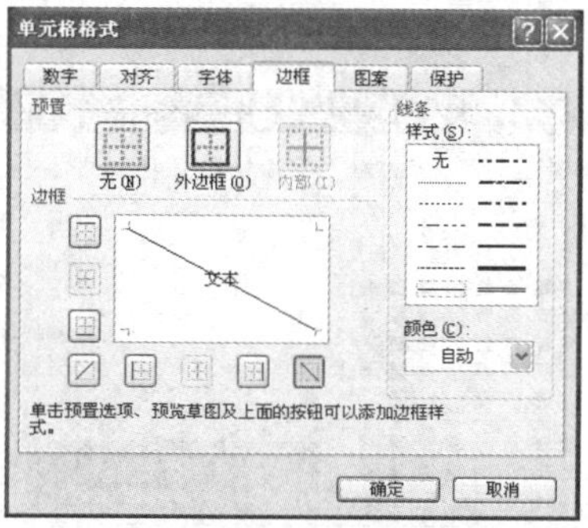

图 9.3.2　设置斜线边框

（4）单击 确定 按钮返回工作表中。在 A3 单元格中输入“支出”，然后按“Alt+Enter”组合键在同一单元格中换行，并输入“月份”，最后调整单元格的行高和列宽。

（5）在其他单元格中输入相应的内容，并进行适当的格式化，如图 9.3.3 所示。

	A	B	C	D	E	F	G	H
1				家庭支出表				
2	单位：元							
3	支出 月份	基本生活	学习资料	购房月供	购车月供	电话交通	交际应酬	总计
4	1月							
5	2月							
6	3月							
7	4月							
8	5月							
9	6月							
10	7月							
11	8月							
12	9月							
13	10月							
14	11月							
15	12月							
16	各项支出小计							
17	年总支出							

图 9.3.3　输入相关内容

（6）按住“Ctrl”键，选定 A2:H2、B17:H17 单元格区域，单击“格式”工具栏中的“合并及居中”按钮，合并单元格，再单击“格式”工具栏中的“右对齐”按钮，使其中的内容靠右对齐。

（7）选定 A1:H17 单元格区域，单击“格式”工具栏中的“边框”按钮右侧的下拉箭头，从弹出的下拉列表中选择“所有框线”选项按钮，设置后的实边框效果如图 9.3.4 所示。

	A	B	C	D	E	F	G	H
1	家庭支出表							
2	单位：元							
3	支出 月份	基本生活	学习资料	购房月供	购车月供	电话交通	交际应酬	总计
4	1月							
5	2月							
6	3月							
7	4月							
8	5月							
9	6月							
10	7月							
11	8月							
12	9月							
13	10月							
14	11月							
15	12月							
16	各项支出小计							
17	年总支出							

图 9.3.4 设置表格边框效果

（8）选定 A1:H1 单元格区域，单击鼠标右键，从弹出的快捷菜单中选择 设置单元格格式(F)... 命令，弹出 单元格格式 对话框。打开 图案 选项卡，在“颜色”下拉列表中选择“粉红”色。单击“图案”下拉列表框右侧的下拉箭头，从弹出的图案列表中选择“细 对角线 条纹”选项，如图 9.3.5 所示。

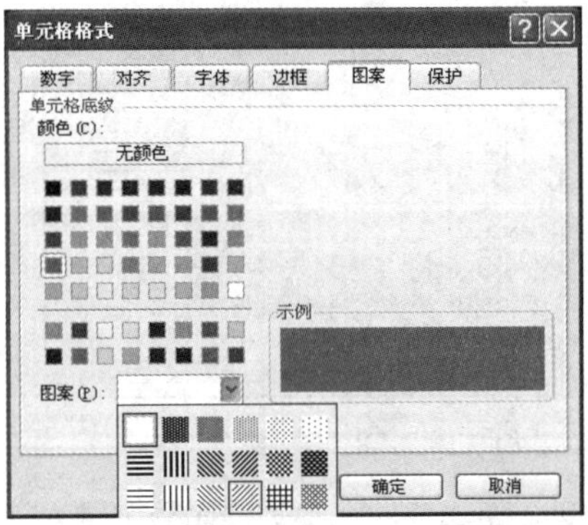

图 9.3.5 设置底纹颜色和图案

（9）单击 确定 按钮返回工作表中。选定 A2:H2 单元格区域，单击“格式”工具栏中的“填充颜色”按钮右侧的下拉箭头，在弹出的下拉列表框中选择“黄色”，在“字体颜色”下拉列表中选择“红色”。用同样的方法，设置 A17:H17 单元格区域的底纹和图案，效果如图 9.3.6 所示。

	A	B	C	D	E	F	G	H
1	家庭支出表							
2	单位：元							
3	支出 月份	基本生活	学习资料	购房月供	购车月供	电话交通	交际应酬	总计
4	1月							
5	2月							
6	3月							
7	4月							
8	5月							
9	6月							
10	7月							
11	8月							
12	9月							
13	10月							
14	11月							
15	12月							
16	各项支出小计							
17	年总支出							

图 9.3.6 设置底纹后的表格

（10）按住“Ctrl”键，选中 A4:A17，B3:H3 单元格区域，单击“格式”工具栏中的“居中”按钮，使行标题和列标题居中显示。在表格中输入家庭支出的数目，如图 9.3.7 所示。

月份 \ 支出	基本生活	学习资料	购房月供	购车月供	电话交通	交际应酬	总计
1月	600	80	1400	2700	1200	2300	
2月	750	150	1400	2700	1000	3000	
3月	500	100	1400	2700	1100	1800	
4月	500	30	1400	2700	1300	1500	
5月	600	40	1400	2700	1200	2000	
6月	620	60	1400	2700	1000	1900	
7月	560	90	1400	2700	900	1600	
8月	710	150	1400	2700	850	1500	
9月	650	200	1400	2700	1100	2000	
10月	550	60	1400	2700	1200	1600	
11月	520	70	1400	2700	1000	1100	
12月	600	20	1400	2700	1250	3100	
各项支出小计							
年总支出							

图 9.3.7　输入支出信息

（11）选中 H4 单元格，在其中输入公式“=SUM(B4:G4)”，按回车键，计算出 1 月的总支出，如图 9.3.8 所示。

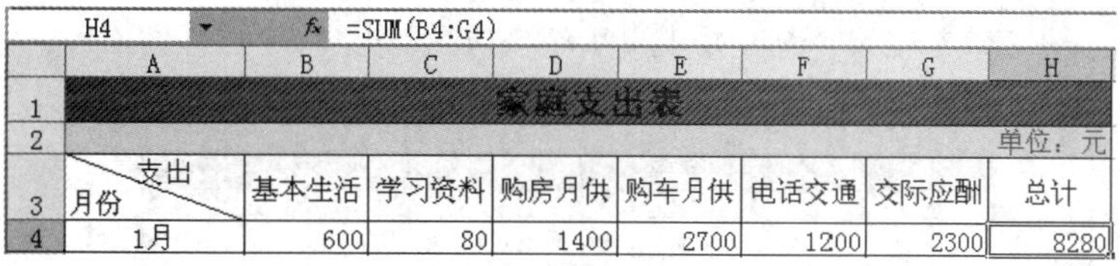

H4　=SUM(B4:G4)

月份 \ 支出	基本生活	学习资料	购房月供	购车月供	电话交通	交际应酬	总计
1月	600	80	1400	2700	1200	2300	8280

图 9.3.8　输入公式

（12）选中 H4 单元格，将鼠标指针移至该单元格右下方的填充柄上，待鼠标指针变为✚形状时，按住鼠标左键向下拖动至 H15 单元格，释放鼠标左键后，相应的数值将会自动填充单元格。采用同样的方法，计算出各项支出小计，如图 9.3.9 所示。

B16　=SUM(B4:B15)

月份 \ 支出	基本生活	学习资料	购房月供	购车月供	电话交通	交际应酬	总计
1月	600	80	1400	2700	1200	2300	8280
2月	750	150	1400	2700	1000	3000	9000
3月	500	100	1400	2700	1100	1800	7600
4月	500	30	1400	2700	1300	1500	7430
5月	600	40	1400	2700	1200	2000	7940
6月	620	60	1400	2700	1000	1900	7680
7月	560	90	1400	2700	900	1600	7250
8月	710	150	1400	2700	850	1500	7310
9月	650	200	1400	2700	1100	2000	8050
10月	550	60	1400	2700	1200	1600	7510
11月	520	70	1400	2700	1000	1100	6790
12月	600	20	1400	2700	1250	3100	9070
各项支出小计	7160	1050	16800	32400	13100	23400	93910
年总支出							

图 9.3.9　自动填充数据

（13）选定 B17:H17 单元格区域，选择 插入(I) → 函数(F)... 命令，弹出 **插入函数** 对话框。在“选择函数”列表框中选择“SUM”选项，如图 9.3.10 所示。

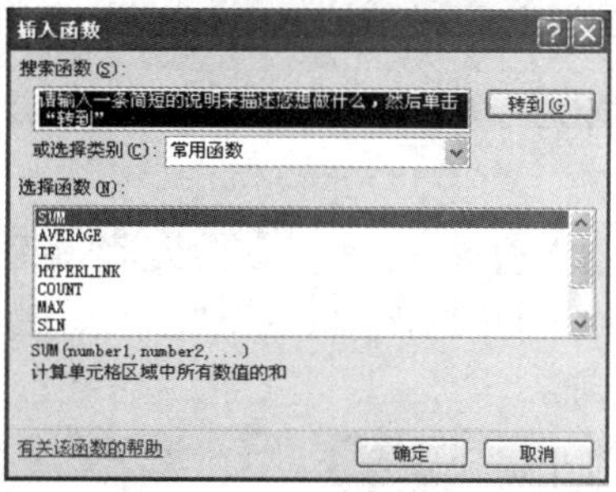

图 9.3.10　选择函数类型

（14）单击 确定 按钮，弹出 函数参数 对话框，用鼠标在工作表中选择 B16:G16 单元格区域，如图 9.3.11 所示。

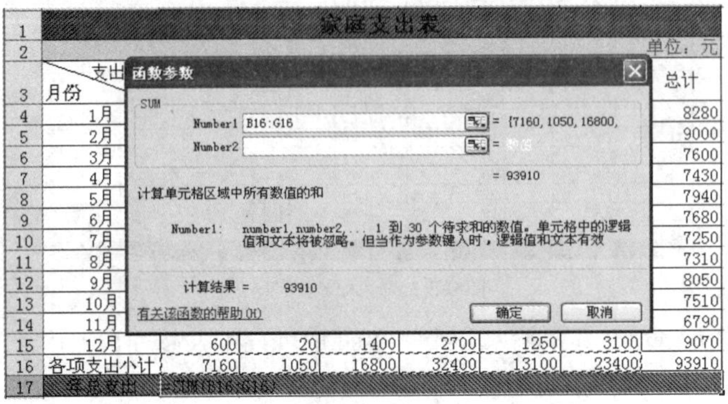

图 9.3.11　选定要求计算的单元格区域

（15）单击 确定 按钮，就计算出了年总支出额，效果如图 9.3.12 所示。

家庭支出表							
							单位：元
支出 月份	基本生活	学习资料	购房月供	购车月供	电话交通	交际应酬	总计
1月	600	80	1400	2700	1200	2300	8280
2月	750	150	1400	2700	1000	3000	9000
3月	500	100	1400	2700	1100	1800	7600
4月	500	30	1400	2700	1300	1500	7430
5月	600	40	1400	2700	1200	2000	7940
6月	620	60	1400	2700	1000	1900	7680
7月	560	90	1400	2700	900	1600	7250
8月	710	150	1400	2700	850	1500	7310
9月	650	200	1400	2700	1100	2000	8050
10月	550	60	1400	2700	1200	1600	7510
11月	520	70	1400	2700	1000	1100	6790
12月	600	20	1400	2700	1250	3100	9070
各项支出小计	7160	1050	16800	32400	13100	23400	93910
年总支出	93910						

图 9.3.12　计算出的年总支出额

（16）为了更直观地看到每个月支出费用多少，可以用数据图表显示出来。选定要建立图表的数据区域，如图 9.3.13 所示。

家庭支出表							
							单位：元
支出 月份	基本生活	学习资料	购房月供	购车月供	电话交通	交际应酬	总计
1月	600	80	1400	2700	1200	2300	8280
2月	750	150	1400	2700	1000	3000	9000
3月	500	100	1400	2700	1100	1800	7600
4月	500	30	1400	2700	1300	1500	7430
5月	600	40	1400	2700	1200	2000	7940
6月	620	60	1400	2700	1000	1900	7680
7月	560	90	1400	2700	900	1600	7250
8月	710	150	1400	2700	850	1500	7310
9月	650	200	1400	2700	1100	2000	8050
10月	550	60	1400	2700	1200	1600	7510
11月	520	70	1400	2700	1000	1100	6790
12月	600	20	1400	2700	1250	3100	9070
各项支出小计	7160	1050	16800	32400	13100	23400	93910
年总支出	93910						

图 9.3.13　选定单元格区域

（17）选择 插入(I) → 图表(H)... 命令，弹出 图表向导 - 4 步骤之 1 - 图表类型 对话框。打开“标准类型”选项卡，在“图表类型”列表框中选择“圆柱图”选项，在“子图表类型”选项区中选择“堆积柱形圆柱图”选项，如图 9.3.14 所示。

（18）单击 下一步(N) > 按钮，弹出 图表向导 - 4 步骤之 2 - 图表源数据 对话框，打开 数据区域 选项卡，在“系列产生在”选项区中选中 ⊙列(L) 单选按钮，“数据区域”为默认值，如图 9.3.15 所示。

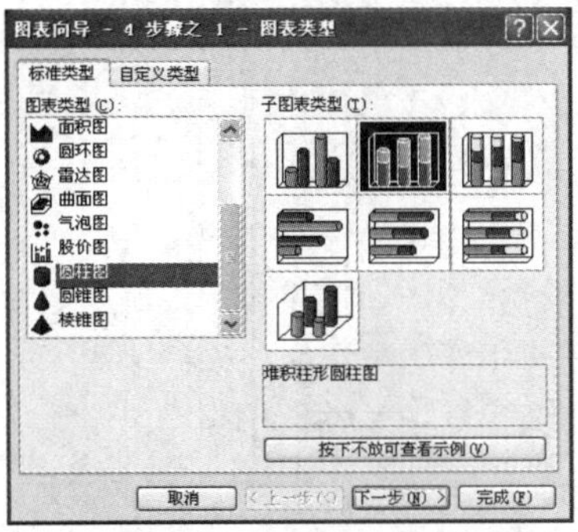

图 9.3.14　选择图表类型

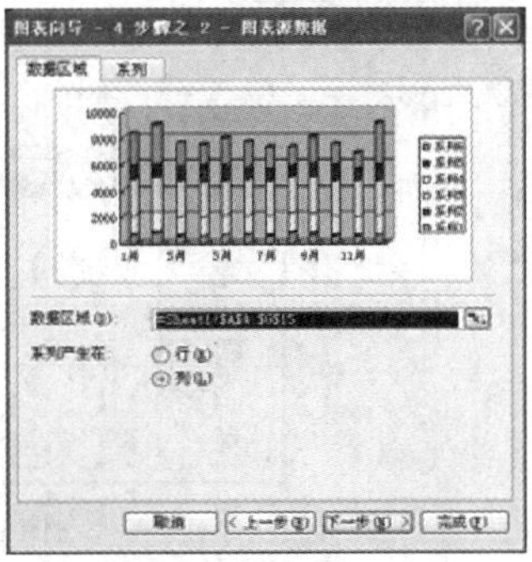

图 9.3.15　“数据区域”选项卡

（19）打开系列选项卡，在“系列”列表框中选择“系列 1”，单击“名称”文本框右侧的按钮后，该对话框被折叠成如图 9.3.16 所示的形式。

图 9.3.16　选择单元格区域

（20）重新用鼠标选择单元格区域，再单击按钮返回到原对话框，完成了第一个数据源名称的定义，如图 9.3.17 所示。

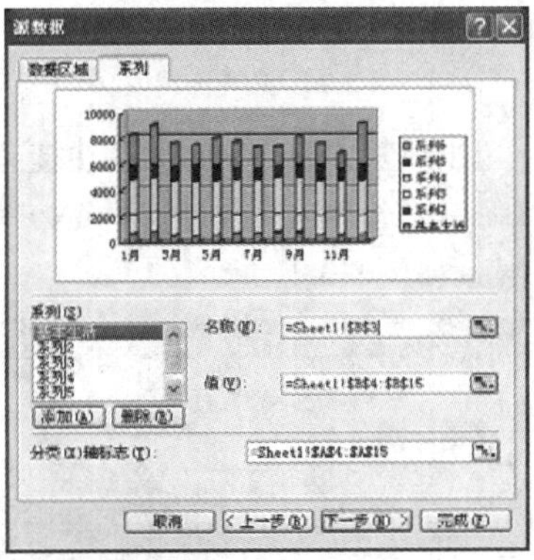

图 9.3.17　定义数据源名称

（21）按同样的方法，将“系列”列表框中的“系列 2”“系列 3”“系列 4”“系列 5”和“系列 6”也重新定义。

（22）单击下一步(N) >按钮，弹出图表向导 - 4 步骤之 3 - 图表选项对话框。打开标题选项卡，在“图表标题”文本框中输入“家庭支出情况图”，如图 9.3.18 所示。

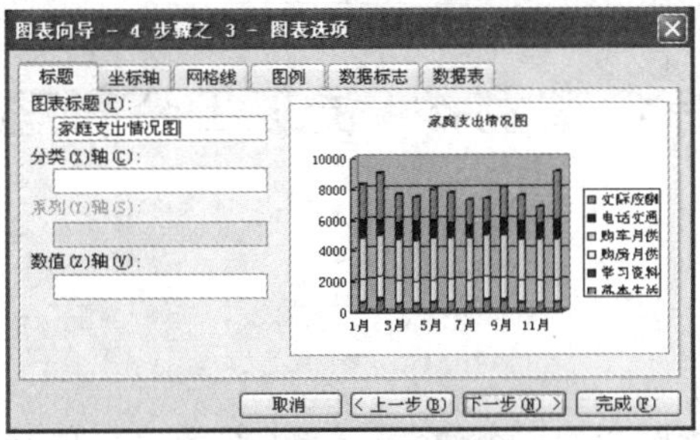

图 9.3.18　输入图表标题

（23）单击 下一步(N) > 按钮，弹出 图表向导 - 4 步骤之 4 - 图表位置 对话框，选中 ⊙ 作为其中的对象插入(O): 单选按钮，如图 9.3.19 所示。

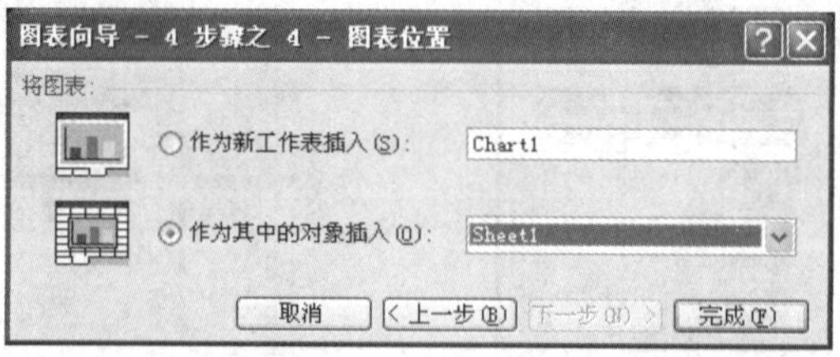

图 9.3.19　设置图表位置

（24）单击 完成(F) 按钮，即可完成图表的创建，如图 9.3.20 所示。

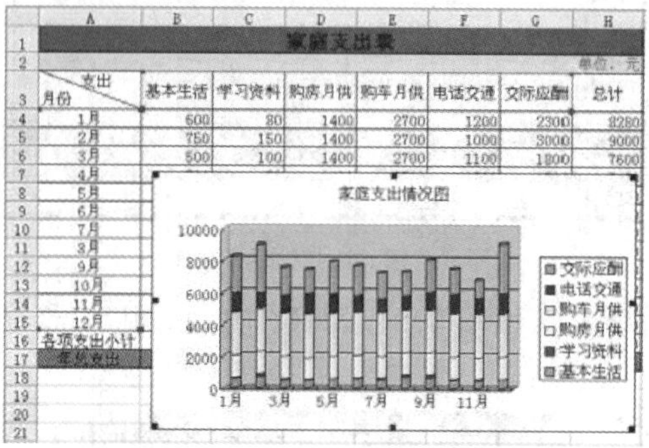

图 9.3.20　创建的图表

（25）选中图表区域，并在其上单击鼠标右键，从弹出的快捷菜单中选择 图表选项(I)... 命令，弹出 图表选项 对话框。单击 标题 选项卡，在“分类（X）轴”文本框中输入“月份”，在“数值（Z）轴”文本框中输入“支出额”，如图 9.3.21 所示。

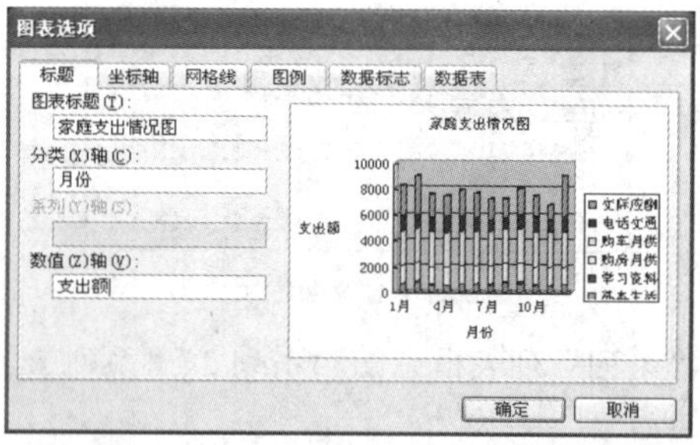

图 9.3.21　设置 X 轴、Z 轴名称

（26）单击 确定 按钮返回工作表，最终效果如图 9.3.1 所示。

综合实例 4　员工工资管理

实例内容

本例制作员工工资管理实例，分为三个部分：工资条的制作、工资明细表和工资汇总表，最终效果如图 9.4.1 所示。

	A	B	C	D	E	F	G	H	I	J	K	L
1	编号	月份	姓名	部门	基本工资	职务工资	津贴	奖金	应发工资	缺勤情况	缺勤扣款	实发工资
2	1	2011-12	刘红涛	财务部	2000.00	200.00	150.00	100.00	2450.00	0	0.00	2450.00
3	编号	月份	姓名	部门	基本工资	职务工资	津贴	奖金	应发工资	缺勤情况	缺勤扣款	实发工资
4	2	2011-12	张月	销售部	2000.00	100.00	300.00	400.00	2800.00	0	0.00	2800.00
5	编号	月份	姓名	部门	基本工资	职务工资	津贴	奖金	应发工资	缺勤情况	缺勤扣款	实发工资
6	3	2011-12	李超	销售部	2000.00	200.00	400.00	500.00	3100.00	1	66.67	3033.33
7	编号	月份	姓名	部门	基本工资	职务工资	津贴	奖金	应发工资	缺勤情况	缺勤扣款	实发工资
8	4	2011-12	吴刚刚	销售部	2000.00	200.00	300.00	300.00	2800.00	2	133.33	2666.67
9	编号	月份	姓名	部门	基本工资	职务工资	津贴	奖金	应发工资	缺勤情况	缺勤扣款	实发工资
10	5	2011-12	党金正	财务部	3000.00	300.00	150.00	200.00	3650.00	0	0.00	3650.00
11	编号	月份	姓名	部门	基本工资	职务工资	津贴	奖金	应发工资	缺勤情况	缺勤扣款	实发工资
12	6	2011-12	何平	研发部	3000.00	200.00	300.00	300.00	3800.00	0	0.00	3800.00
13	编号	月份	姓名	部门	基本工资	职务工资	津贴	奖金	应发工资	缺勤情况	缺勤扣款	实发工资
14	7	2011-12	陈小兰	后勤	1500.00	200.00	150.00	100.00	1950.00	0	0.00	1950.00
15	编号	月份	姓名	部门	基本工资	职务工资	津贴	奖金	应发工资	缺勤情况	缺勤扣款	实发工资
16	8	2011-12	于战	财务部	1500.00	200.00	150.00	100.00	1950.00	1	50.00	1900.00
17	编号	月份	姓名	部门	基本工资	职务工资	津贴	奖金	应发工资	缺勤情况	缺勤扣款	实发工资
18	9	2011-12	方欣	研发部	3500.00	200.00	200.00	300.00	4200.00	0	0.00	4200.00
19	编号	月份	姓名	部门	基本工资	职务工资	津贴	奖金	应发工资	缺勤情况	缺勤扣款	实发工资
20	10	2011-12	吕小阳	公关部	2500.00	200.00	150.00	150.00	3000.00	0	0.00	3000.00

	A	B	C	D	E	F	G	H	I	J	K	L
1	编号	月份	姓名	部门	基本工	职务工	津贴	奖金	应发工	缺勤情	缺勤扣	实发工
2	1	2011-12	刘红涛	财务部	2000.00	200.00	150.00	100.00	2450.00	0	0.00	2450.00
4	2	2011-12	张月	销售部	2000.00	100.00	300.00	400.00	2800.00	0	0.00	2800.00
6	3	2011-12	李超	销售部	2000.00	200.00	400.00	500.00	3100.00	1	66.67	3033.33
8	4	2011-12	吴刚刚	销售部	2000.00	200.00	300.00	300.00	2800.00	2	133.33	2666.67
10	5	2011-12	党金正	财务部	3000.00	300.00	150.00	200.00	3650.00	0	0.00	3650.00
12	6	2011-12	何平	研发部	3000.00	200.00	300.00	300.00	3800.00	0	0.00	3800.00
14	7	2011-12	陈小兰	后勤	1500.00	200.00	150.00	100.00	1950.00	0	0.00	1950.00
16	8	2011-12	于战	财务部	1500.00	200.00	150.00	100.00	1950.00	1	50.00	1900.00
18	9	2011-12	方欣	研发部	3500.00	200.00	200.00	300.00	4200.00	0	0.00	4200.00
20	10	2011-12	吕小阳	公关部	2500.00	200.00	150.00	150.00	3000.00	0	0.00	3000.00
21				合计	23000	2000	2250	2450	29700	4	250	29450

	A	B	C	D	E	F	G	H
1	月份	(多项)						
2								
3	求和项:应发工资	部门						
4	姓名	财务部	公关部	合计	后勤	销售部	研发部	总计
5	陈小兰				1950.00			1950.00
6	党金正	3650.00						3650.00
7	方欣						4200.00	4200.00
8	何平						3800.00	3800.00
9	李超					3100.00		3100.00
10	刘红涛	2450.00						2450.00
11	吕小阳		3000.00					3000.00
12	吴刚刚					2800.00		2800.00
13	于战	1950.00						1950.00
14	张月					2800.00		2800.00
15	(空白)			29700.00				29700.00
16	总计	8050.00	3000.00	29700.00	1950.00	8700.00	8000.00	59400.00

图 9.4.1 效果图

设计思路

在制作过程中，主要用到表格的制作、公式的使用、自动筛选、数据透视表的应用等操作。

操作步骤

（1）单击“常用”工具栏中的“新建”按钮，新建一个工作簿。

（2）在 A1:L1 单元格区域中依次输入：编号、月份、姓名、部门、基本工资、职务工资、津贴、奖金、应发工资、缺勤情况、缺勤扣款、实发工资。

（3）在 A2 单元格内输入 1，在 B2 单元格内输入函数“=NOW()”后按回车键，单元格中将自动显示系统当前时间，效果如图 9.4.2 所示。

	A	B	C	D
1	编号	月份	姓名	部门
2	1	2011-12-12 13:56		
3				

图 9.4.2 引用当前系统时间

（4）选定 B2 单元格，并单击鼠标右键，从弹出的快捷菜单中选择 设置单元格格式(F)... 命令，弹出 **单元格格式** 对话框。选择 数字 选项卡，在“分类”列表框中选择“自定义”选项，在“类型”文本框中输入“yyyy -mm”，如图 9.4.3 所示。

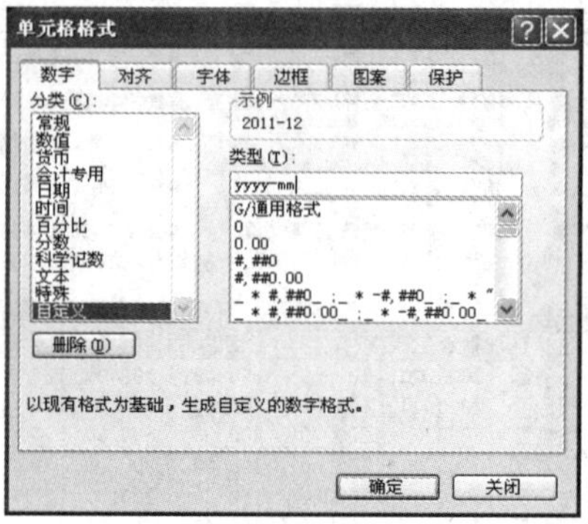

图 9.4.3 “数字”选项卡

（5）单击 确定 按钮，即可将设置的日期类型应用于单元格 B2 中，如图 9.4.4 所示。

	A	B	C	D
1	编号	月份	姓名	部门
2	1	2011-12		
3				

图 9.4.4 设置日期类型

（6）选定 I2 单元格，单击“常用”工具栏中的“自动求和”按钮 Σ，则在 I2 单元格中显示出建议的 SUM 公式，拖动鼠标选定 E2:H2 单元格区域，如图 9.4.5 所示。按回车键后，系统将自动完成求和并显示求和结果。

SUM ▾ × ✓ fx =SUM(E2:H2)

	A	B	C	D	E	F	G	H	I	J	K	L
1	编号	月份	姓名	部门	基本工资	职务工资	津贴	奖金	应发工资	缺勤情况	缺勤扣款	实发工资
2	1	2011-12							=SUM(E2:H2)			
3									SUM(number1, [number2], ...)			

图 9.4.5 使用“自动求和”按钮求和

（7）在 K2 单元格中输入公式“=J2*E2/30”，并按回车键得到缺勤扣款。在 L2 单元格中输入公式“=I2-K2”，按回车键后得到实发工资，工资条样式效果如图 9.4.6 所示。

	A	B	C	D	E	F	G	H	I	J	K	L
1	编号	月份	姓名	部门	基本工资	职务工资	津贴	奖金	应发工资	缺勤情况	缺勤扣款	实发工资
2	1	2011-12							0		0	0
3												

图 9.4.6 设置好的工资条样本记录

（8）按住“Ctrl”键，用鼠标选定 E2、F2、G2、H2、I2、K2 和 L2 单元格，单击“常用”工具栏中的“增加小数位数”按钮两次，使所有数据保留两位小数，如图 9.4.7 所示。

E	F	G	H	I	J	K	L
基本工资	职务工资	津贴	奖金	应发工资	缺勤情况	缺勤扣款	实发工资
				0.00		0.00	0.00

图 9.4.7 保留两位小数

（9）选定 A1:L1 单元格区域，单击“常用”工具栏上的“居中”按钮，并设置字体为“黑体”。以同样的方法，设置 A2:L2 单元格区域的字符居中。

（10）选定 A1:L2 单元格区域，并将鼠标指针移至该单元格区域右下角的填充柄上，待鼠标指针变为“十”形状时，按住鼠标左键向下拖动至 L20 单元格，从而完成工资条样本记录的复制，如图 9.4.8 所示。

	A	B	C	D	E	F	G	H	I	J	K	L
1	编号	月份	姓名	部门	基本工资	职务工资	津贴	奖金	应发工资	缺勤情况	缺勤扣款	实发工资
2	1	2011-12							0.00		0.00	0.00
3	编号	月份	姓名	部门	基本工资	职务工资	津贴	奖金	应发工资	缺勤情况	缺勤扣款	实发工资
4	2	2011-12							0.00		0.00	0.00
5	编号	月份	姓名	部门	基本工资	职务工资	津贴	奖金	应发工资	缺勤情况	缺勤扣款	实发工资
6	3	2011-12							0.00		0.00	0.00
7	编号	月份	姓名	部门	基本工资	职务工资	津贴	奖金	应发工资	缺勤情况	缺勤扣款	实发工资
8	4	2011-12							0.00		0.00	0.00
9	编号	月份	姓名	部门	基本工资	职务工资	津贴	奖金	应发工资	缺勤情况	缺勤扣款	实发工资
10	5	2011-12							0.00		0.00	0.00
11	编号	月份	姓名	部门	基本工资	职务工资	津贴	奖金	应发工资	缺勤情况	缺勤扣款	实发工资
12	6	2011-12							0.00		0.00	0.00
13	编号	月份	姓名	部门	基本工资	职务工资	津贴	奖金	应发工资	缺勤情况	缺勤扣款	实发工资
14	7	2011-12							0.00		0.00	0.00
15	编号	月份	姓名	部门	基本工资	职务工资	津贴	奖金	应发工资	缺勤情况	缺勤扣款	实发工资
16	8	2011-12							0.00		0.00	0.00
17	编号	月份	姓名	部门	基本工资	职务工资	津贴	奖金	应发工资	缺勤情况	缺勤扣款	实发工资
18	9	2011-12							0.00		0.00	0.00
19	编号	月份	姓名	部门	基本工资	职务工资	津贴	奖金	应发工资	缺勤情况	缺勤扣款	实发工资
20	10	2011-12							0.00		0.00	0.00
21												

图 9.4.8　复制工资条样本记录

（11）在空白单元格中填写姓名、部门、基本工资、职务工资、津贴和奖金等基本信息，在填写这些内容时，系统会自动计算出结果，如图 9.4.9 所示。

	A	B	C	D	E	F	G	H	I	J	K	L
1	编号	月份	姓名	部门	基本工资	职务工资	津贴	奖金	应发工资	缺勤情况	缺勤扣款	实发工资
2	1	2011-12	刘红涛	财务部	2000.00	200.00	150.00	100.00	2450.00	0	0.00	2450.00
3	编号	月份	姓名	部门	基本工资	职务工资	津贴	奖金	应发工资	缺勤情况	缺勤扣款	实发工资
4	2	2011-12	张月	销售部	2000.00	100.00	300.00	400.00	2800.00	0	0.00	2800.00
5	编号	月份	姓名	部门	基本工资	职务工资	津贴	奖金	应发工资	缺勤情况	缺勤扣款	实发工资
6	3	2011-12	李超	销售部	2000.00	200.00	400.00	500.00	3100.00	1	66.67	3033.33
7	编号	月份	姓名	部门	基本工资	职务工资	津贴	奖金	应发工资	缺勤情况	缺勤扣款	实发工资
8	4	2011-12	吴刚刚	销售部	2000.00	200.00	300.00	300.00	2800.00	2	133.33	2666.67
9	编号	月份	姓名	部门	基本工资	职务工资	津贴	奖金	应发工资	缺勤情况	缺勤扣款	实发工资
10	5	2011-12	党金正	财务部	3000.00	300.00	150.00	200.00	3650.00	0	0.00	3650.00
11	编号	月份	姓名	部门	基本工资	职务工资	津贴	奖金	应发工资	缺勤情况	缺勤扣款	实发工资
12	6	2011-12	何平	研发部	3000.00	200.00	300.00	300.00	3800.00	0	0.00	3800.00
13	编号	月份	姓名	部门	基本工资	职务工资	津贴	奖金	应发工资	缺勤情况	缺勤扣款	实发工资
14	7	2011-12	陈小兰	后勤	1500.00	200.00	150.00	100.00	1950.00	0	0.00	1950.00
15	编号	月份	姓名	部门	基本工资	职务工资	津贴	奖金	应发工资	缺勤情况	缺勤扣款	实发工资
16	8	2011-12	于战	财务部	1500.00	200.00	150.00	100.00	1950.00	1	50.00	1900.00
17	编号	月份	姓名	部门	基本工资	职务工资	津贴	奖金	应发工资	缺勤情况	缺勤扣款	实发工资
18	9	2011-12	方欣	研发部	3500.00	200.00	200.00	300.00	4200.00	0	0.00	4200.00
19	编号	月份	姓名	部门	基本工资	职务工资	津贴	奖金	应发工资	缺勤情况	缺勤扣款	实发工资
20	10	2011-12	吕小阳	公关部	2500.00	200.00	150.00	150.00	3000.00	0	0.00	3000.00

图 9.4.9　输入数据和自动计算工资结果

（12）双击工作表标签 Sheet1，将其更名为“工资条”。选中“工资条”工作表中的所有数据，并单击鼠标右键，从弹出的快捷菜单中选择 复制(C) 命令。

（13）单击工作表标签 Sheet2，将光标置于 A1 单元格中，并单击鼠标右键，从弹出的快捷菜单中选择 粘贴(P) 命令，将数据全部粘贴到 Sheet2 工作表中。

（14）将光标置于数据区域内的任意单元格中，选择 数据(D) → 筛选(F) → 自动筛选(F) 命令，在表头的每个字段名称后将出现一个下拉按钮，如图 9.4.10 所示。

	A	B	C	D	E	F	G	H	I	J	K	L
1	编号	月份	姓名	部门	基本工	职务工	津贴	奖金	应发工	缺勤情	缺勤扣	实发工
2	1	2011-12	刘红涛	财务部	2000.00	200.00	150.00	100.00	2450.00	0	0.00	2450.00
3	编号	月份	姓名	部门	基本工资	职务工资	津贴	奖金	应发工资	缺勤情况	缺勤扣款	实发工资
4	2	2011-12	张月	销售部	2000.00	100.00	300.00	400.00	2800.00	0	0.00	2800.00

图 9.4.10　为各字段添加下拉按钮

（15）单击“编号”字段名称后的下拉按钮，从弹出的下拉列表框中选择“自定义”选项，此时弹出**自定义自动筛选方式**对话框。在“编号”下拉列表中选择“不等于”，在右侧的下拉列表中选择“编号”，如图 9.4.11 所示。

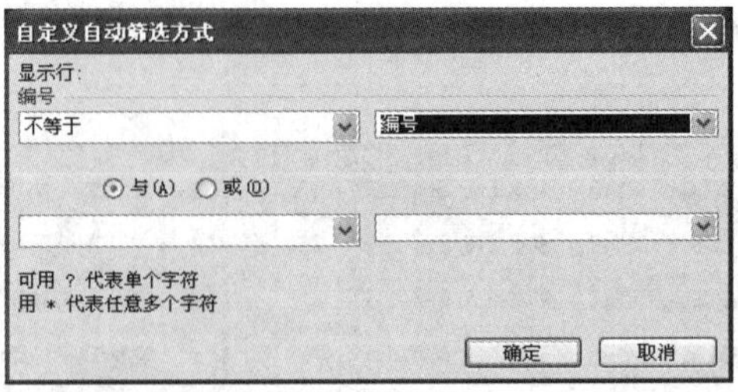

图 9.4.11 “自定义自动筛选方式”对话框

（16）单击 确定 按钮返回到工作表中，这时，工作表中多余的表头已被隐藏起来，如图 9.4.12 所示。

	A	B	C	D	E	F	G	H	I	J	K	L
1	编号	月份	姓名	部门	基本工	职务工	津贴	奖金	应发工	缺勤情	缺勤扣	实发工
2	1	2011-12	刘红涛	财务部	2000.00	200.00	150.00	100.00	2450.00	0	0.00	2450.00
4	2	2011-12	张月	销售部	2000.00	100.00	300.00	400.00	2800.00	0	0.00	2800.00
6	3	2011-12	李超	销售部	2000.00	200.00	400.00	500.00	3100.00	1	66.67	3033.33
8	4	2011-12	吴刚刚	销售部	2000.00	200.00	300.00	300.00	2800.00	2	133.33	2666.67
10	5	2011-12	党金正	财务部	3000.00	300.00	150.00	200.00	3650.00	0	0.00	3650.00
12	6	2011-12	何平	研发部	3000.00	200.00	300.00	300.00	3800.00	0	0.00	3800.00
14	7	2011-12	陈小兰	后勤	1500.00	200.00	150.00	100.00	1950.00	0	0.00	1950.00
16	8	2011-12	于战	财务部	1500.00	200.00	150.00	100.00	1950.00	1	50.00	1900.00
18	9	2011-12	方欣	研发部	3500.00	200.00	200.00	300.00	4200.00	0	0.00	4200.00
20	10	2011-12	吕小阳	公关部	2500.00	200.00	150.00	150.00	3000.00	0	0.00	3000.00

图 9.4.12 隐藏多余的表头

（17）在 D21 单元格中输入“合计”，然后将光标置于 E21 单元格内，单击“常用”工具栏中的“自动求和”按钮 Σ，用鼠标选定 E2:E20 单元格区域，如图 9.4.13 所示。按回车键后可计算出基本工资总额。

	A	B	C	D	E	F	G	H	I	J	K	L
1	编号	月份	姓名	部门	基本工	职务工	津贴	奖金	应发工	缺勤情	缺勤扣	实发工
2	1	2011-12	刘红涛	财务部	2000.00	200.00	150.00	100.00	2450.00	0	0.00	2450.00
4	2	2011-12	张月	销售部	2000.00	100.00	300.00	400.00	2800.00	0	0.00	2800.00
6	3	2011-12	李超	销售部	2000.00	200.00	400.00	500.00	3100.00	1	66.67	3033.33
8	4	2011-12	吴刚刚	销售部	2000.00	200.00	300.00	300.00	2800.00	2	133.33	2666.67
10	5	2011-12	党金正	财务部	3000.00	300.00	150.00	200.00	3650.00	0	0.00	3650.00
12	6	2011-12	何平	研发部	3000.00	200.00	300.00	300.00	3800.00	0	0.00	3800.00
14	7	2011-12	陈小兰	后勤	1500.00	200.00	150.00	100.00	1950.00	0	0.00	1950.00
16	8	2011-12	于战	财务部	1500.00	200.00	150.00	100.00	1950.00	1	50.00	1900.00
18	9	2011-12	方欣	研发部	3500.00	200.00	200.00	300.00	4200.00	0	0.00	4200.00
20	10	2011-12	吕小阳	公关部	2500.00	200.00	150.00	150.00	3000.00	0	0.00	3000.00
21				合计	=SUBTOTAL(9,E2:E20)							
22					SUBTOTAL(function_num, ref1, [ref2], ...)							

图 9.4.13 计算出的基本工资总额

（18）选定 E21 单元格，将鼠标指针移至该单元格右下方的填充柄上，当鼠标指针变为“十”字形状时，按住鼠标左键并向右拖动至 L21 单元格，释放鼠标左键，所选单元格区域自动显示出各项目的合计，如图 9.4.14 所示。

	A	B	C	D	E	F	G	H	I	J	K	L	M
1	编号	月份	姓名	部门	基本工	职务工	津贴	奖金	应发工	缺勤情	缺勤扣	实发工	
2	1	2011-12	刘红涛	财务部	2000.00	200.00	150.00	100.00	2450.00	0	0.00	2450.00	
4	2	2011-12	张月	销售部	2000.00	100.00	300.00	400.00	2800.00	0	0.00	2800.00	
6	3	2011-12	李超	销售部	2000.00	200.00	400.00	500.00	3100.00	1	66.67	3033.33	
8	4	2011-12	吴刚刚	销售部	2000.00	200.00	300.00	300.00	2800.00	2	133.33	2666.67	
10	5	2011-12	党金正	财务部	3000.00	300.00	150.00	200.00	3650.00	0	0.00	3650.00	
12	6	2011-12	何平	研发部	3000.00	200.00	300.00	300.00	3800.00	0	0.00	3800.00	
14	7	2011-12	陈小兰	后勤	1500.00	200.00	150.00	100.00	1950.00	0	0.00	1950.00	
16	8	2011-12	于战	财务部	1500.00	200.00	150.00	100.00	1950.00	1	50.00	1900.00	
18	9	2011-12	方欣	研发部	3500.00	200.00	200.00	300.00	4200.00	0	0.00	4200.00	
20	10	2011-12	吕小阳	公关部	2500.00	200.00	150.00	150.00	3000.00	0	0.00	3000.00	
21				合计	23000	2000	2250	2450	29700	4	250	29450	
22													

图 9.4.14 各项目的合计结果

（19）双击工作表标签 Sheet2，将其更名为“工资明细表”。

（20）在“工资明细表”中，将光标置于数据区域的任意单元格中，选择 数据(D) → 数据透视表和数据透视图(P)... 命令，弹出 数据透视表和数据透视图向导 -- 3 步骤之 1 对话框。选定 ⊙Microsoft Office Excel 数据列表或数据库(M) 和 ⊙数据透视表(T) 单选按钮，如图 9.4.15 所示。

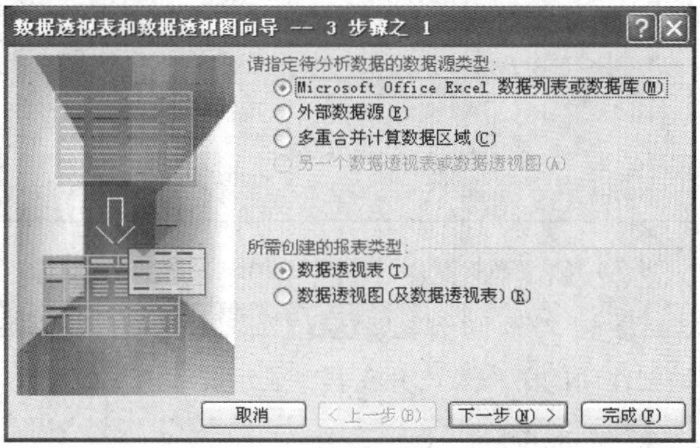

图 9.4.15 “数据透视表和数据透视图向导-3 步骤之 1”对话框

（21）单击 下一步(N) > 按钮，弹出 数据透视表和数据透视图向导 -- 3 步骤之 2 对话框。单击“选定区域”右侧的按钮，在工作表中拖动鼠标选定 A1:L21 单元格区域，如图 9.4.16 所示。

	A	B	C	D	E	F	G	H	I	J	K	L
1	编号	月份	姓名	部门	基本工	职务工	津贴	奖金	应发工	缺勤情	缺勤扣	实发工
2	1	2011-12	刘红涛	财务部	2000.00	200.00	150.00	100.00	2450.00	0	0.00	2450.00
4	2	2011-12	张月	销售部	2000.00	100.00	300.00	400.00	2800.00	0	0.00	2800.00
6	3	2011-12	李超	销售部	2000.00	200.00	400.00	500.00	3100.00	1	66.67	3033.33
8	4	2011-12	吴刚刚	销售部	2000.00	200.00	300.00	300.00	2800.00	2	133.33	2666.67
10	5	2011-12	党金正	财务部	3000.00	300.00	150.00	200.00	3650.00	0	0.00	3650.00
12	6	2011-12	何平	研发部	3000.00	200.00	300.00	300.00	3800.00	0	0.00	3800.00
14	7	2011-12	陈小兰	后勤	1500.00	200.00	150.00	100.00	1950.00	0	0.00	1950.00
16	8	2011-12	于战	财务部	1500.00	200.00	150.00	100.00	1950.00	1	50.00	1900.00
18	9	2011-12	方欣	研发部							0.00	4200.00
20	10	2011-12	吕小阳	公关部							0.00	3000.00
21				合计							250	29450
22												
23												
24												

图 9.4.16 “数据透视表和数据透视图向导-3 步骤之 2”对话框

（22）单击 下一步(N) > 按钮，弹出 数据透视表和数据透视图向导 -- 3 步骤之 3 对话框。在“数据透视表显示位置”选项区选中 ⊙新建工作表(N) 单选按钮，如图 9.4.17 所示。

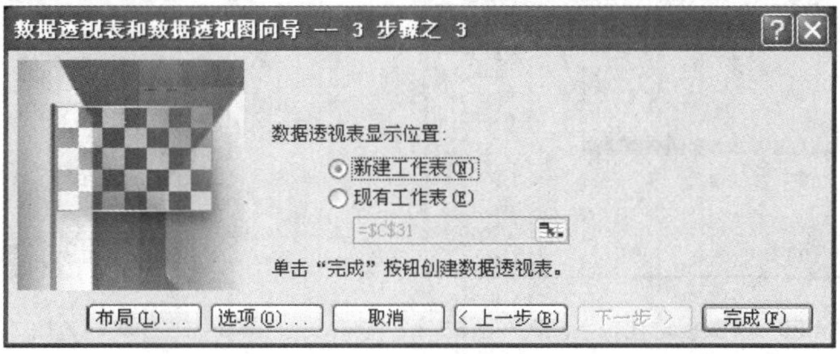

图 9.4.17 “数据透视表和数据透视图向导-3 步骤之 3”对话框

（23）单击 布局(L)... 按钮，弹出 数据透视表和数据透视图向导 -- 布局 对话框。用鼠标拖动 姓名 按钮，将其放到“行”区域；拖动 部门 按钮，将其放到“列”区域；拖动 月份 按钮，将其放到“页”区域；拖动 应发工资 按钮，将其放到“数据”区域，如图 9.4.18 所示。

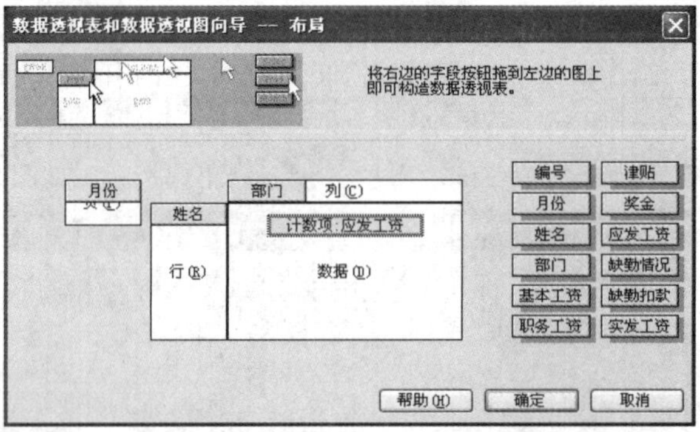

图 9.4.18 “数据透视表和数据透视图向导-布局”对话框

（24）单击 确定 按钮，返回到 数据透视表和数据透视图向导 -- 布局 对话框。单击 完成(F) 按钮，向导自动创建新的工作表，并在其中显示统计值，如图 9.4.19 所示。

	A	B	C	D	E	F	G	H	I
1	月份	(全部)							
2									
3	计数项:应发工资	部门							
4	姓名	部门	财务部	公关部	合计	后勤	销售部	研发部	总计
5	陈小兰					1			1
6	党金正		1						1
7	方欣							1	1
8	何平							1	1
9	李超						1		1
10	刘红涛		1						1
11	吕小阳			1					1
12	吴刚刚						1		1
13	姓名	9							9
14	于战		1						1
15	张月						1		1
16	(空白)				1				1
17	总计	9	3	1	1	1	3	2	20

图 9.4.19 创建新的工作表

（25）选中“月份”字段，并单击鼠标右键，从弹出的快捷菜单中选择 字段设置(N)... 命令，弹出 数据透视表字段 对话框。在“隐藏数据项”列表中选择“月份”选项，如图 9.4.20 所示。

（26）单击 确定 按钮返回工作表。单击“部分”字段后面的下拉按钮▼，在弹出的下拉列表中取消选择“部门”复选框，如图 9.4.21 所示。

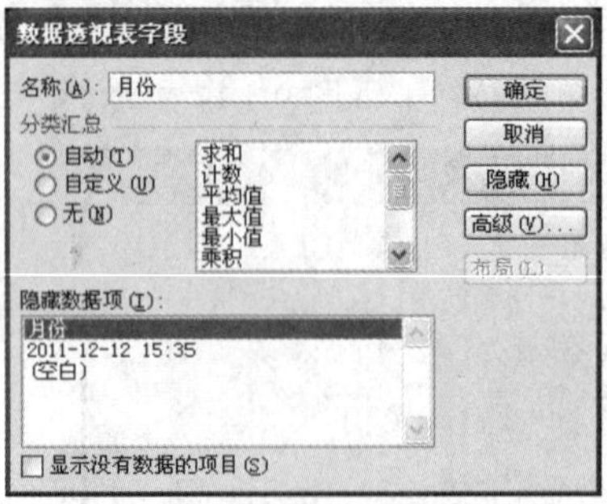

图 9.4.20 “数据透视表字段”对话框

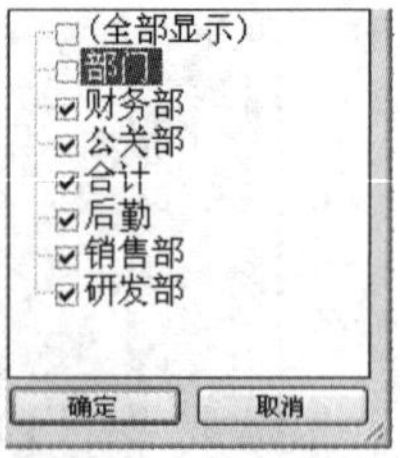

图 9.4.21 取消选择“部门”复选框

（27）单击 确定 按钮返回工作表中。选中“应发工资”字段，并单击鼠标右键，从弹出的快捷菜单中选择 字段设置(N)... 命令，弹出 数据透视表字段 对话框。在“汇总方式”下拉列表中选择“求和”选项，如图 9.4.22 所示。

（28）单击 数字(N)... 按钮，弹出 单元格格式 对话框，在“分类”列表框中选择“数值”选项，如图 9.4.23 所示。

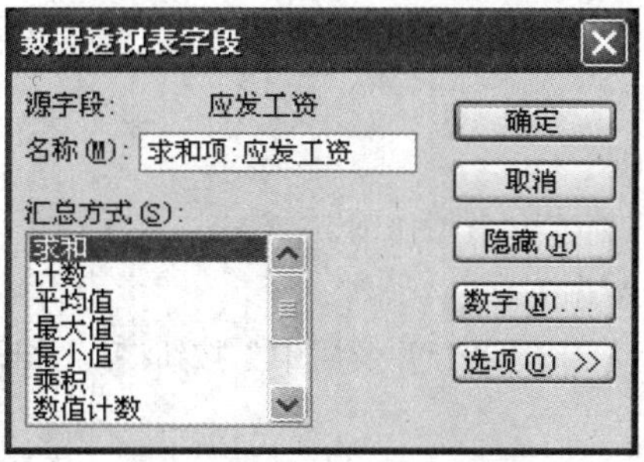

图 9.4.22　设置汇总方式

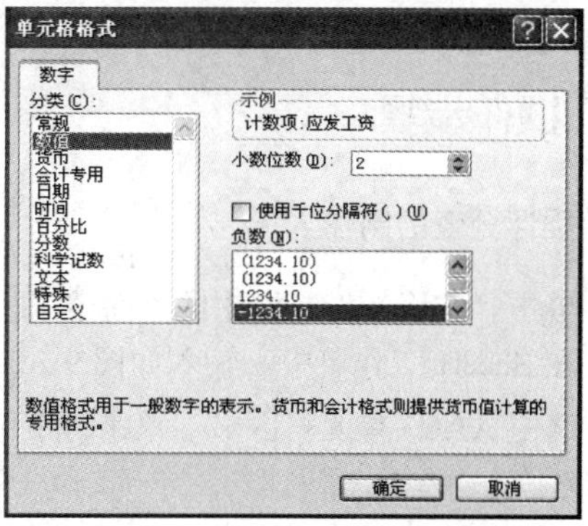

图 9.4.23　“单元格格式”对话框

（29）单击确定按钮返回数据透视表字段对话框，再单击确定按钮返回工作表中，并将工作表标签更名为“工资汇总表”。

至此，员工工资管理表格实例制作完成，最终效果如图 9.4.1 所示。

综合实例 5　制作自动评分计算表

实例内容

本例制作自动评分计算表实例，分为三个部分：评委评分表的制作、汇总表的制作、电子评分表的使用，最终效果如图 9.5.1 所示。

	A	B	C	D	E	F	G	H	I	J	K	L
1	第五届民俗演艺评分表											
2	编号	评委1	评委2	评委3	评委4	评委5	评委6	评委7	评委8	评委9	得分	名次
3	1	9.8	9.6	9.8	9.7	9.8	9.7	9.6	9.8	9.3	9.7	1
4	2	9.6	9.1	9.7	9.4	9.9	9.7	9.5	9.8	9.8	9.6	2
5	3	9.5	8.3	9.8	9.5	9.7	9.7	9.5	9.5	9.5	9.6	2
6	4	9.8	9.2	9.3	9.8	9.9	9.1	9.8	9.6	9.1	9.5	3
7	5	9.7	8.8	9.7	9.7	9.7	9.7	9.1	9.6	9.7	9.6	2
8	6	9.9	9.7	9.5	9.5	9.6	9.5	9.2	9.6	9.3	9.5	3
9	7	9.4	8.6	9.6	9.3	9.5	9.4	9.8	9.7	9.7	9.5	3
10	8	9.7	8.4	9.8	9.6	9.6	9.6	9.6	9.8	9.6	9.6	2
11	9	9.8	8.7	9.7	9.7	9.4	9.2	9.2	9.4	9.4	9.4	4
12	10	9.7	9.5	9.9	9.6	9.2	9.8	9.9	9.7	9.6	9.7	1

图 9.5.1　效果图

设计思路

用 Excel 制作一个方便实用的自动评分计算表，可以快速自动完成成绩的统计和名次的计算。比如参加比赛的选手为 10 人，评委 9 人，去掉 1 个最高分和 1 个最低分后，求出平均分，然后根据平均分的高低排定选手的名次。

在制作过程中，主要用到表格的制作、公式的使用、表格中数据的引用及密码的使用等操作。

操作步骤

1．评委评分表的制作

（1）单击“常用”工具栏中的“新建”按钮，新建一个工作簿。

（2）在 Sheet1 工作表中，输入如图 9.5.2 所示的数据。

（3）选中 A1:C3 单元格区域，单击“常用”工具栏中的“合并及居中”按钮，并设置其字体为“隶书”，字号为“16”。

（4）选中 A2:C2 单元格区域，单击“常用”工具栏中的“居中”按钮，使标题栏居中，如图 9.5.3 所示。

	A	B	C
1	评委评分表		
2	选手编号	评分	备注
3	1	9.8	
4	2	9.6	
5	3	9.5	
6	4	9.8	
7	5	9.7	
8	6	9.9	
9	7	9.4	
10	8	9.7	
11	9	9.8	
12	10	9.7	

图 9.5.2　输入数据

	A	B	C
1	评委评分表		
2	选手编号	评分	备注
3	1	9.8	
4	2	9.6	
5	3	9.5	
6	4	9.8	
7	5	9.7	
8	6	9.9	
9	7	9.4	
10	8	9.7	
11	9	9.8	
12	10	9.7	

图 9.5.3　设置字符格式

（5）选择 文件(F) → 另存为(A)... 命令，弹出**另存为**对话框。单击工具条的 工具(L) 按钮，如图 9.5.4 所示。

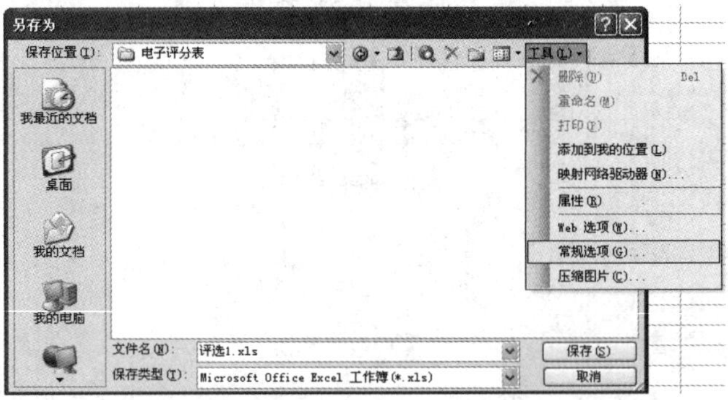

图 9.5.4　“另存为”对话框

（6）在弹出的下拉列表中选择 常规选项(G)... 命令，弹出**保存选项**对话框，在“打开权限密码”文本框中输入密码，如图 9.5.5 所示。

注意：密码需要重新确认输入一次。

（7）此处只需要设置“打开权限密码”，如果设置了“修改权限密码”，则评委在保存评分时，必须提供密码，反而造成不必要的麻烦。

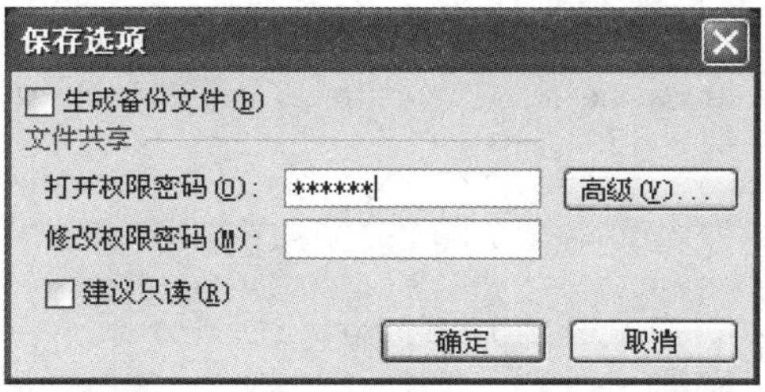

图 9.5.5　“保存选项”对话框

（8）单击 确定 按钮返回 另存为 对话框中，在“文件名”文本框中输入“评委 1”，单击 保存(S) 按钮返回工作表中。

（9）重复步骤（3）～（6），按照评委数目，依次制作其他评委对各个选手的评分表。

2．汇总表的制作

（1）单击“常用”工具栏中的“新建”按钮，新建一个空白工作表，并输入如图 9.5.6 所示的数据。

图 9.5.6　制作汇总表

（2）选中 A1:L1 单元格区域，单击“常用”工具栏中的“合并及居中”按钮，并设置其字体为“隶书”，字号为“20”。

（3）选中 A2:L2 单元格区域，单击“常用”工具栏中的“居中”按钮，使标题栏居中。

（4）在 B3 单元格中输入公式“=[评委 1.xls]sheet1!B3”，按回车键后，弹出 密码 对话框。在“密码”文本框中输入密码，如图 9.5.7 所示。

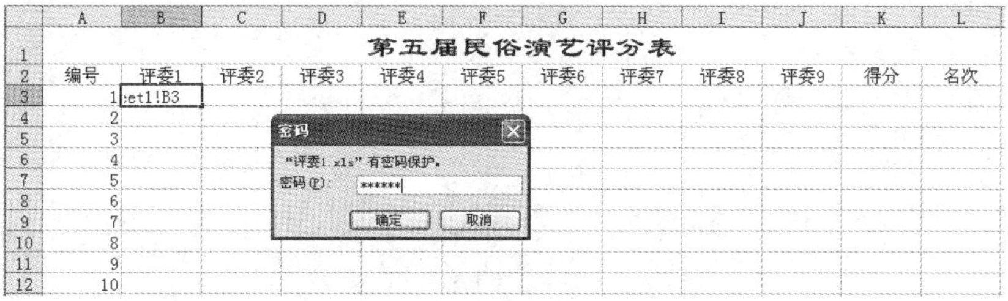

图 9.5.7　“密码”对话框

（5）单击 确定 按钮，即可调用“评委 1.xls”中的第一位选手的评分，如图 9.5.8 所示。

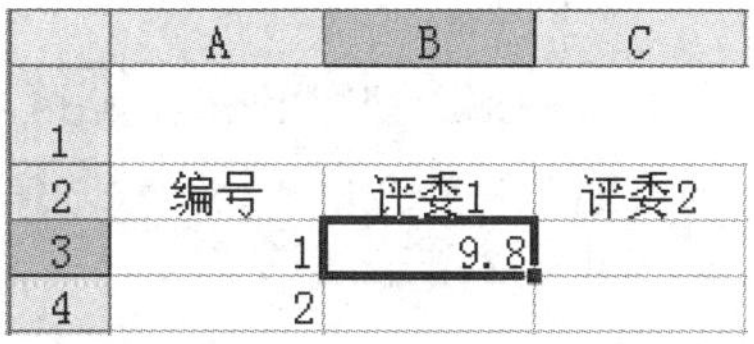

图 9.5.8　调用第一位选手的评分

（6）按照同样的方法，在 C3:J3 单元中分别输入公式“=[评委 2.xls]sheet1!B3”“=[评委 3.xls]sheet1!B3”……“=[评委 9.xls]sheet1!B3”，调用其余评委对第一位选手的评分，结果如图 9.5.9 所示。

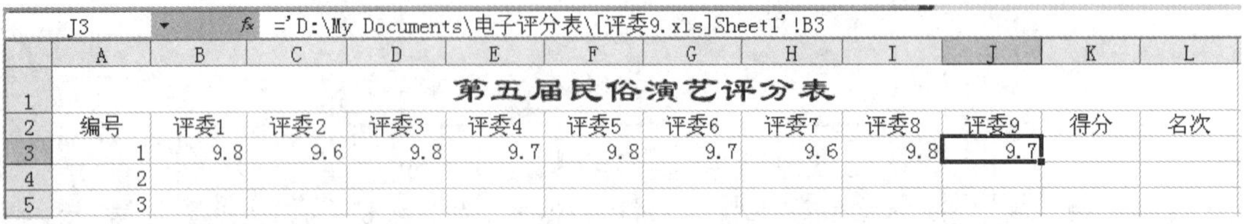

J3 　=’D:\My Documents\电子评分表\[评委9.xls]Sheet1’!B3

	A	B	C	D	E	F	G	H	I	J	K	L
1	第五届民俗演艺评分表											
2	编号	评委1	评委2	评委3	评委4	评委5	评委6	评委7	评委8	评委9	得分	名次
3	1	9.8	9.6	9.8	9.7	9.8	9.7	9.6	9.8	9.7		
4	2											
5	3											

图 9.5.9　调用其余评委对第一位选手的评分

注意：请将评委评分表和汇总表保存在同一文件夹内。

（7）选中 K3 单元格，并在该单元格中输入公式“=(SUM(B3:J3)-MAX(B3:J3)-MIN(B3:J3))/7”，按回车键后，计算出第一位选手的最后平均得分，如图 9.5.10 所示。

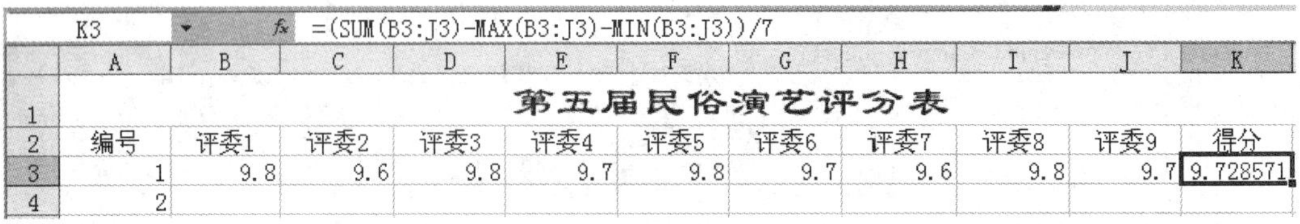

K3 　=(SUM(B3:J3)-MAX(B3:J3)-MIN(B3:J3))/7

	A	B	C	D	E	F	G	H	I	J	K
1	第五届民俗演艺评分表										
2	编号	评委1	评委2	评委3	评委4	评委5	评委6	评委7	评委8	评委9	得分
3	1	9.8	9.6	9.8	9.7	9.8	9.7	9.6	9.8	9.7	9.728571
4	2										

图 9.5.10　计算出第一位选手的平均得分

（8）选中 K3 单元格，连续单击“常用”工具栏上的“减少小数位数”按钮五次，将小数位数保留一位，如图 9.5.11 所示。

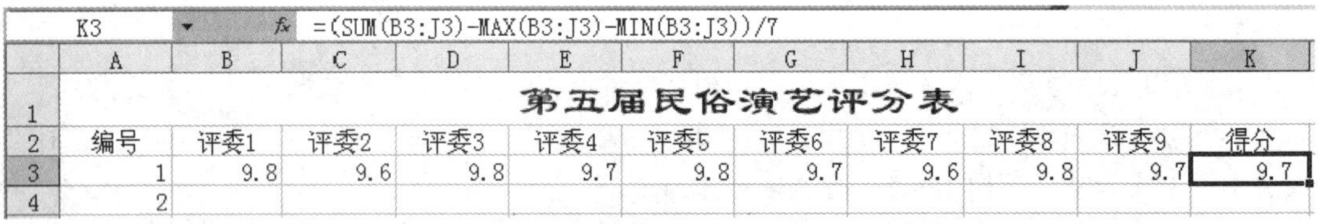

K3 　=(SUM(B3:J3)-MAX(B3:J3)-MIN(B3:J3))/7

	A	B	C	D	E	F	G	H	I	J	K
1	第五届民俗演艺评分表										
2	编号	评委1	评委2	评委3	评委4	评委5	评委6	评委7	评委8	评委9	得分
3	1	9.8	9.6	9.8	9.7	9.8	9.7	9.6	9.8	9.7	9.7
4	2										

图 9.5.11　保留小数位数

（9）选中 L3 单元格，并在该单元格中输入公式“=RANK(K3,$K$3:$K$12)”，用于确定选手的名次，如图 9.5.12 所示。

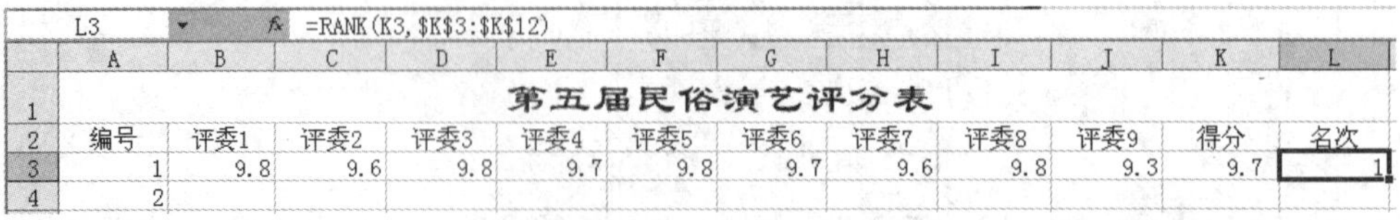

L3 　=RANK(K3,$K$3:$K$12)

	A	B	C	D	E	F	G	H	I	J	K	L
1	第五届民俗演艺评分表											
2	编号	评委1	评委2	评委3	评委4	评委5	评委6	评委7	评委8	评委9	得分	名次
3	1	9.8	9.6	9.8	9.7	9.8	9.7	9.6	9.8	9.3	9.7	1
4	2											

图 9.5.12　确认选手的名次

（10）选中 B3:L3 单元格区域，并将鼠标指针移至该单元格区域右下角的填充柄上，待鼠标指针变为“十”形状时，按住鼠标左键向下拖动至 L12 单元格，这时弹出**密码**对话框，在“密码”文本框中输入 9 位评委的评分表密码，如图 9.5.13 所示。

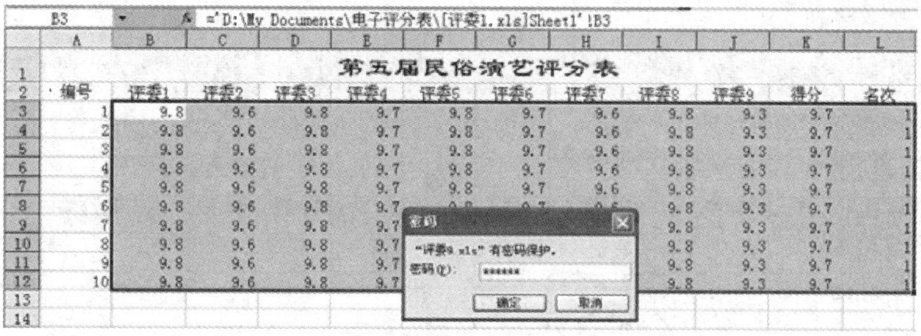

图 9.5.13 复制公式

（11）依次单击 确定 按钮，完成其他选手的成绩统计和名次的排定，如图 9.5.14 所示。

	A	B	C	D	E	F	G	H	I	J	K	L
1	第五届民俗演艺评分表											
2	编号	评委1	评委2	评委3	评委4	评委5	评委6	评委7	评委8	评委9	得分	名次
3	1	9.8	9.6	9.8	9.7	9.8	9.7	9.6	9.8	9.3	9.7	1
4	2	9.6	9.1	9.7	9.4	9.9	9.7	9.5	9.8	9.8	9.6	2
5	3	9.5	8.3	9.8	9.5	9.7	9.7	9.5	9.5	9.5	9.6	2
6	4	9.8	9.2	9.3	9.8	9.9	9.1	9.8	9.6	9.1	9.5	3
7	5	9.7	8.8	9.7	9.7	9.7	9.7	9.1	9.6	9.7	9.6	2
8	6	9.9	9.7	9.5	9.5	9.6	9.5	9.2	9.6	9.3	9.5	3
9	7	9.4	8.6	9.6	9.3	9.5	9.4	9.8	9.7	9.7	9.5	3
10	8	9.7	8.4	9.8	9.6	9.6	9.6	9.6	9.8	9.6	9.6	2
11	9	9.8	8.7	9.7	9.7	9.4	9.2	9.2	9.4	9.4	9.4	4
12	10	9.7	9.5	9.9	9.6	9.2	9.8	9.9	9.7	9.6	9.7	1

图 9.5.14 完成其他选手的成绩统计和名次的排定

（12）单击“常用”工具栏中的“保存”按钮，将该工作簿保存名为“汇总表.xls”。

3. 电子评分表的使用

（1）将上述工作簿文件放在局域网上某台电脑的一个共享文件夹中，供各位评委调用。

注意：当我们移动整个工作簿所在的文件夹时，系统会自动调整公式相应的路径，不影响表格的正常使用。

（2）比赛开始前，将工作簿名称和对应的打开权限密码分别告知不同的评委，然后通过局域网，让每位评委打开各自相应的工作簿（如评委 1.xls、评委 2.xls……）文档。

注意：评委在打开文档中，系统会弹出一个如图 9.5.15 所示的对话框，输入“打开权限密码”，单击 确定 按钮即可。

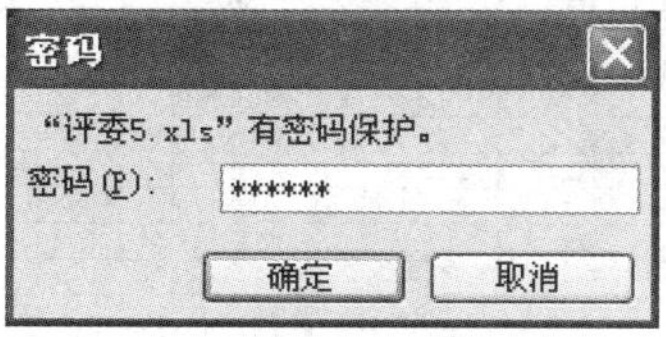

图 9.5.15 输入打开权限密码

（3）某位选手比赛完成后，评委将其成绩输入到相应的单元格中，并要求评委执行一下保存操作。每次要求评委评分后执行一次保存操作，其目的是为了防止出现意外情况而造成数据丢失。

（4）整个比赛结束后，主持人只要打开“汇总表.xls”工作簿，即可公布比赛结果了，最终效果如图 9.5.1 所示。

注意：主持人在打开“汇总表.xls”工作簿时，系统会弹出如图 9.5.16 所示的对话框，单

击其中的 更新(U) 按钮。

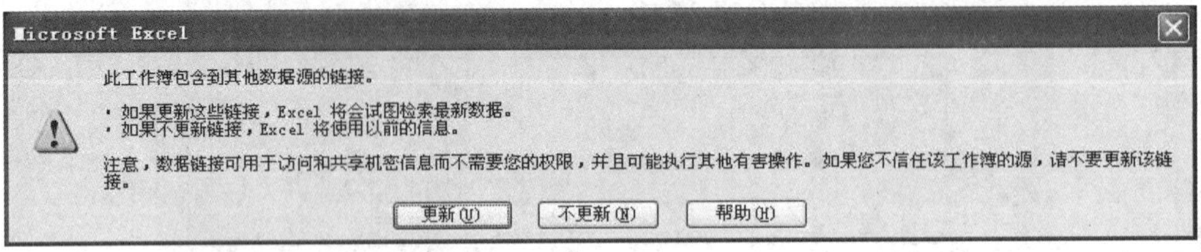

图 9.5.16　数据更新提示

综合实例 6　建立小型人事数据管理系统

实例内容

本例通过 Excel 来建立一套适合本企业的小型人事数据管理系统，最终效果如图 9.6.1 所示。

	A	B	C	D	E	F	G	H	I	J	K	L	M	N	O
1												人事信息表			
2	编号	姓名	部门	职务	身份证号码（10位	性	出生年月日	年	民	籍贯	户口所在	毕业院校	专业	学历	学位
3	1	张美丽	财务部	会计	1*****19760428**4*	女	1976-4-28	36	汉	陕西省	西安	西安培华学校	会计	本科	学士
4	2	刘涛	管理部	经理	1*****19560821**5*	男	1956-8-21	55	汉	陕西省	西安	西安电子科技大学	管理	本科	硕士
5	3	高明楼	销售部	职员	1*****19851202**6*	女	1985-12-2	26	汉	陕西省	西安	西安交大	营销	本科	学士
6	4	李培华	销售部	职员	1*****19820622**7*	男	1982-6-22	29	汉	陕西省	杨凌	西北大学	营销	专科	无
7	5	周佳宁	销售部	经理	1*****19831010**6*	女	1983-10-10	28	汉	陕西省	周至	西安文理学院	营销	本科	学士
8	6	秦谨	销售部	助理	1*****19820526**9*	男	1982-5-26	29	汉	山东省	济南	山东大学	计算机	本科	学士
9	7	刘颖	行政部	职员	1*****19800420**1*	男	1980-4-20	31	汉	安徽省	四川	四川大学	计算机	专科	无
10	8	余浩南	销售部	职员	1*****19780611**5*	男	1978-6-11	33	汉	湖北省	武汉	武汉大学	管理	本科	学士
11	9	姚笛	管理部	助理	1*****19771128**8*	女	1977-11-28	34	汉	河北省	北京	北京大学	管理	本科	学士
12	10	卢兰涛	财务部	出纳	1*****19790707**9*	男	1979-7-7	32	汉	天津市	天津	天津大学	会计	专科	无
13	11	刘巧莲	财务部	会计	1*****19820817**8*	女	1982-8-17	29	汉	陕西省	蓝田	西安交大	会计	本科	学士
14	12	李佳林	行政部	经理	1*****19810408**1*	男	1981-4-8	30	汉	陕西省	高陵	西安理工大学	营销	本科	学士
15	13	刘丽	行政部	助理	1*****19790711**2*	女	1979-7-11	32	汉	陕西省	周至	西安理工大学	营销	本科	学士
16	14	王可欣	行政部	职员	1*****19890107**8*	女	1989-1-7	23	汉	湖北省	汉口	武汉大学	计算机	本科	学士
17	15	李怡雯	管理部	助理	1*****19851107**4*	女	1985-11-7	26	汉	湖北省	武昌	武汉大学	营销	本科	学士
18	16	王洋	销售部	职员	1*****19791212**2*	女	1979-12-12	32	汉	陕西省	宝鸡	西安商贸学院	营销	专科	无

	A	B	C	M	N	O	P	Q	R	S	T	U
1												
2	编号	姓名	部门	专业	学历	学位	入司日期	试用期到期时	劳动合同到期时	续签合同到期时	离职日	人员类别
3	1	张美丽	财务部	会计	本科	学士	2004-3-20	2004-6-19	2012-3-12	2013-3-12		在职
4	2	刘涛	管理部	管理	本科	硕士	2000-3-1	2000-5-31	2003-2-26	2004-2-26		离职
5	3	高明楼	销售部	营销	本科	学士	2000-4-11	2000-7-10	2003-4-8	2004-4-8		离职
6	4	李培华	销售部	营销	专科	无	2010-3-3	2010-6-2	2015-2-26	2016-2-26		在职
7	5	周佳宁	销售部	营销	本科	学士	2011-2-17	2011-5-16	2016-2-12	2017-2-12		在职
8	6	秦谨	销售部	计算机	本科	学士	2010-8-3	2010-11-2	2015-7-29	2016-7-29		在职
9	7	刘颖	行政部	计算机	专科	无	2010-3-1	2010-5-31	2015-2-24	2016-2-24		在职
10	8	余浩南	销售部	管理	本科	学士	1999-3-2	1999-6-1	2001-2-28	2002-2-28		离职
11	9	姚笛	管理部	管理	本科	学士	1997-2-16	1997-5-15	1999-2-14	2000-2-14		离职
12	10	卢兰涛	财务部	会计	专科	无	2000-4-15	2000-7-14	2002-4-13	2003-4-13		离职
13	11	刘巧莲	财务部	会计	本科	学士	2012-2-9	2012-5-8	2014-2-7	2015-2-7		在职
14	12	李佳林	行政部	营销	本科	学士	2012-2-9	2012-5-8	2014-2-7	2015-2-7		在职
15	13	刘丽	行政部	营销	本科	学士	2012-2-9	2012-5-8	2014-2-7	2015-2-7		在职
16	14	王可欣	行政部	计算机	本科	学士	2012-2-9	2012-5-8	2014-2-7	2015-2-7		在职
17	15	李怡雯	管理部	营销	本科	学士	2012-2-9	2012-5-8	2014-2-7	2015-2-7		在职
18	16	王洋	销售部	营销	专科	无	2012-1-6	2012-4-5	2014-1-4	2015-1-4		在职

图 9.6.1　效果图

设计思路

在制作的过程中，通过大量函数的应用减少了数据录入的工作量；使用记录单提高了工作的效率和录入的准确性；使用窗口冻结命令，能够非常方便地进行信息查询；使用“自动筛选”功能可以进行简单的数据统计；使用“数据透视表”功能快速汇总各项数据。

操作步骤

（1）单击“常用”工具栏中的“新建”按钮，新建一个工作簿。

（2）在 A1 单元格中输入“人事信息库”，在“常用”工具栏中设置其字体为“华文楷体”，字号为“16”。

（3）选中 A1 单元格，单击“常用”工具栏中的“合并及居中”按钮，使表格标题居中显示。再单击“填充颜色”按钮，将单元格填充为绿色。

（4）选中 A2～U2 单元格区域，单击“常用”工具栏中的“居中”按钮，使列标题居中显示。

（5）按住“Ctrl”键，依次单击 B2、E2、I2、J2、K2、L2、M2、N2、O2、P2 单元格，再单击“常用”工具栏中的“填充颜色”按钮，将这些单元格填充为金色。

（6）依照同样的方法，将 F2、G2、H2 单元格设置为淡黄色，将 Q2、R2、S2、T2、U2 单元格设置为淡蓝色。

（7）将鼠标指针移至 1、2 列之间的分界线上，待鼠标指针变为形状后按下鼠标左键，调整列宽至适当位置，效果如图 9.6.2 所示。

	A	B	C	D	E	F	G	H	I	J	K	L	M
1													人事信息库
2	编号	姓名	部门	职务	身份证号码（18位）	性别	出生年月日	年龄	民族	籍贯	户口所在地	毕业院校	专业
3													

N	O	P	Q	R	S	T	U
学历	学位	入司日期	试用期到期时间	劳动合同到期时间	续签合同到期时间	离职日期	人员类别

图 9.6.2　建立的人事信息库样式

注意：接下来请不要急着录入人员信息，我们要对一些信息项进行函数设置，以便系统可以自动生成相关信息，这会使所作的工作产生事半功倍的效果。

（8）对“性别”“出生年月”“年龄”进行函数设置。分别选择性别、出生年月日、年龄信息项单元格输入下列公式（当输入某人身份证号码时，系统便会自动生成“性别”“出生年月日”及“年龄”，这样可以减少录入的工作量。

（9）在 F3 单元格中输入公式“=IF(MOD(IF(LEN(E3)=15,MID(E3,15,1),MID(E3,17,1)),2)=1,"男","女")”，按回车键后即可显示该员工的性别，如图 9.6.3 所示。

F3　fx　=IF(MOD(IF(LEN(E3)=15,MID(E3,15,1),MID(E3,17,1)),2)=1,"男","女")

	A	B	C	D	E	F	G	H	I	J
1										
2	编号	姓名	部门	职务	身份证号码（18位）	性别	出生年月日	年龄	民族	籍贯
3					1*****19760428**4*	女				
4										

图 9.6.3　“性别”函数设置

提示：“LEN(E3)=15”表示在 E3 中是否有 15 个字符；“MID(E3,15,1)”表示在 E3 中从第

15 位开始提取 1 位字符；“MOD(MID()，2)=1” 表示提取的字符除以 2 余数为 1。

“IF(LEN(E3)=15,MID(E3,15,1),MID(E3,17,1)” 表示看 E3 中是否够 15 个字符，如果够就从第 15 个字符开始取 1 个字符，如果不够 15 个字符就从第 17 个字符开始取 1 个字符。身份证号码一般是 15 位或 18 位。

“IF(MOD(IF(LEN(E3)=15,MID(E3,15,1),MID(E3,17,1)),2)=1,"男","女"” 表示所取字符除以 2 如果余数为 1 显示男，否则显示女。

（10）在 G3 单元格中输入公式 “=DATE(MID(E3,7,4),MID(E3,11,2),MID(E3,13,2))”，按回车键后即可显示该员工的出生日期，如图 9.6.4 所示。

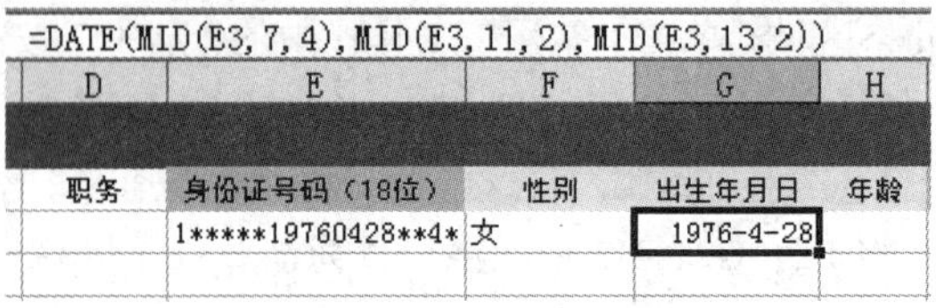

图 9.6.4 “出生日期” 函数设置

提示：“MID(E3,7,4)” 表示在 E3 中从第 7 个字符开始连续取 4 个字符表示年，用类似的表示方法一个人的出生年月日便可以通过函数设置表示出来。

（11）在 H3 单元格中输入公式 “=DATEDIF(G3,TODAY(),"Y")”，按回车键后即可显示该员工的年龄，如图 9.6.5 所示。

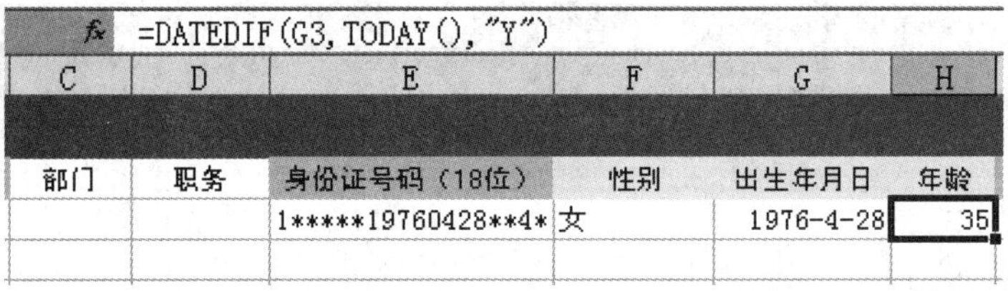

图 9.6.5 “年龄” 函数设置

提示：“TODAY()” 表示系统自带的日期即显示当日日期；“DATEDIF(G3,TODAY(),"Y")” 表示今天的日期与 G3 所表示的出生月日之间的年份差值，这样一个人的年龄就会容易地显示出来了。

（12）劳动合同期限的自动生成和提前 30 天定期提醒功能设置。在 Q3 单元格中输入公式 “=DATE(YEAR(P3),MONTH(P3)+3,DAY(P3)-1)”，按回车键后即可显示该员工的试用期到期时间，如图 9.6.6 所示。

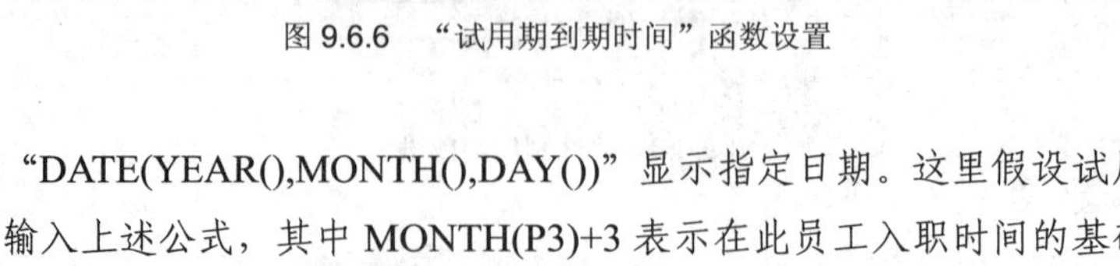

图 9.6.6 “试用期到期时间” 函数设置

提示：“DATE(YEAR(),MONTH(),DAY())” 显示指定日期。这里假设试用期为 3 个月，需要在 Q3 单元格中输入上述公式，其中 MONTH(P3)+3 表示在此员工入职时间的基础上增加 3 个月。而 DAY(P3)-1 是根据劳动合同签订为整年整月而设置的。比如 2004 年 3 月 20 日到 2010 年 3 月 5 日为一个劳动合同签订期。

（13）在 R3 单元格中输入公式“=DATE(YEAR(P3)+8,MONTH(P3),DAY(P3)-8)”，按回车键后即可显示该员工的劳动合同到期时间，如图 9.6.7 所示。

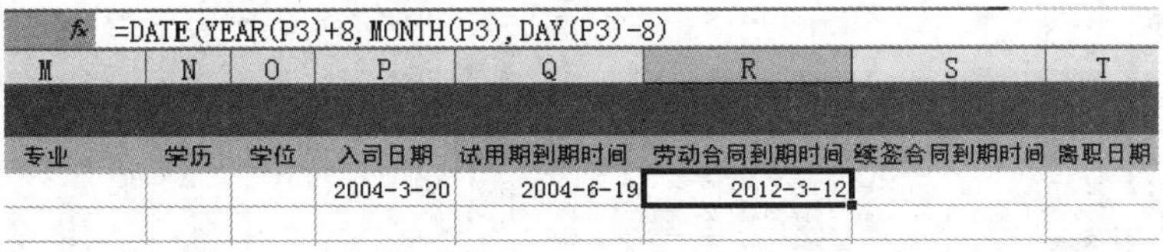

图 9.6.7　“劳动合同到期时间”函数设置

提示：劳动合同到期时间函数“=DATE(YEAR(P3)+1,MONTH(P3),DAY(P3)-1)”的设置方法。假设劳动合同期限为 1 年，则需要设置成 YEAR(P3)+1，另外这个数值依然以入职日期为计算根据，所以天数上还要设置成 DAY(P3)-1 的格式，此名员工的劳动合同为 8 年。

（14）在 U3 单元格中输入公式“=DATE(YEAR(R3)+1,MONTH(R3),DAY(R3))”，按回车键后即可显示该员工的劳动合同到期时间，如图 9.6.8 所示。

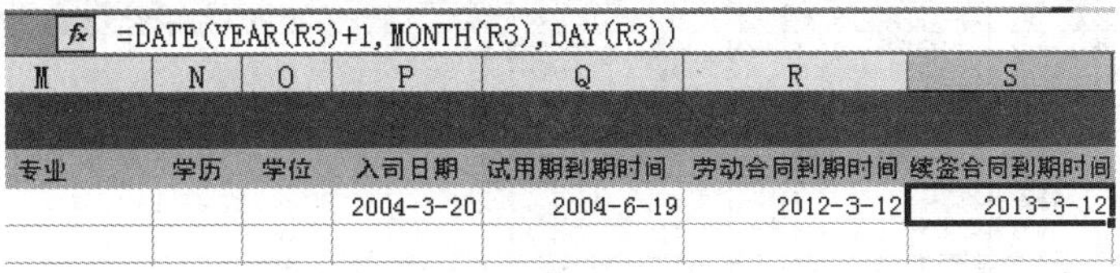

图 9.6.8　“续签合同”函数设置

提示：续签合同计算是以前一份合同签订到期日期为根据的，所以只在前一份合同到期时间的基础上增加 1 年即可，无需在天数上减 1。

（15）将光标置于数据单元格中，选择 数据(D) → 记录单(O)... 命令，弹出“Sheet1”记录单，在“记录单”录入第 1 个员工的其他相关信息，如图 9.6.9 所示。

（16）第一条信息录入完成后，单击 下一条(N) 按钮，可录入其他员工的信息，直到录入完毕，在记录单中按“Enter”键可翻看每一条记录，如图 9.6.10 所示。

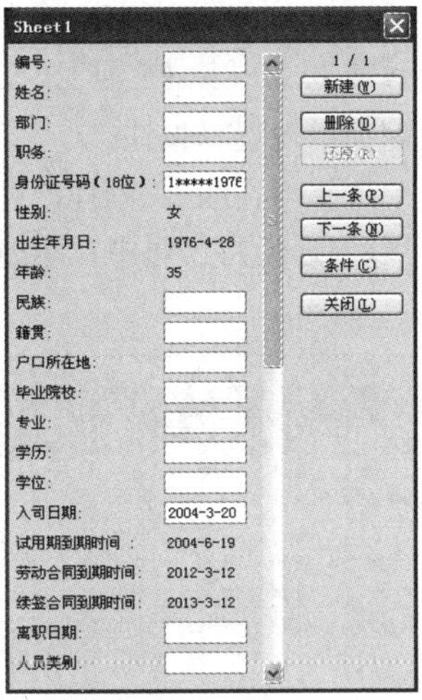

图 9.6.9　采用记录单录入数据

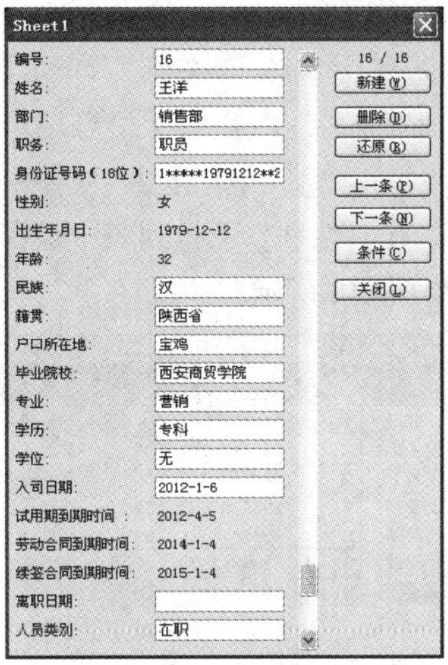

图 9.6.10　在记录单中录入所有信息

（17）录入完毕后，单击关闭(L)按钮返回工作表，效果如图 9.6.11 所示。

	A	B	C	D	E	F	G	H	I	J	K	L	M	N	O
1												人事信息库			
2	编号	姓名	部门	职务	身份证号码（18位）	性别	出生年月日	年龄	民族	籍贯	户口所在地	毕业院校	专业	学历	学位
3	1	张美丽	财务部	会计	1*****19760428**4*	女	1976-4-28	35	汉	陕西省	西安	西安培华学校	会计	本科	学士
4	2	刘涛	管理部	经理	1*****19560821**5*	男	1956-8-21	55	汉	陕西省	西安	西安电子科技大学	管理	本科	硕士
5	3	高明楼	销售部	职员	1*****19851202**6*	女	1985-12-2	26	汉	陕西省	西安	西安交大	营销	本科	学士
6	4	李培华	销售部	职员	1*****19820622**7*	男	1982-6-22	29	汉	陕西省	杨凌	西北大学	营销	专科	无
7	5	周佳宁	销售部	经理	1*****19831010**6*	女	1983-10-10	28	汉	陕西省	周至	西安文理学院	营销	本科	学士
8	6	秦谨	销售部	助理	1*****19820526**9*	男	1982-5-26	29	汉	山东省	济南	山东大学	计算机	本科	学士
9	7	刘颖	行政部	职员	1*****19800420**1*	男	1980-4-20	31	汉	安徽省	四川	四川大学	计算机	专科	无
10	8	余浩南	销售部	职员	1*****19780611**5*	男	1978-6-11	33	汉	湖北省	武汉	武汉大学	管理	本科	学士
11	9	姚笛	管理部	助理	1*****19771128**8*	女	1977-11-28	34	汉	河北省	北京	北京大学	管理	本科	学士
12	10	卢兰涛	财务部	出纳	1*****19790707**9*	男	1979-7-7	32	汉	天津市	天津	天津大学	会计	专科	无
13	11	刘巧莲	财务部	会计	1*****19820817**8*	女	1982-8-17	29	汉	陕西省	蓝田	西安交大	会计	本科	学士
14	12	李佳林	行政部	经理	1*****19810408**1*	男	1981-4-8	30	汉	陕西省	高陵	西安理工大学	营销	本科	学士
15	13	刘丽	行政部	助理	1*****19790711**2*	女	1979-7-11	32	汉	陕西省	周至	西安理工大学	营销	本科	学士
16	14	王可欣	行政部	职员	1*****19890107**8*	女	1989-1-7	23	汉	湖北省	汉口	武汉大学	计算机	本科	学士
17	15	李怡雯	管理部	助理	1*****19851107**4*	女	1985-11-7	26	汉	湖北省	武昌	武汉大学	营销	本科	学士
18	16	王洋	销售部	职员	1*****19791212**2*	女	1979-12-12	32	汉	陕西省	宝鸡	西安商贸学院	营销	专科	无

图 9.6.11　录入完成的人事数据

（18）将光标置于 D3 单元格处，选择窗口(W)→冻结窗格(F)命令，将第 2 行和 C 列进行冻结，效果如图 9.6.12 所示。

	A	B	C	L	M	N	O	P	Q	R	S	T	U
1				人事信息库									
2	编号	姓名	部门	毕业院校	专业	学历	学位	入司日期	试用期到期时间	劳动合同到期时间	续签合同到期时间	离职日期	人员类别
3	1	张美丽	财务部	西安培华学校	会计	本科	学士	2004-3-20	2004-6-19	2012-3-12	2013-3-12		在职
4	2	刘涛	管理部	西安电子科技大学	管理	本科	硕士	2000-3-1	2000-5-31	2003-2-26	2004-2-26		离职
5	3	高明楼	销售部	西安交大	营销	本科	学士	2000-4-11	2000-7-10	2003-4-8	2004-4-8		离职
6	4	李培华	销售部	西北大学	营销	专科	无	2010-3-3	2010-6-2	2015-2-26	2016-2-26		在职
7	5	周佳宁	销售部	西安文理学院	营销	本科	学士	2011-2-17	2011-5-16	2016-2-12	2017-2-12		在职
8	6	秦谨	销售部	山东大学	计算机	本科	学士	2010-8-3	2010-11-2	2015-7-29	2016-7-29		在职
9	7	刘颖	行政部	四川大学	计算机	专科	无	2010-3-1	2010-5-31	2015-2-24	2016-2-24		在职
10	8	余浩南	销售部	武汉大学	管理	本科	学士	1999-3-2	1999-6-1	2001-2-28	2002-2-28		离职
11	9	姚笛	管理部	北京大学	管理	本科	学士	1997-2-16	1997-5-15	1999-2-14	2000-2-14		离职
12	10	卢兰涛	财务部	天津大学	会计	专科	无	2000-4-15	2000-7-14	2002-4-13	2003-4-13		离职
13	11	刘巧莲	财务部	西安交大	会计	本科	学士	2012-2-9	2012-5-8	2014-2-7	2015-2-7		在职
14	12	李佳林	行政部	西安理工大学	营销	本科	学士	2012-2-9	2012-5-8	2014-2-7	2015-2-7		在职
15	13	刘丽	行政部	西安理工大学	营销	本科	学士	2012-2-9	2012-5-8	2014-2-7	2015-2-7		在职
16	14	王可欣	行政部	武汉大学	计算机	本科	学士	2012-2-9	2012-5-8	2014-2-7	2015-2-7		在职
17	15	李怡雯	管理部	武汉大学	营销	本科	学士	2012-2-9	2012-5-8	2014-2-7	2015-2-7		在职
18	16	王洋	销售部	西安商贸学院	营销	专科	无	2012-1-6	2012-4-5	2014-1-4	2015-1-4		在职

图 9.6.12　冻结窗口

提示：如果你想冻结第 2 行请将光标放到第 3 行单元格处，进行冻结窗口设置。如果你想冻结 C 列，请将光标放到 D 列单元格处，进行冻结窗口设置。如果你既想冻结第 2 行又想冻结 C 列，请将光标放到它们的交叉单元格 D3 上进行设置。如果想取消冻结功能可以选择窗口(W)→取消冻结窗格(F)命令。

（19）将光标置于“人员类别”单元格中，选择数据(D)→筛选(F)→自动筛选(F)命令，这时在每个信息项单元格右下角都会出现选择按钮▼。

（20）单击“人员类别”按钮▼，从弹出的下拉列表中选择“在职”；同样，在“学历”下拉列表中选择“本科”，在“性别”下拉列表中选择“女”，就可以快速地将公司中在职的本科女性员工信息统计出来，如图 9.6.13 所示。

	A	B	C	F	G	H	I	J	K	L	M	N	O	P	Q
1										人事信息库					
2	编号	姓名	部门	性	出生年月	年	民	籍贯	户口所在	毕业院校	专业	学历	学位	入司日期	试用期到期时
3	1	张美丽	财务部	女	1976-4-28	35	汉	陕西省	西安	西安培华学校	会计	本科	学士	2004-3-20	2004-6-19
7	5	周佳宁	销售部	女	1983-10-10	28	汉	陕西省	周至	西安文理学院	营销	本科	学士	2011-2-17	2011-5-16
13	11	刘巧莲	财务部	女	1982-8-17	29	汉	陕西省	蓝田	西安交大	会计	本科	学士	2012-2-9	2012-5-8
15	13	刘丽	行政部	女	1979-7-11	32	汉	陕西省	周至	西安理工大学	营销	本科	学士	2012-2-9	2012-5-8
16	14	王可欣	行政部	女	1989-1-7	23	汉	湖北省	汉口	武汉大学	计算机	本科	学士	2012-2-9	2012-5-8
17	15	李怡雯	管理部	女	1985-11-7	26	汉	湖北省	武昌	武汉大学	营销	本科	学士	2012-2-9	2012-5-8

图 9.6.13　进行简单的数据统计

（21）将光标置于数据区域的任意单元格中，选择 数据(D) → 数据透视表和数据透视图(P)... 命令，弹出 数据透视表和数据透视图向导 -- 3 步骤之 1 对话框。选定 Microsoft Office Excel 数据列表或数据库(M) 和 数据透视表(T) 单选按钮，如图 9.6.14 所示。

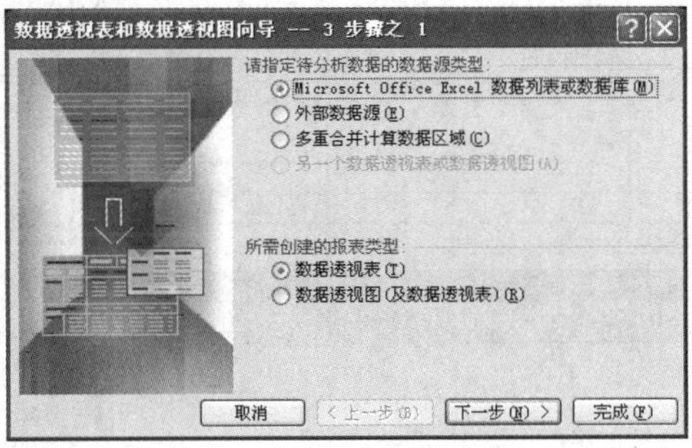

图 9.6.14　“数据透视表和数据透视图向导-3 步骤之 1”对话框

（22）单击 下一步(N) > 按钮，弹出 数据透视表和数据透视图向导 -- 3 步骤之 2 对话框。单击“选定区域”右侧的按钮，在工作表中拖动鼠标选定 A2:U18 单元格区域，如图 9.6.15 所示。

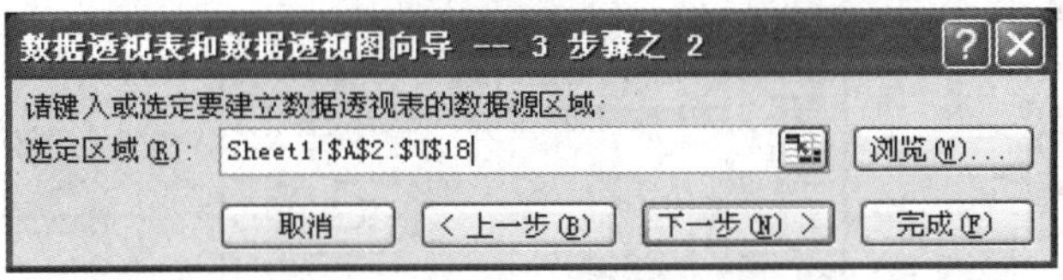

图 9.6.15　“数据透视表和数据透视图向导-3 步骤之 2”对话框

（23）单击 下一步(N) > 按钮，弹出 数据透视表和数据透视图向导 -- 3 步骤之 3 对话框。在“数据透视表显示位置”选项区中选中 现有工作表(E) 单选按钮，如图 9.6.16 所示。

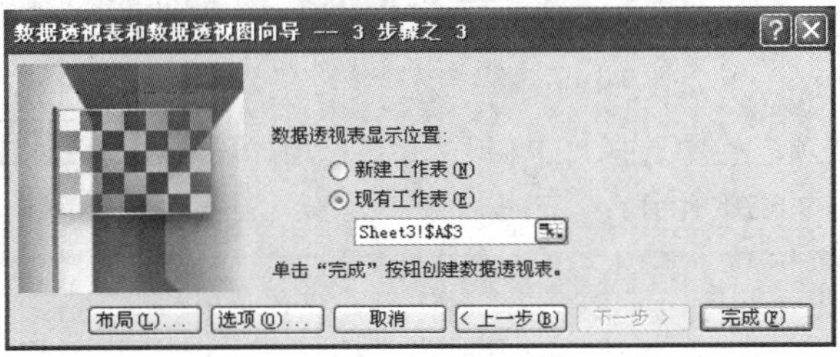

图 9.6.16　“数据透视表和数据透视图向导-3 步骤之 3”对话框

（24）单击 完成(F) 按钮，向导自动创建新的工作表，如图 9.6.17 所示。

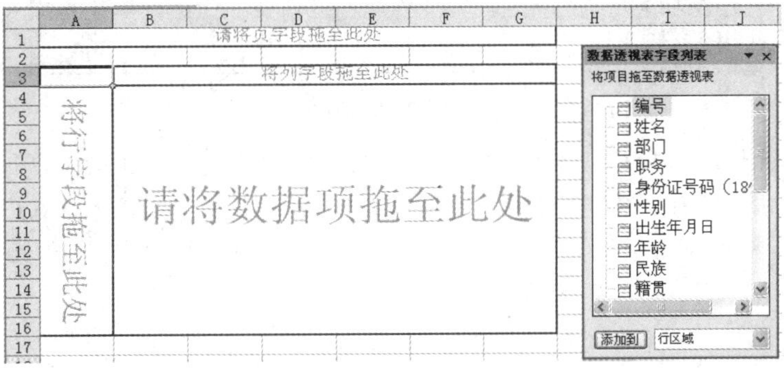

图 9.6.17　创建的新数据表

（25）如果想统计各部门 2000 年入职人员情况。我们便可以将相关项目用鼠标拖至指定位置，通过对信息项目的拖拽，系统会自动出现相关信息的统计数据，如图 9.6.18 所示。

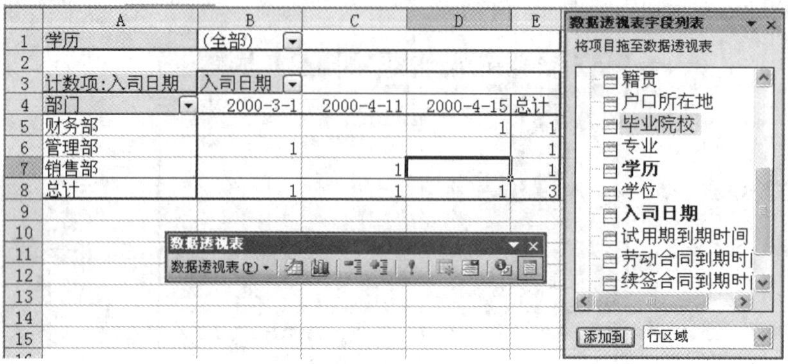

图 9.6.18　通过数据表统计相关信息

（26）如果不想显示某些信息，比如学历，可在“学历”字段上单击鼠标右键，从弹出的快捷菜单中选择 字段设置(N)... 命令，弹出 数据透视表字段 对话框，如图 9.6.19 所示。

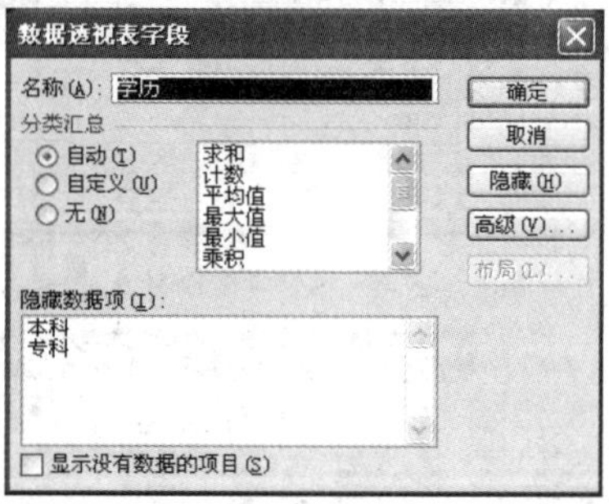

图 9.6.19　“数据透视表字段”对话框

（27）在“隐藏数据项”栏中选择“本科”“专科”项，再单击 隐藏(H) 按钮，就可以将“学历”字段隐藏，效果如图 9.6.20 所示。

图 9.6.20　隐藏字段

（28）修饰单元格。选中 A2:U2 单元格区域，单击“常用”工具栏上的“边框”按钮，在弹出的下拉列表中单击“所有框线”按钮，为表格添加边框，最终效果如图 9.6.1 所示。

第10章　上 机 实 训

本章通过上机实验培养读者的实际操作能力，使读者达到巩固并检验前面所学知识的目的。

知识要点

- 设置 Excel 2003 工作界面
- 美化工作表
- 数据处理
- 函数与公式
- 足球出线的确认
- 数据分析
- 销售汇总表
- 制作及打印工资表

实训1　设置 Excel 2003 工作界面

1．实训内容

启动 Excel 2003，了解其视图界面，并在操作过程中学会改变 Excel 的视图状态。效果如图 10.1.1 所示。

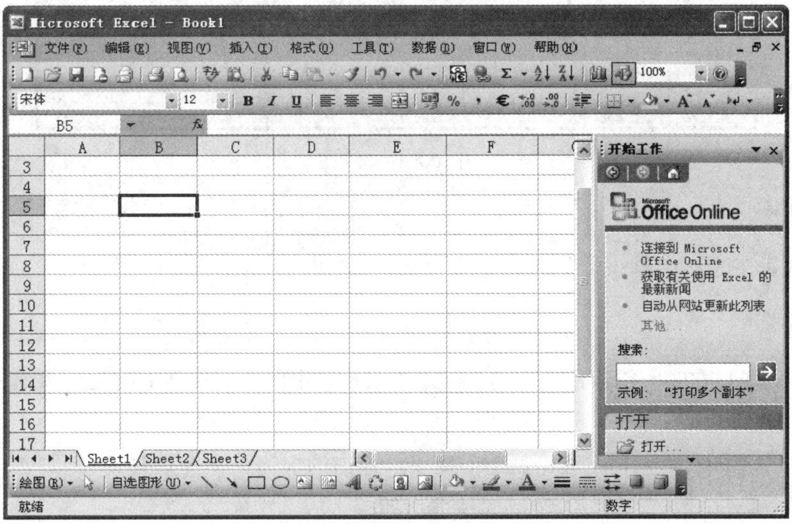

图 10.1.1　效果图

2．实训目的

学习启动 Excel 2003 并设置其视图界面。

3．操作步骤

（1）选择 开始 → 所有程序(P) → Microsoft Office → Microsoft Office Excel 2003 命令，启动 Excel 2003 应用程序。

（2）选择 工具(T) → 选项(O)... 命令，弹出 选项 对话框，单击 视图 标签，打开 视图 选项卡。

（3）在对话框中，选中“显示”选区中的 启动任务窗格(U)、编辑栏(F) 和 状态栏(S) 复选框，并查看“窗口选项”选区中的 行号列标(E)、网格线(G)、水平滚动条(T)、垂直滚动条(V) 和 工作表标签(B) 复选框是否呈选中状态。

（4）设置完成后单击 确定 按钮。

（5）选择 视图(V) → 工具栏(T) → 绘图 命令，打开“绘图”工具栏。Excel 窗口最终效果如图 10.1.1 所示。

实训 2　美化工作表

1．实训内容

使用 Excel 制作一个电子表格，效果如图 10.2.1 所示。

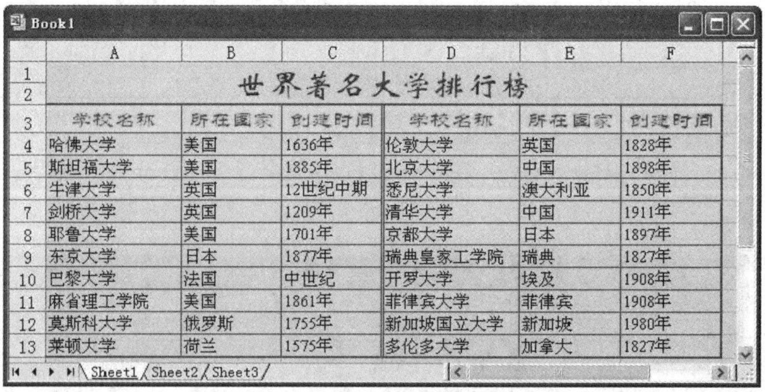

世界著名大学排行榜					
学校名称	所在国家	创建时间	学校名称	所在国家	创建时间
哈佛大学	美国	1636年	伦敦大学	英国	1828年
斯坦福大学	美国	1885年	北京大学	中国	1898年
牛津大学	英国	12世纪中期	悉尼大学	澳大利亚	1850年
剑桥大学	英国	1209年	清华大学	中国	1911年
耶鲁大学	美国	1701年	京都大学	日本	1897年
东京大学	日本	1877年	瑞典皇家工学院	瑞典	1827年
巴黎大学	法国	中世纪	开罗大学	埃及	1908年
麻省理工学院	美国	1861年	菲律宾大学	菲律宾	1908年
莫斯科大学	俄罗斯	1755年	新加坡国立大学	新加坡	1980年
莱顿大学	荷兰	1575年	多伦多大学	加拿大	1827年

图 10.2.1　效果图

2．实训目的

掌握 Excel 电子表格的制作。

3．操作步骤

（1）启动 Excel 2003 应用程序，单击“常用”工具栏中的“新建”按钮，新建一个空白 Excel 表格。

（2）选中“A1:F2”单元格，单击鼠标右键，从弹出的快捷菜单中选择 设置单元格格式(F)... 命令，弹出 单元格格式 对话框，打开 对齐 选项卡，如图 10.2.2 所示。

（3）在该选项卡中的“文本对齐方式”选区中的“水平对齐”下拉列表中选择“居中”选项；在“文本控制”选区中选中 合并单元格(M) 复选框，单击 确定 按钮，合并选中的单元格，效果如图 10.2.3 所示。

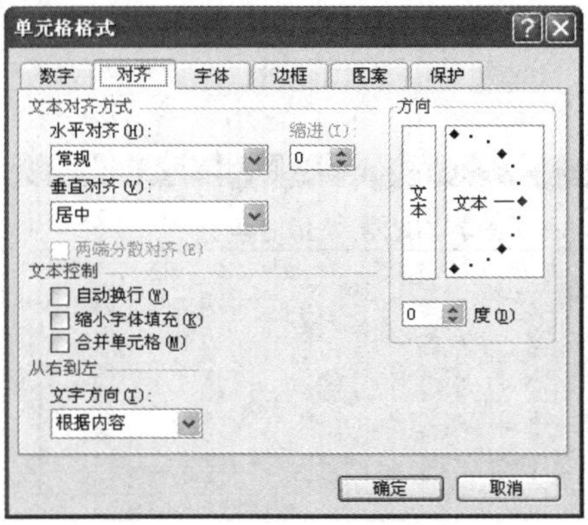

图 10.2.2　“对齐”选项卡

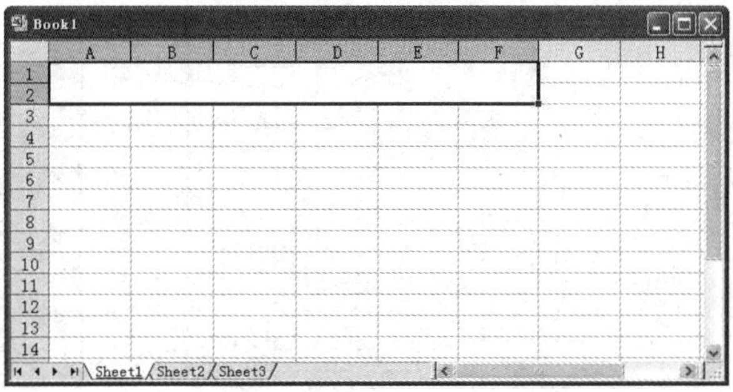

图 10.2.3　合并单元格

（4）在合并的单元格中输入文本“世界著名大学排行榜”，设置其字体为“华文新魏”，“字号”为“22 磅”，“字体颜色”为“蓝色”，效果如图 10.2.4 所示。

（5）在“A3:F3”的单元格中输入表格标题，并设置其字体为“华文隶书”，“字号”为“14 磅”，“字体颜色”为“绿色”。单击“格式”工具栏中的“居中”按钮，效果如图 10.2.5 所示。

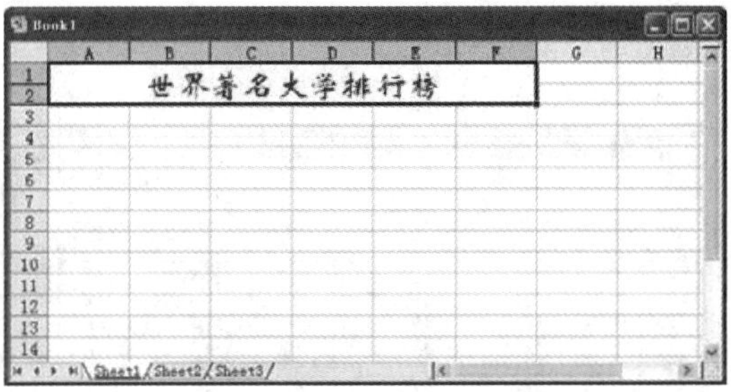

图 10.2.4　格式化文本效果

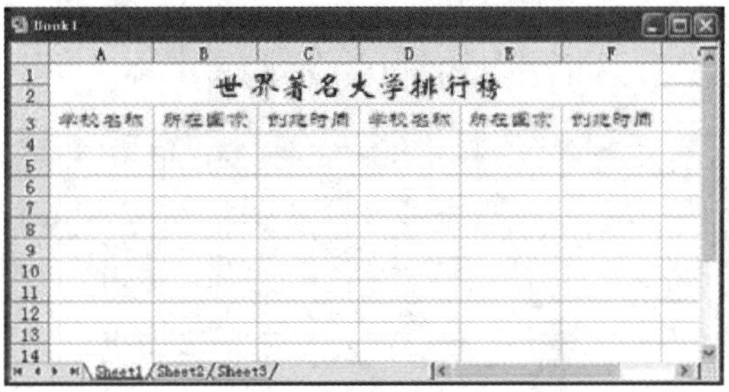

图 10.2.5　设置表格标题

（6）在“A4:F13”的单元格中输入表格数据，并设置其字体为“宋体”，“字号”为“11 磅”，“字体颜色”为“黑色”，如图 10.2.6 所示。

（7）选中“C4:C13”和“F4:F13”单元格，设置数字的“字体”为“Times New Roman”，如图 10.2.7 所示。

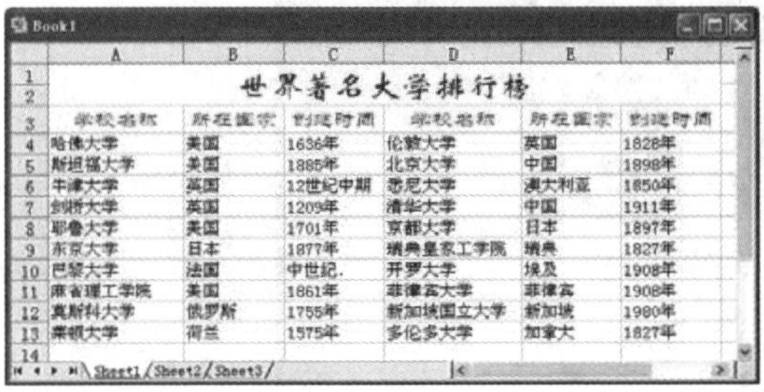

图 10.2.6　输入数据

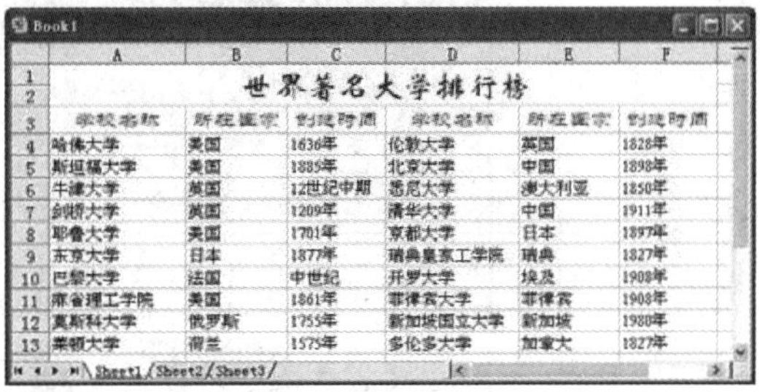

图 10.2.7　设置数字字体

（8）选中“A3:F13”单元格，单击鼠标右键，从弹出的快捷菜单中选择

命令，弹出

对话框，打开

选项卡，如图 10.2.8 所示。

（9）在该选项卡中设置表格的边框颜色和粗细，单击

按钮，效果如图 10.2.9 所示。

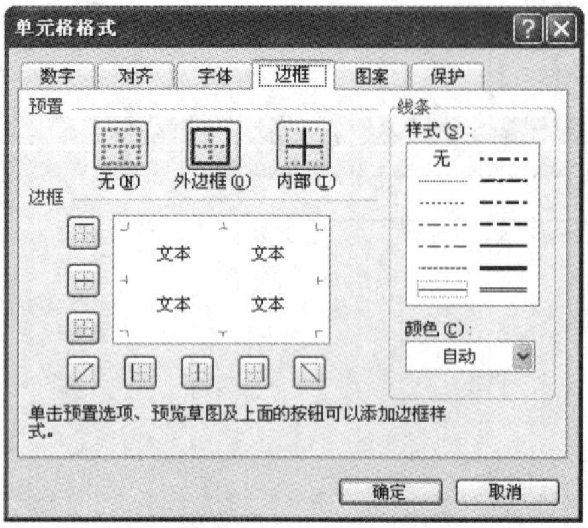

图 10.2.8 “边框”选项卡

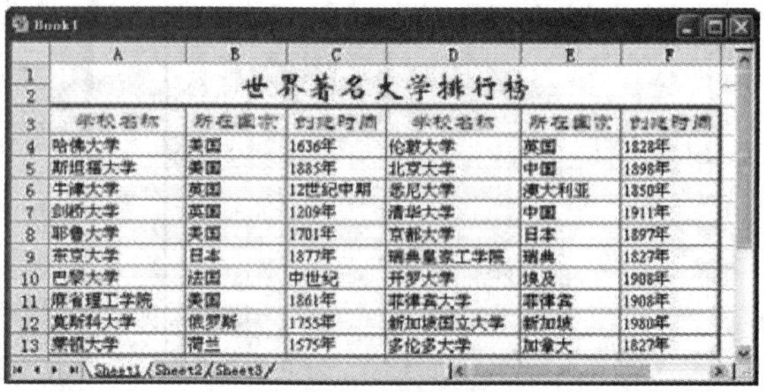

图 10.2.9 设置表格边框

（10）选中“D3:D13”单元格，单击鼠标右键，从弹出的快捷菜单中选择 设置单元格格式(F)... 命令，弹出 单元格格式 对话框，打开 边框 选项卡，在该选项卡中的“线条”选区中选择“双细线”选项，单击 确定 按钮，如图 10.2.10 所示。

（11）选中“A3:F3”单元格，单击鼠标右键，从弹出的快捷菜单中选择 设置单元格格式(F)... 命令，弹出 单元格格式 对话框，打开 图案 选项卡，在该选项卡中设置单元格的底纹图案，单击 确定 按钮，如图 10.2.11 所示。

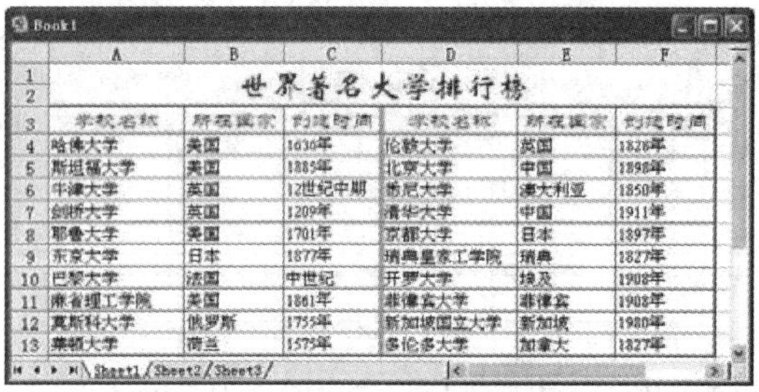

图 10.2.10 设置双细线边框

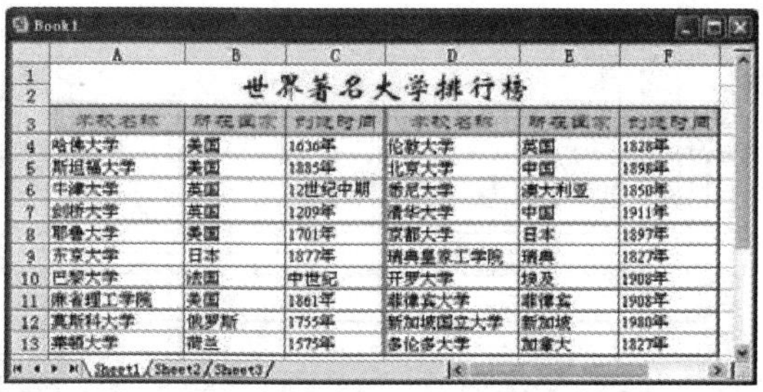

图 10.2.11 设置单元格底纹图案

（12）选择 格式(O) → 工作表(H) → 背景(B)... 命令，弹出 工作表背景 对话框，如图 10.2.12 所示。

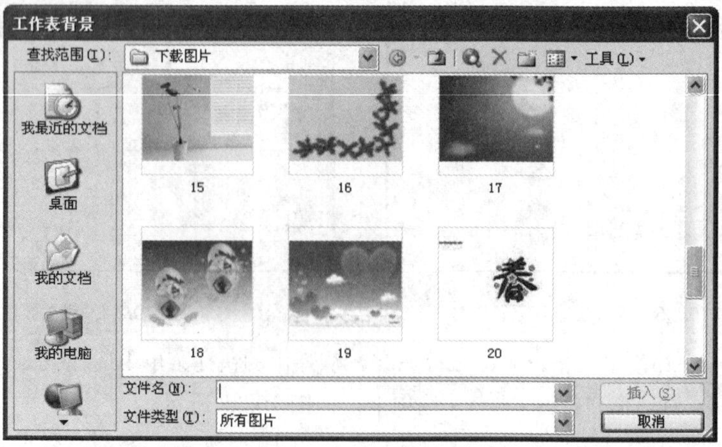

图 10.2.12 “工作表背景”对话框

（13）在该对话框中选择需要的背景图片，单击 插入(S) 按钮，将图片设置为工作表背景。

（14）选择 文件(F) → 保存(S) Ctrl+S 命令，保存工作表。

实训 3 数 据 处 理

1．实训内容

在本例中，我们需要根据举重比赛的裁判规则，来对举重比赛成绩作出判定。比赛成绩的判定有时需要多个条件的组合：首先要看举起的重量，重量大者获胜；当举起重量相同时，则要比较选手的体重，体重轻者获胜；当举起重量和体重都相同时，还要看该重量的试举次数，试举次数少者获胜，最终效果如图 10.3.1 所示。

	A	B	C	D	E
1	举重比赛名次排定				
2	姓名	杠铃重量Kg	体重Kg	试举次数	名次
3	李娜	107.5	55	3	1
4	江玉琴	107.5	59	2	2
5	温镇花	105.0	57	3	3
6	冉筝	105.0	58	3	4
7	肖海莉	102.5	54	2	5
8	姚莉莉	102.5	54	3	6

图 10.3.1 效果图

2．实训目的

掌握 Excel 中排序在实际中的应用。

3．操作步骤

（1）启动 Excel 2003 应用程序，单击“常用”工具栏中的“新建”按钮，新建一个空白 Excel 表格，并将原始比赛记录录入其中，如图 10.3.2 所示。

	A	B	C	D	E
1	举重比赛名次排定				
2	姓名	杠铃重量Kg	体重Kg	试举次数	名次
3	姚莉莉	102.5	54	3	
4	江玉琴	107.5	59	2	
5	李娜	107.5	55	3	
6	冉筝	105.0	58	3	
7	温镇花	105.0	57	3	
8	肖海莉	102.5	54	2	

图 10.3.2 比赛原始记录

（2）将活动单元格置于原始记录表格范围之内，选择 数据(D) → 排序(S)... 命令，弹出 排序 对话框。

（3）在“主要关键字”下拉列表中选择“杠铃重量 Kg”，同时单击 降序(D) 单选按钮；在“次要关键字”下拉列表中选择“体重 Kg”，单击 升序(C) 单选按钮；在“第三关键字”下拉列表中选择“试举次数”，单击 升序(I) 单选按钮，如图 10.3.3 所示。

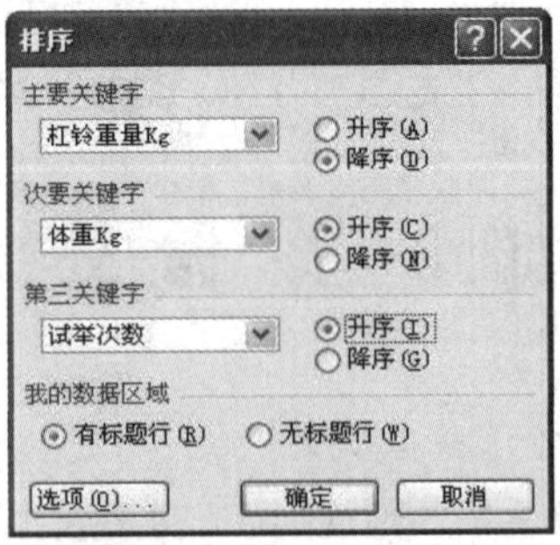

图 10.3.3 排序规则定义

（4）单击 确定 按钮提交排序规则，可以看见原始记录表已按裁判规则重新排定了次序，如图 10.3.4 所示。

	A	B	C	D	E
1	举重比赛名次排定				
2	姓名	杠铃重量Kg	体重Kg	试举次数	名次
3	李娜	107.5	55	3	
4	江玉琴	107.5	59	2	
5	温镇花	105.0	57	3	
6	冉筝	105.0	58	3	
7	肖海莉	102.5	54	2	
8	姚莉莉	102.5	54	3	

图 10.3.4 按规则排序的结果

（5）利用智能填充功能在“名次”列中自上而下填充数字“1～6”，整个比赛名次就排定了。可以看到：杠铃重量较重者，排在较前面；当杠铃重量相同时，体重轻者排在前面；当杠铃重量和体重都相同时，试举次数少者排在前面，最终效果如图 10.3.1 所示。

实训 4 函数与公式

1．实训内容

本例制作职工分房分数计算表，效果如图 10.4.1 所示。

	A	B	C	D	E	F	G	H	I	J	K	L
1	分房基本情况统计表											
2	职工住房资格计算											
3												
4	序号	姓名	职称	生日	参加工作日期	现住房间数	职称分	年龄分	工龄分	总分	应住房标准	分房资格
5	1	宋昊元	教授	1971-3-29	1998-9-1	4	25	37	5	42.0	3	
6	2	刘高明	副教授	1972-5-11	1998-9-2	2.5	20	36	5	41.0	2.5	
7	3	张三	讲师	1973-8-2	1999-9-3	2	15	35	4.5	39.5	2	
8	4	李四	讲师	1974-3-22	1998-9-4	1	15	34	5	39.0	2	有
9	5	王五	助教	1974-7-25	1997-9-5	0	5	34	5.5	39.5	2	有
10	6	马浩	工人	1975-9-1	1998-9-6	1	5	33	5	38.0	2	有
11	7	李扬	工人	1976-2-11	1997-9-7	0	5	32	5.5	37.5	2	有

图 10.4.1 最终效果图

2．实训目的

掌握日期函数和条件函数的操作。

3．操作步骤

（1）启动 Excel 应用程序，新建工作簿。在工作表第一行输入表名“分房基本情况统计表”，在第二行输入项目名称，并输入各职工的相关情况，如图 10.4.2 所示。

	A	B	C	D	E	F	G	H	I	J	K	L
1						分房基本情况统计表						
2						职工住房资格计算						
3												
4	序号	姓名	职称	生日	参加工作日期	现住房间数	职称分	年龄分	工龄分	总分	应住房标准	分房资格
5	1	宋昊元	教授	1971-3-29	1998-9-1	4						
6	2	刘高明	副教授	1972-5-11	1998-9-2	2.5						
7	3	张三	讲师	1973-8-2	1999-9-3	2						
8	4	李四	讲师	1974-3-22	1998-9-4	1						
9	5	王五	助教	1974-7-25	1997-9-5	0						
10	6	马浩	工人	1975-9-1	1998-9-6	1						
11	7	李扬	工人	1976-2-11	1997-9-7	0						

图 10.4.2 输入各职工的相关情况

（2）选中 A1～L1 单元格，单击“常用”工具栏上的“合并及居中”按钮，并设置字体为“华文行楷”，字号为“20 磅”；用同样的方法，合并及居中 A2～L3 单元格，并设置字体为“宋体”，字号为“16 磅”，效果如图 10.4.3 所示。

	A–L
1	分房基本情况统计表
2–3	职工住房资格计算

图 10.4.3 设置表头

（3）计算职称分。选中 G5 单元格，输入公式“=IF(C5="教授","25",IF(C5="副教授","20",IF(C5="讲师","15","5")))”，按回车键结束公式输入。

（4）选中 G5 单元格，单击鼠标右键，在弹出的下拉菜单中选择“复制(C)”命令；再选择 G6～G11 单元格，单击鼠标右键，在弹出的下拉菜单选择“粘贴(P)”命令，这样就可以计算出其他职工的职称分，如图 10.4.4 所示。

	A	B	C	D	E	F	G	H	I	J	K	L
1	分房基本情况统计表											
2–3	职工住房资格计算											
4	序号	姓名	职称	生日	参加工作日期	现住房间数	职称分	年龄分	工龄分	总分	应住房标准	分房资格
5	1	宋昊元	教授	1971-3-29	1998-9-1	4	25					
6	2	刘高明	副教授	1972-5-11	1998-9-2	2.5	20					
7	3	张三	讲师	1973-8-2	1999-9-3	2	15					
8	4	李四	讲师	1974-3-22	1998-9-4	1	15					
9	5	王五	助教	1974-7-25	1997-9-5	0	5					
10	6	马浩	工人	1975-9-1	1998-9-6	1	5					
11	7	李扬	工人	1976-2-11	1997-9-7	0	5					
12												

图 10.4.4 计算职称分

提示：职称分计算标准：教授 25 分，副教授 20 分，讲师 15 分，其他 5 分。

（5）计算年龄分和工龄分。选中 H5 单元格，输入公式“=2008-YEAR(D5)”，按“Enter”键结束公式输入。通过公式填充，计算其他职工的年龄分。

（6）选中 I5 单元格，输入公式“=（2008-YEAR（E5））/2”，按“Enter”键结束公式输入。通过公式填充，计算其他职工的工龄分，如图 10.4.5 所示。

提示：年龄分计算标准：每年 1 分；工龄分计算标准：每年 0.5 分。

4	序号	姓名	职称	生日	参加工作日期	现住房间数	职称分	年龄分	工龄分	总分	应住房标准	分房资格
5	1	宋昊元	教授	1971-3-29	1998-9-1	4	25	37	5			
6	2	刘高明	副教授	1972-5-11	1998-9-2	2.5	20	36	5			
7	3	张三	讲师	1973-8-2	1999-9-3	2	15	35	4.5			
8	4	李四	讲师	1974-3-22	1998-9-4	1	15	34	5			
9	5	王五	助教	1974-7-25	1997-9-5	0	5	34	5.5			
10	6	马浩	工人	1975-9-1	1998-9-6	1	5	33	5			
11	7	李扬	工人	1976-2-11	1997-9-7	0	5	32	5.5			

图 10.4.5 计算年龄分和工龄分

（7）计算总分。选定 H5:J11 区域，单击“常用”工具栏上的“自动求和”按钮，可计算出总分。

（8）计算应住房标准和分房资格。选中 K5 单元格，输入公式“=IF(C5="教授",3,IF(C5="副教授",2.5,2))，按“Enter”键结束公式输入。通过公式填充，计算其他职工的住房标准。

（9）选中 L5 单元格，输入公式“=IF(F5<K5,"有","")”，按“Enter”键结束公式输入。通过公式填充，计算其他职工的分房资格，最终效果如图 10.4.1 所示。

提示：应住房标准：教授 3 间，副教授 2.5 间，其他 2 间。

实训 5 足球出线的确认

1. 实训内容

在本例中，我们根据某次足球赛的出线规则，来通过对小组比赛成绩对出线情况作出判定。判定时首先要看积分，如果积分相等，那就要比净胜球的多少，如图 10.5.1 所示。

	A	B	C	D	E
1	小组赛积分表				
2	球队	胜负	对手	净胜球	积分
6	辽宁 汇总			6	9
10	上海 汇总			1	6
14	山东 汇总			-3	1
18	北京 汇总			-4	1
19	总计			0	17

图 10.5.1 效果图

2. 实训目的

掌握函数的应用、数据的填充、排序和分类汇总等的操作。

3. 操作步骤

（1）启动 Excel 2003 应用程序，单击“常用”工具栏中的“新建”按钮，新建一个空白 Excel 表格，并将原始比赛记录录入其中，如图 10.5.2 所示。

（2）将光标定位在 E3 单元格中，在编辑栏输入公式“=IF(B3="胜",3,IF(B3="平",1,0))”，并按回车键，如图 10.5.3 所示。

	A	B	C	D	E
1	小组赛积分表				
2	球队	胜负	对手	净胜球	积分
3	山东	平	北京	0	
4	辽宁	胜	北京	3	
5	上海	胜	北京	1	
6	北京	负	辽宁	-3	
7	山东	负	辽宁	-2	
8	上海	负	辽宁	-1	
9	北京	平	山东	0	
10	辽宁	胜	山东	2	
11	上海	胜	山东	1	
12	北京	负	上海	-1	
13	山东	负	上海	-1	
14	辽宁	胜	上海	1	

图 10.5.2 小组比赛原始记录

E3 =IF(B3="胜",3,IF(B3="平",1,0))

	A	B	C	D	E	F
1	小组赛积分表					
2	球队	胜负	对手	净胜球	积分	
3	山东	平	北京	0	1	
4	辽宁	胜	北京	3		
5	上海	胜	北京	1		
6	北京	负	辽宁	-3		
7	山东	负	辽宁	-2		
8	上海	负	辽宁	-1		
9	北京	平	山东	0		
10	辽宁	胜	山东	2		
11	上海	胜	山东	1		
12	北京	负	上海	-1		
13	山东	负	上海	-1		
14	辽宁	胜	上海	1		

图 10.5.3 计算出山东对北京的积分

（3）将光标放在 E3 单元格的右下角，当鼠标变为十字形状时，向下拖动至 E14 单元格，计算出其他各队每场的积分，如图 10.5.4 所示。

（4）将光标置于数据区“球队”中任意一单元格中，单击“常用”工具栏中的“升序排序”按钮，可以看到排序的结果，如图 10.5.5 所示。

	A	B	C	D	E	F
1	小组赛积分表					
2	球队	胜负	对手	净胜球	积分	
3	山东	平	北京	0	1	
4	辽宁	胜	北京	3	3	
5	上海	胜	北京	1	3	
6	北京	负	辽宁	-3	0	
7	山东	负	辽宁	-2	0	
8	上海	负	辽宁	-1	0	
9	北京	平	山东	0	1	
10	辽宁	胜	山东	2	3	
11	上海	胜	山东	1	3	
12	北京	负	上海	-1	0	
13	山东	负	上海	-1	0	
14	辽宁	胜	上海	1	3	
15						

图 10.5.4 各队积分的自动计算

	A	B	C	D	E
1	小组赛积分表				
2	球队	胜负	对手	净胜球	积分
3	北京	负	辽宁	-3	0
4	北京	负	上海	-1	0
5	北京	平	山东	0	1
6	辽宁	胜	上海	1	3
7	辽宁	胜	山东	2	3
8	辽宁	胜	北京	3	3
9	山东	负	辽宁	-2	0
10	山东	负	上海	-1	0
11	山东	平	北京	0	1
12	上海	负	辽宁	-1	0
13	上海	胜	北京	1	3
14	上海	胜	山东	1	3

图 10.5.5 升序排序结果

（5）选择 数据(D) → 分类汇总(B)... 命令，弹出 分类汇总 对话框。在“分类字段”下拉列表中选择“球队”，在“汇总方式”下拉列表中选择“求和”，在“选定汇总项”中选中“净胜球”和“积分”两项，如图 10.5.6 所示。

（6）单击 确定 按钮，即可看到汇总表，如图 10.5.7 所示。

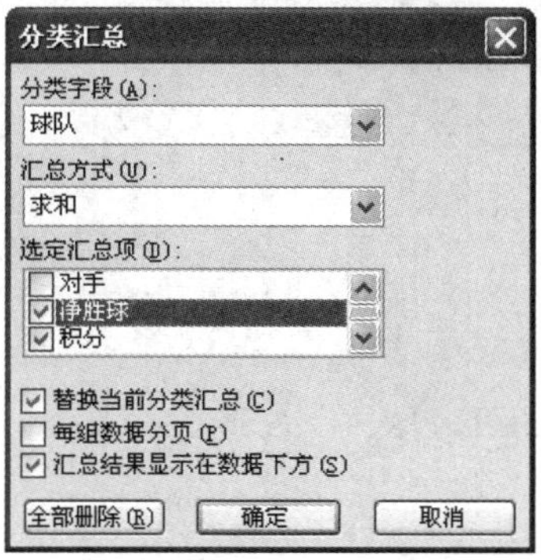

图 10.5.6 积分汇总条件的定义

	A	B	C	D	E
1	小组赛积分表				
2	球队	胜负	对手	净胜球	积分
3	北京	负	辽宁	-3	0
4	北京	负	上海	-1	0
5	北京	平	山东	0	1
6	**北京 汇总**			-4	1
7	辽宁	胜	上海	1	3
8	辽宁	胜	山东	2	3
9	辽宁	胜	北京	3	3
10	**辽宁 汇总**			6	9
11	山东	负	辽宁	-2	0
12	山东	负	上海	-1	0
13	山东	平	北京	0	1
14	**山东 汇总**			-3	1
15	上海	负	辽宁	-1	0
16	上海	胜	北京	1	3
17	上海	胜	山东	1	3
18	**上海 汇总**			1	6
19	**总计**			0	17

图 10.5.7 积分分类汇总表

（7）在汇总表左上角单击显示级别按钮 1 2 3 中的 2，可以隐藏第 3 级（原始记录细节），而得到仅含汇总项（小计和总计）的表格，如图 10.5.8 所示。

（8）将活动单元格置于原始记录表格范围之内，选择 数据(D) → 排序(S)... 命令，弹出排序对话框。将汇总表中的“积分”作为主要关键字，“净胜球”作为次要关键字，两者均按“降序”进行排序，如图 10.5.9 所示。

	A	B	C	D	E
1	小组赛积分表				
2	球队	胜负	对手	净胜球	积分
6	北京 汇总			-4	1
10	辽宁 汇总			6	9
14	山东 汇总			-3	1
18	上海 汇总			1	6
19	总计			0	17

图 10.5.8 折叠后的分类汇总表

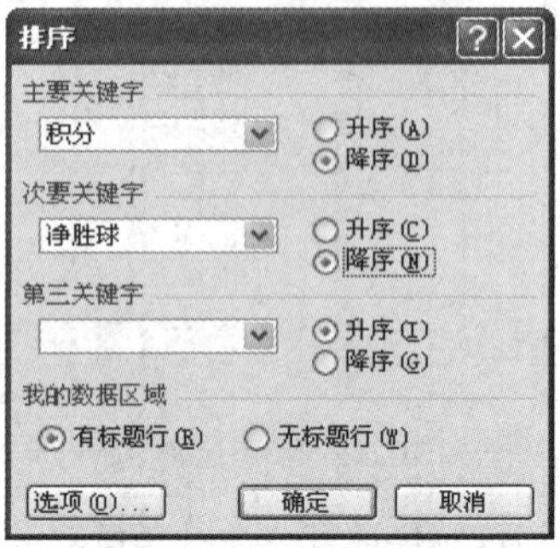

图 10.5.9 设置排序规则

（9）单击确定按钮即可得到小组比赛名次的顺序，小组出线权也就此确定，最终效果如图 10.5.1 所示。可以看出，当积分相同时，净胜球多（或输球少）的队伍排在了净胜球少（或输球多）的队伍前面。

实训 6 数 据 分 析

1. 实训内容

打开已经创建的数据透视表，为其创建一个数据透视图并编辑其外观样式，效果如图 10.6.1 所示。

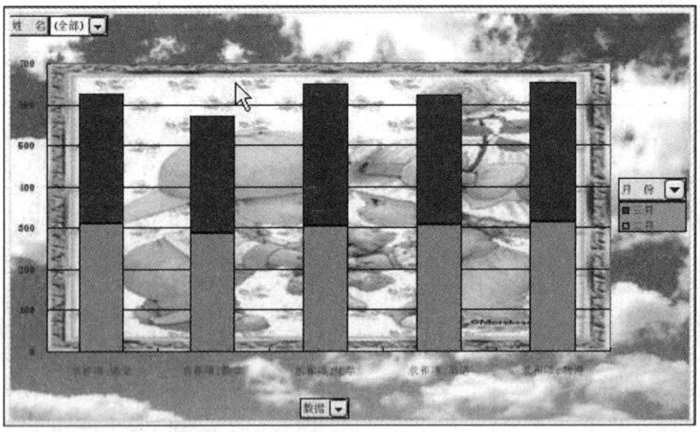

图 10.6.1 效果图

2. 实训目的

学习数据透视图的创建及编辑操作。

3. 操作步骤

（1）启动 Excel 2003，打开需要创建数据透视图的工作表。

（2）创建数据透视图。单击已经创建的数据透视表中的任意单元格，显示出“数据透视表”工具栏（如果没有显示，可单击鼠标右键，从弹出的快捷菜单中选择显示数据透视表工具栏(T)命令），单击“图表向导”按钮，在系统自动创建的“Chatr3”工作表中显示出默认的数据透视图，如图 10.6.2 所示。

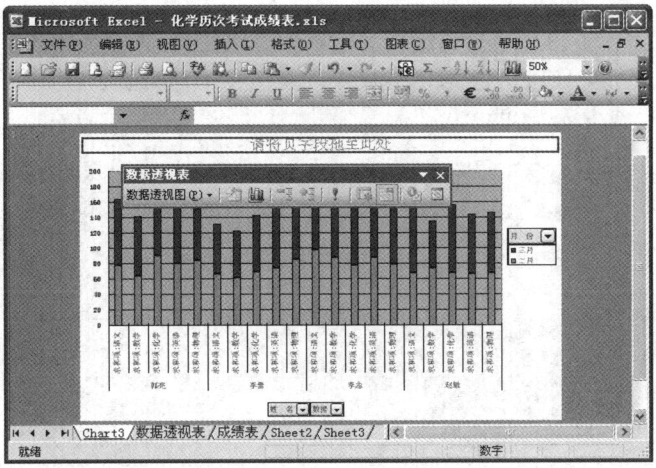

图 10.6.2　创建数据透视图

（3）编辑图表区。将鼠标指针指向数据透视图的“图表区”，单击鼠标右键，从弹出的快捷菜单中选择 图表区格式(O)... 命令，弹出如图 10.6.3 所示的 图表区格式 对话框。在该对话框中单击 填充效果(I)... 按钮，弹出 填充效果 对话框，单击 图片 标签，打开 图片 选项卡，如图 10.6.4 所示。

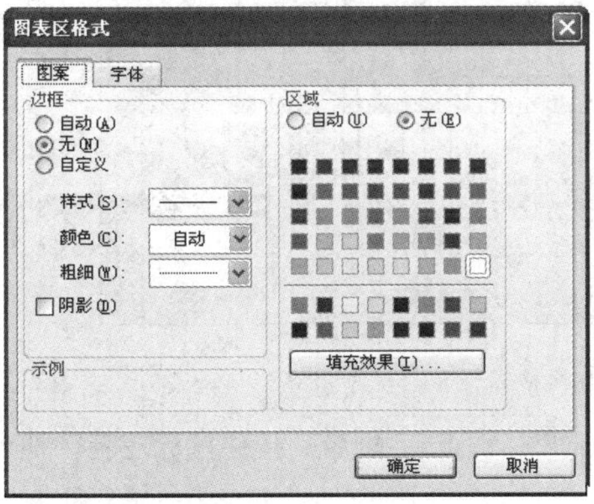

图 10.6.3　“图表区格式”对话框

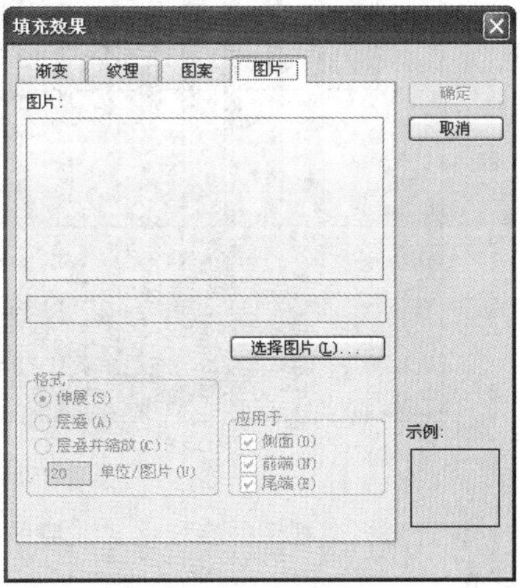

图 10.6.4　“图片”选项卡

（4）在 填充效果 对话框中单击 选择图片(L)... 按钮，在弹出的对话框中选择需要作为图表区背景图案的图片，为图表区设置背景效果。

（5）单击 确定 按钮后，返回至 图表区格式 对话框中，单击 字体 标签，打开 字体 选项卡。在“颜色”下拉列表中为图表区中的文字选择“红色”字体。单击 确定 按钮，此时数据透视图如图 10.6.5 所示。

（6）编辑绘图区。将鼠标指针指向绘图区，单击鼠标右键，从弹出的快捷菜单中选择 绘图区格式(O)... 命令，弹出 绘图区格式 对话框，在该对话框中同编辑图表区的方法一样，为绘图区添加背景图案，设置后的效果如图 10.6.6 所示。

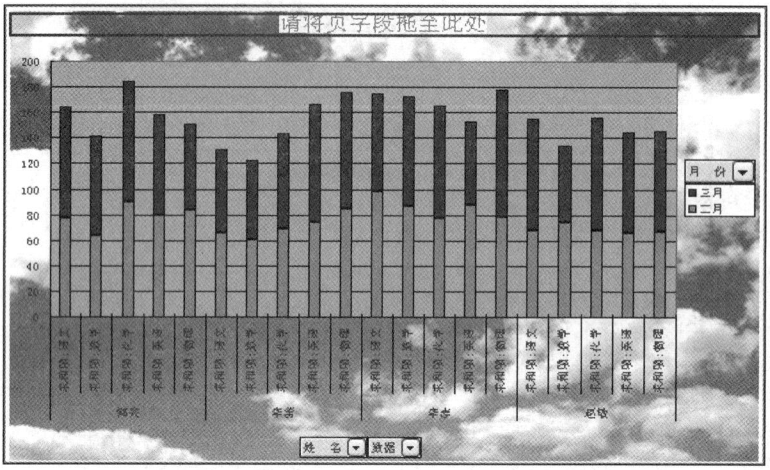

图 10.6.5　设置图表区格式

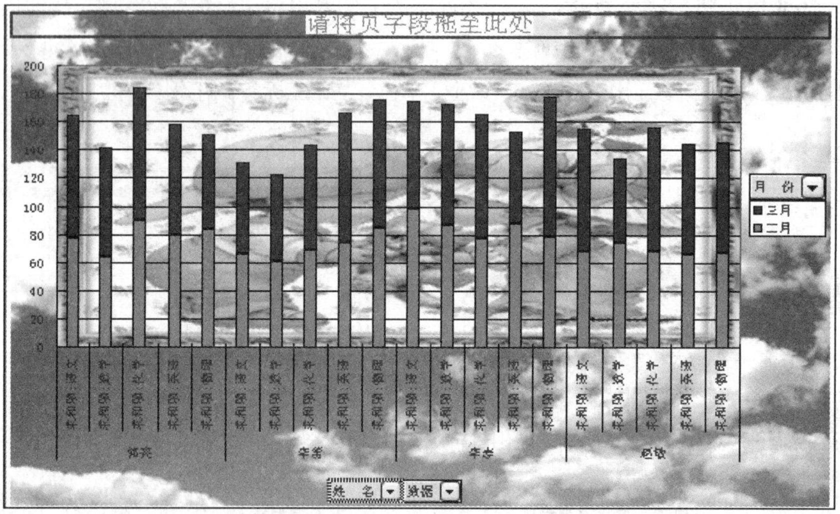

图 10.6.6　设置绘图区格式

（7）设置数据透视图的字段格式。将鼠标指针指向 姓 名 字段名，按住鼠标左键，拖至页字段处即完成本实训的操作，最终效果如 10.6.1 所示。

实训 7　销售汇总表

1．实训内容

本例制作销售汇总表，效果如图 10.7.1 所示。

2．实训目的

学习图表的创建及编辑操作。

	A	B	C	D
1	光华书店第一季度销售汇总表			
2	编号	数量（册）	单价（元）	销售额（元）
3	jc-01	50	20	1000
4	jc-02	46	23	1058
5	jc-03	52	25	1300
6	ck-01	63	30	1890
7	ck-02	15	35	525
8	ck-03	52	34	1768
9	ck-04	36	32	1152
10	ck-05	25	36	900
11	cd-01	20	40	800
12	cd-02	40	45	1800
13	cd-03	30	56	1680
14	cd-04	21	60	1260
15	cd-05	15	52	780
16	cd-06	30	45	1350
17		495		17263

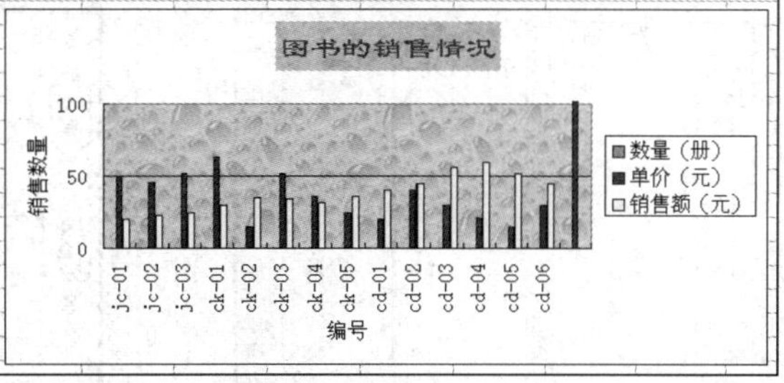

图 10.7.1　最终效果图

3．操作步骤

（1）打开 Excel 2003 应用程序，选择 文件(F) → 新建(N)... 命令，弹出“新建工作簿”任务窗格。在该窗格中选择 空白工作簿 命令，新建一个空白的工作表。

（2）在工作表中输入如图 10.7.2 所示的数据。选择单元格 D3，在该单元格中输入公式，如图 10.7.3 所示。

	A	B	C	D
1	光华书店第一季度销售汇总表			
2	编号	数量（册）	单价（元）	销售额（元）
3	jc-01	50	20	
4	jc-02	46	23	
5	jc-03	52	25	
6	ck-01	63	30	
7	ck-02	15	35	
8	ck-03	52	34	
9	ck-04	36	32	
10	ck-05	25	36	
11	cd-01	20	40	
12	cd-02	40	45	
13	cd-03	30	56	
14	cd-04	21	60	
15	cd-05	15	52	
16	cd-06	30	45	

图 10.7.2　输入的数据

	A	B	C	D
1	光华书店第一季度销售汇总表			
2	编号	数量（册）	单价（元）	销售额（元）
3	jc-01	50	20	=B3*C3
4	jc-02	46	23	
5	jc-03	52	25	

图 10.7.3　输入公式

（3）按回车键，计算结果将自动显示在单元格 D3 中。将鼠标指针移到单元格 D3 右下角的填充柄上，按住鼠标左键不放向下拖至 D16，即可将 D3 的公式复制到 D 列的其他单元格中，得到其他图书的销售额，如图 10.7.4 所示。

（4）选中单元格 B3～B17，单击常用工具栏上的“自动求和”按钮 Σ，计算结果将自动显示在单元格 B17 中，如图 10.7.5 所示。用同样的方法计算图书的总销售额，如图 10.7.6 所示。

	A	B	C	D
1	光华书店第一季度销售汇总表			
2	编号	数量（册）	单价（元）	销售额（元）
3	jc-01	50	20	1000
4	jc-02	46	23	1058
5	jc-03	52	25	1300
6	ck-01	63	30	1890
7	ck-02	15	35	525
8	ck-03	52	34	1768
9	ck-04	36	32	1152
10	ck-05	25	36	900
11	cd-01	20	40	800
12	cd-02	40	45	1800
13	cd-03	30	56	1680
14	cd-04	21	60	1260
15	cd-05	15	52	780
16	cd-06	30	45	1350

图 10.7.4　计算图书的销售额

	A	B	C	D
1	光华书店第一季度销售汇总表			
2	编号	数量（册）	单价（元）	销售额（元）
3	jc-01	50	20	1000
4	jc-02	46	23	1058
5	jc-03	52	25	1300
6	ck-01	63	30	1890
7	ck-02	15	35	525
8	ck-03	52	34	1768
9	ck-04	36	32	1152
10	ck-05	25	36	900
11	cd-01	20	40	800
12	cd-02	40	45	1800
13	cd-03	30	56	1680
14	cd-04	21	60	1260
15	cd-05	15	52	780
16	cd-06	30	45	1350
17		495		

图 10.7.5　计算图书的总销售量

（5）选中单元格 A1～D17，选择 插入(I) → 图表(H)... 命令，弹出“图表向导-4 步骤之 1-图表类型”对话框，在该对话框中选择如图 10.7.7 所示的图表类型。

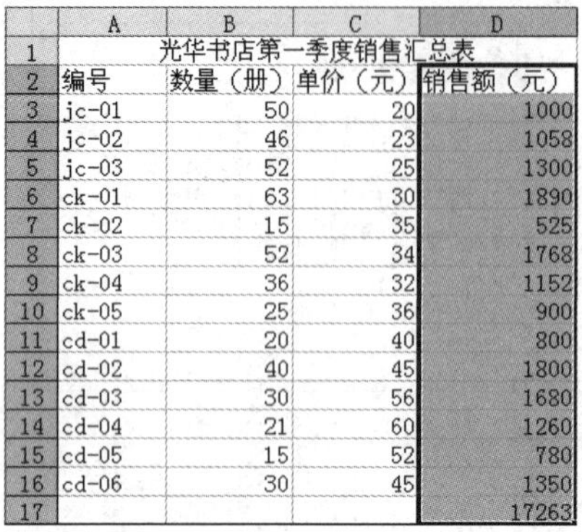

	A	B	C	D
1	光华书店第一季度销售汇总表			
2	编号	数量（册）	单价（元）	销售额（元）
3	jc-01	50	20	1000
4	jc-02	46	23	1058
5	jc-03	52	25	1300
6	ck-01	63	30	1890
7	ck-02	15	35	525
8	ck-03	52	34	1768
9	ck-04	36	32	1152
10	ck-05	25	36	900
11	cd-01	20	40	800
12	cd-02	40	45	1800
13	cd-03	30	56	1680
14	cd-04	21	60	1260
15	cd-05	15	52	780
16	cd-06	30	45	1350
17				17263

图 10.7.6 计算图书的总销售额

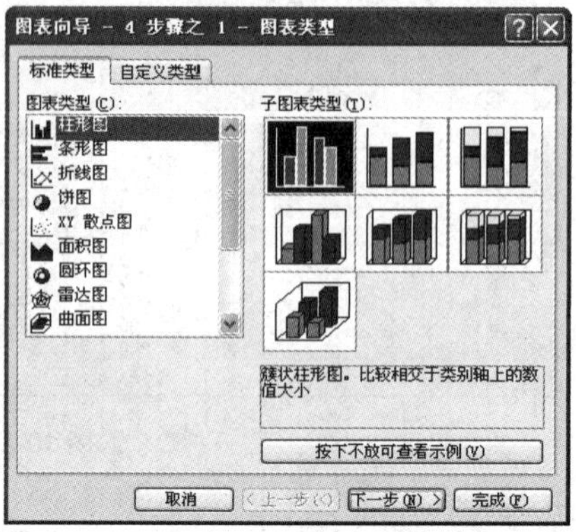

图 10.7.7 选择图表类型

（6）单击 下一步(N) > 按钮，弹出“图表向导-4 步骤之 2-图表源数据”对话框。单击 系列 标签，打开“系列”选项卡。在该选项卡中输入更改后的系列名称，如图 10.7.8 所示。

（7）单击 下一步(N) > 按钮，弹出“图表向导-4 步骤之 3-图表选项”对话框。单击 标题 标签，在打开的“标题”选项卡中输入如图 10.7.9 所示的标题名称。

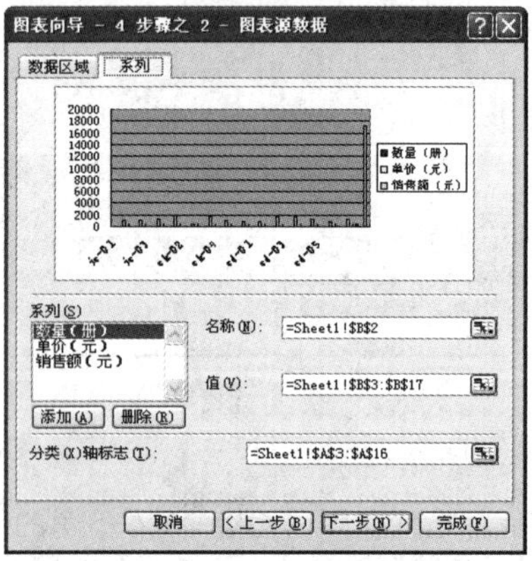

图 10.7.8 输入系列名

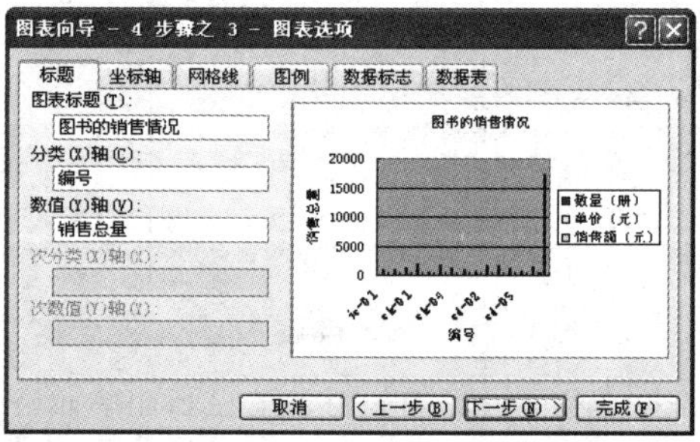

图 10.7.9 输入标题名称

（8）单击 下一步(N) > 按钮，弹出“图表向导-4 步骤之 4-图表位置”对话框。在该对话框中选中 ⊙ 作为其中的对象插入(O): 单选按钮，单击 完成(F) 按钮，即可将创建的图表添加到工作表中，如图 10.7.10 所示。

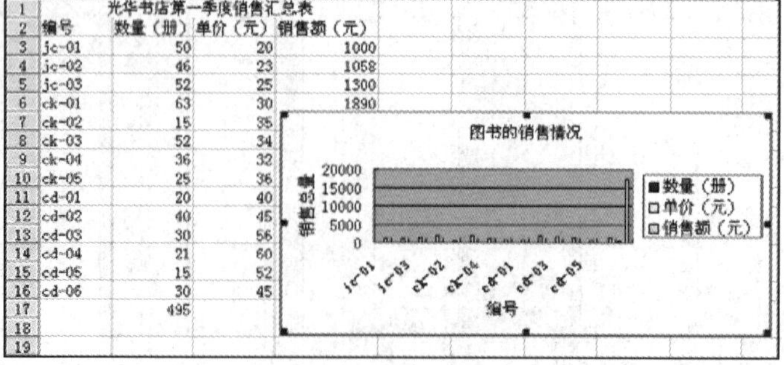

图 10.7.10 创建的图表

（9）双击图表标题，在弹出的“图表标题格式”对话框中对图表的标题进行设置，按照此方法，分别对图表中的其他选项进行设置，并将图表移至合适的位置，最终效果如图 10.7.1 所示。

实训 8　制作及打印工资表

1．实验内容

本例制作及打印工资表，最终效果如图 10.8.1 所示。

工资表

序号	姓名	基本工资	应扣考勤	加班费	全勤奖	应发工资	备注
13	刘正纬	¥ 600.00	¥ 20.00				
说明：基本工资600元，请假一次扣20元，迟到一次扣5元，加班一次奖20元，全勤奖30元。							

图 10.8.1　工资表

2．实验目的

掌握单元格格式的设置、工作表的移动与复制以及打印区域设置等内容。

3．实验步骤

（1）启动并进入 Excel 2003，系统自动建立一个工作簿“book1”，如图 10.8.2 所示。

（2）选定 A1:I1 单元格区域，单击“格式”工具栏中的“合并及居中”按钮，将其合并为一个单元格，并输入“xx 公司五月考勤表”。

（3）在制作好的工作表中输入内容。

（4）选中 A1:I1 单元格区域，选择 格式(O) → 单元格(E)... Ctrl+1 命令，弹出如图 10.8.3 所示的 单元格格式 对话框。打开 字体 选项卡，在该选项卡中对字体、字形、字号、颜色等进行设置。

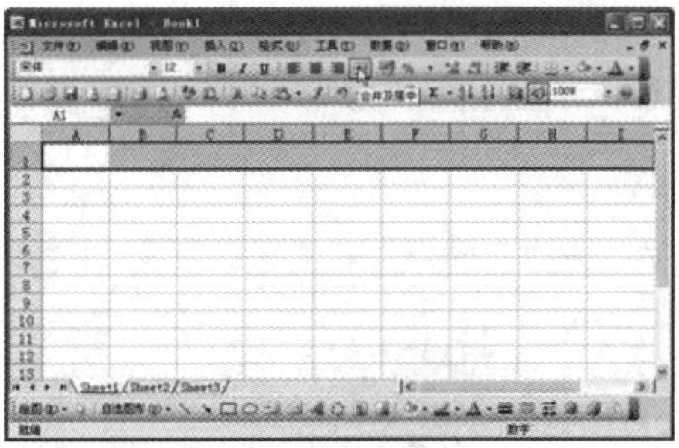

图 10.8.2　新建工作簿

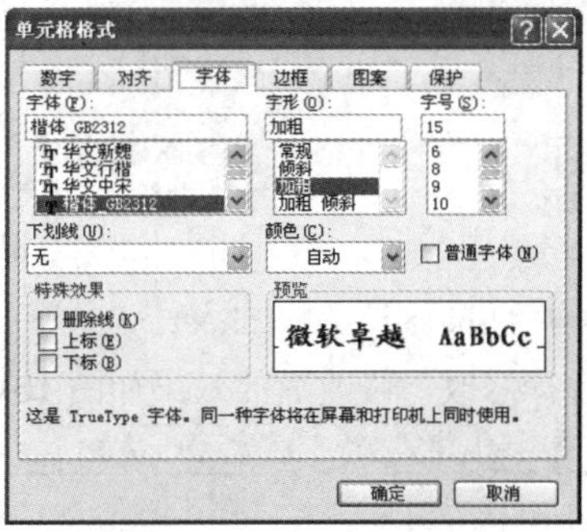

图 10.8.3　“单元格格式”对话框

（5）用同样的方法将 A2:H15 单元格区域中的文字进行设置，效果如图 10.8.4 所示。

2	序号	姓名	请假	加班	换休	迟到	汇总	备注	
3	1	刘文娟	1	2					
4	2	杨丽		1		2			
5	3	张敏		1			全勤		
6	4	赵莉	1			1			
7	5	王丽	1						
8	6	张小果	2						
9	7	李小玲				1			
10	8	王海玉	1	1					
11	9	郭艳					全勤		
12	10	吴霞		1			全勤		
13	11	田永平					全勤		
14	12	康永兵				1			
15	13	刘正纬	1						

图 10.8.4　字体设置效果

（6）新建一个工作簿，选择 编辑(E) → 移动或复制工作表(M)... 命令，弹出如图 10.8.5 所示的 **移动或复制工作表** 对话框。

图 10.8.5 “移动或复制工作表”对话框

（7）在 **移动或复制工作表** 对话框中的“工作簿”下拉列表中选择当前工作簿“book1”，在“下列选定工作表之前”列表框中选择“Sheet2”选项，并选中 ☑建立副本(C) 复选框。

（8）单击 确定 按钮，结果如图 10.8.6 所示。

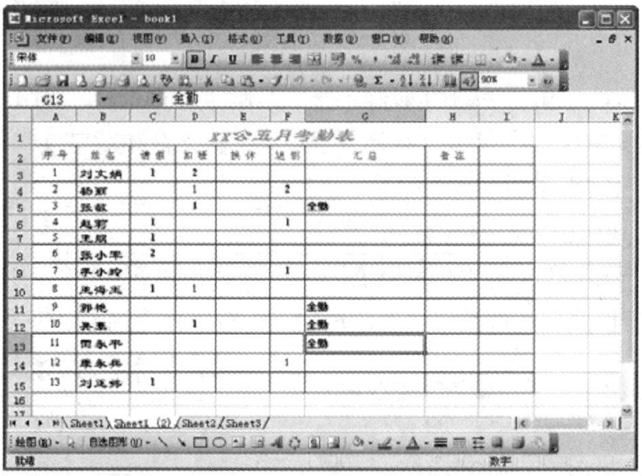

图 10.8.6 复制工作表

（9）将“Sheet1”和“Sheet1（2）”的名称分别改为“考勤表”和“工资表”。对“工资表”中所需字段进行修改，修改后的效果如图 10.8.7 所示。

（10）选择 格式(O) → 单元格(E)... Ctrl+1 命令，弹出 **单元格格式** 对话框，如图 10.8.8 所示。

图 10.8.7 工资表修改后的效果

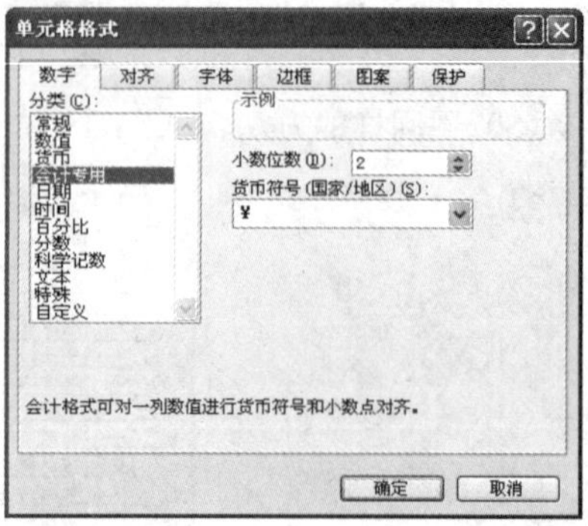

图 10.8.8 “单元格格式”对话框

（11）在 数字 选项卡中的“分类”列表框中选择“会计专用”选项，向工资表中输入工资后的效果如图 10.8.9 所示。

1	工资表							
2	序号	姓名	基本工资	应扣考勤	加班费	全勤奖	应发工资	备注
3	1	刘文娟	¥ 600.00	¥ 20.00	¥ 40.00			
4	2	杨丽	¥ 600.00	¥ 10.00	¥ 20.00			
5	3	张敏	¥ 600.00		¥ 20.00	¥ 30.00		
6	4	赵莉	¥ 600.00	¥ 25.00				
7	5	王朋	¥ 600.00	¥ 20.00				
8	6	张小军	¥ 600.00	¥ 40.00				
9	7	李小玲	¥ 600.00	¥ 5.00				
10	8	王海玉	¥ 600.00	¥ 20.00	¥ 20.00			
11	9	郭艳	¥ 600.00			¥ 30.00		
12	10	吴豪	¥ 600.00		¥ 20.00	¥ 30.00		
13	11	田永平	¥ 600.00			¥ 30.00		
14	12	康永兵	¥ 600.00	¥ 5.00				
15	13	刘正纬	¥ 600.00	¥ 20.00				
16	说明：基本工资600元，请假一次扣20元，迟到一次扣5元，加班一次奖20元，全勤奖30元。							

考勤表 工资表 Sheet2

图 10.8.9 输入工资效果图

（12）选中 G3 单元格，然后在编辑栏文本框中输入“＝c3－d3＋e3＋f3”（应发工资＝基本工资－应扣考勤＋加班费＋全勤奖），如图 10.8.10 所示。

AVEDEV =c3-d3+e3+f3

	A	B	C	D	E	F	G	H
1	工资表							
2	序号	姓名	基本工资	应扣考勤	加班费	全勤奖	应发工资	备注
3	1	刘文娟	¥ 600.00	¥ 20.00	¥ 40.00		=c3-d3+e3+f3	
4	2	杨丽	¥ 600.00	¥ 10.00	¥ 20.00			
5	3	张敏	¥ 600.00		¥ 20.00	¥ 30.00		
6	4	赵莉	¥ 600.00	¥ 25.00				
7	5	王朋	¥ 600.00	¥ 20.00				
8	6	张小军	¥ 600.00	¥ 40.00				
9	7	李小玲	¥ 600.00	¥ 5.00				
10	8	王海玉	¥ 600.00	¥ 20.00	¥ 20.00			
11	9	郭艳	¥ 600.00			¥ 30.00		
12	10	吴豪	¥ 600.00		¥ 20.00	¥ 30.00		
13	11	田永平	¥ 600.00			¥ 30.00		
14	12	康永兵	¥ 600.00	¥ 5.00				
15	13	刘正纬	¥ 600.00	¥ 20.00				
16	说明：基本工资600元，请假一次扣20元，迟到一次扣5元，加班一次奖20元，全勤奖30元。							

考勤表 工资表 Sheet2

图 10.8.10 输入公式

（13）在 数字 选项卡中的“分类”列表框中选择“会计专用”选项，向工资表中输入工资后的效果如图 10.8.11 所示。

	A	B	C	D	E	F	G	H
1	工资表							
2	序号	姓名	基本工资	应扣考勤	加班费	全勤奖	应发工资	备注
3	1	刘文娟	¥ 600.00	¥ 20.00	¥ 40.00		¥ 620.00	
4	2	杨丽	¥ 600.00	¥ 10.00	¥ 20.00		¥ 610.00	
5	3	张敏	¥ 600.00		¥ 20.00	¥ 30.00	¥ 650.00	
6	4	赵莉	¥ 600.00	¥ 25.00			¥ 575.00	
7	5	王朋	¥ 600.00	¥ 20.00			¥ 580.00	
8	6	张小军	¥ 600.00	¥ 40.00			¥ 560.00	
9	7	李小玲	¥ 600.00	¥ 5.00			¥ 595.00	
10	8	王海玉	¥ 600.00	¥ 20.00	¥ 20.00		¥ 600.00	
11	9	郭艳	¥ 600.00			¥ 30.00	¥ 630.00	
12	10	吴豪	¥ 600.00		¥ 20.00	¥ 30.00	¥ 650.00	
13	11	田永平	¥ 600.00			¥ 30.00	¥ 630.00	
14	12	康永兵	¥ 600.00	¥ 5.00			¥ 595.00	
15	13	刘正纬	¥ 600.00	¥ 20.00			¥ 580.00	
16	说明：基本工资600元，请假一次扣20元，迟到一次扣5元，加班一次奖20元，全勤奖30元。							

考勤表 工资表 Sheet2

图 10.8.11 显示结果

（14）选定需要移动的工作表标签。

（15）选择 编辑(E) → 移动或复制工作表(M)... 命令，弹出 移动或复制工作表 对话框。在 移动或复制工作表 对话框的“工作簿”下拉列表中选择“新建的工作簿”选项。

（16）单击 确定 按钮，工资表将会被移动到新建的工作簿中，如图 10.8.12 所示。

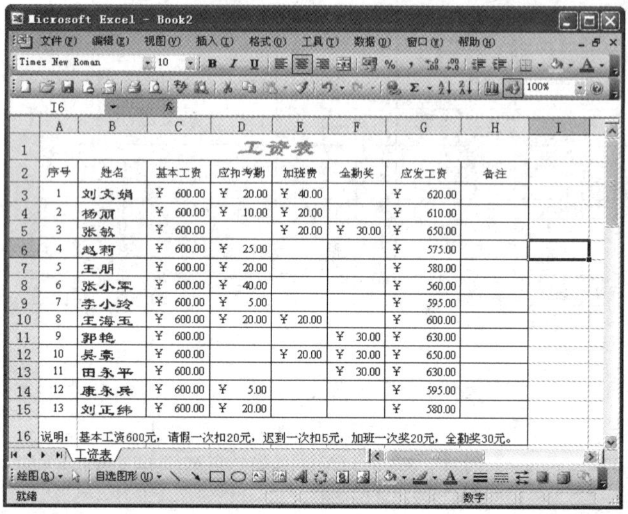

序号	姓名	基本工资	应扣考勤	加班费	全勤奖	应发工资	备注
1	刘文娟	¥ 600.00	¥ 20.00	¥ 40.00		¥ 620.00	
2	杨丽	¥ 600.00	¥ 10.00	¥ 20.00		¥ 610.00	
3	张敏	¥ 600.00		¥ 20.00	¥ 30.00	¥ 650.00	
4	赵莉	¥ 600.00	¥ 25.00			¥ 575.00	
5	王朋	¥ 600.00	¥ 20.00			¥ 580.00	
6	张小军	¥ 600.00	¥ 40.00			¥ 560.00	
7	李小玲	¥ 600.00	¥ 5.00			¥ 595.00	
8	王海玉	¥ 600.00	¥ 20.00	¥ 20.00		¥ 600.00	
9	郭艳	¥ 600.00			¥ 30.00	¥ 630.00	
10	吴豪	¥ 600.00		¥ 20.00	¥ 30.00	¥ 650.00	
11	田永平	¥ 600.00			¥ 30.00	¥ 630.00	
12	康永兵	¥ 600.00	¥ 5.00			¥ 595.00	
13	刘正纬	¥ 600.00	¥ 20.00			¥ 580.00	

图 10.8.12　移动工作表效果

（17）选中“book1”中的“考勤表”标签，选择 窗口(W) → 与 Book2 并排比较(B) 命令，弹出如图 10.8.13 所示的 并排比较 对话框。

图 10.8.13　“并排比较”对话框

（18）如果没有直接显示并排比较结果，单击“并排比较”工具栏中的“重置窗口位置”按钮，其显示效果如图 10.8.14 所示。

（19）选中表格的第 4 行至第 15 行，在选中区域中单击鼠标右键，在弹出的快捷菜单中选择 隐藏(H) 命令，其结果如图 10.8.15 所示。

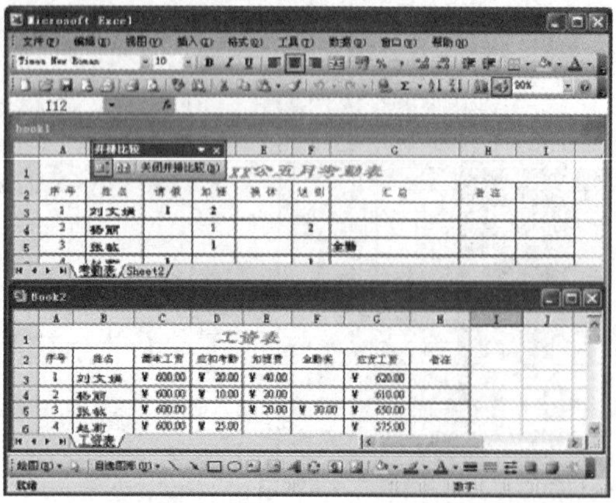

图 10.8.14　并排比较效果

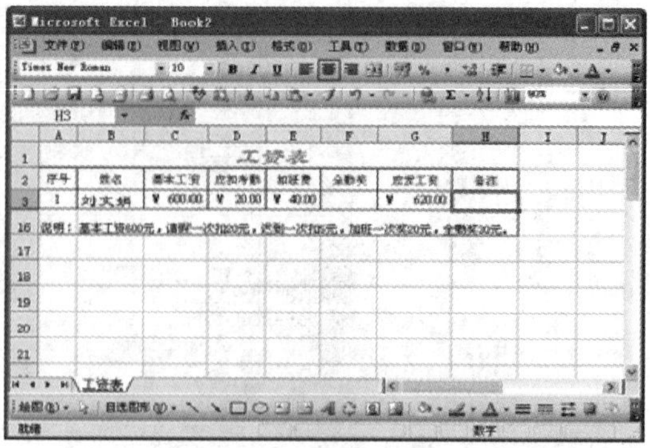

图 10.8.15　隐藏行效果

（20）选中 A1:H16 单元格区域，选择 文件(F) → 打印(P)... Ctrl+P 命令，弹出 打印内容 对话框，如图 10.8.16 所示。

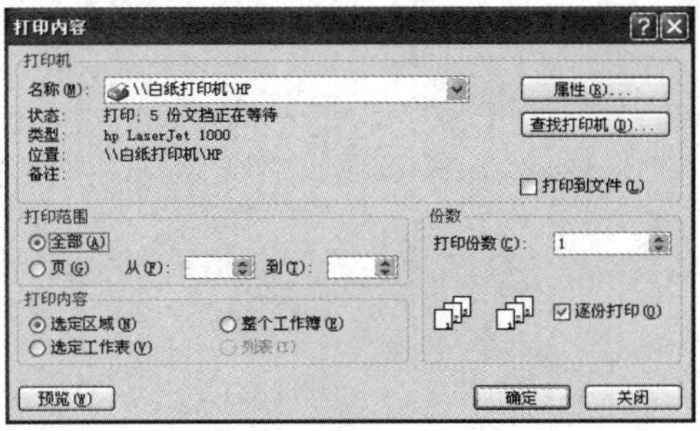

图 10.8.16　“打印内容”对话框

（21）在“打印内容”选项组中选中 选定区域(N) 单选按钮，再将其他内容按要求进行设置。单击 确定 按钮即可。

本例制作完成，最终效果如图 10.8.1 所示。

提示：在选定的区域中单击鼠标右键，从弹出的快捷菜单中选择 取消隐藏(U) 命令，被隐藏的记录就显示出来。重复步骤（19）～（21）的操作，即可打印出其他员工的工资表。